生态学研究

石羊河流域水资源管理集成研究

Integrated Water Resource Management in the Shiyang River Watershed

熊友才　李凤民　主编

科学出版社

北　京

内 容 简 介

本书面向石羊河流域绿洲生态系统退化的实际，融合生态学各分支学科、农业水资源管理、区域经济学、发展社会学、人与自然耦合理论和可持续性科学的研究成果，从多学科交叉研究的角度对该地区的水资源管理进行集成分析和评价，并提出相应的建议和对策。书中首先回顾并总结了近30年来石羊河流域生态系统退化和社会经济发展历史，简析了国家重大生态修复工程石羊河流域重点治理背景下生态环境变化规律与生态效度变异特征，调查和分析了农户生计变化与农户响应特征，运用改进的生态系统可持续评估 DEA 方法对流域水资源管理的有效性进行了不同尺度和不同层次的综合评估。

本书可供生态学、环境科学、农学、管理学、经济学和社会学等领域的教师和学生，尤其是以干旱区水资源管理和生态修复为主要研究内容的生产、科研和教学人员阅读，也可供政府管理人员和环境评价从业者参考。

审图号：甘 S(2019)001 号

图书在版编目 (CIP) 数据

石羊河流域水资源管理集成研究/熊友才，李凤民主编. —北京：科学出版社，2019.6
（生态学研究）
ISBN 978-7-03-060064-6

Ⅰ. ①石… Ⅱ. ①熊… ②李… Ⅲ. ①石羊河–流域–水资源管理–研究 Ⅳ. ①TV213.4

中国版本图书馆 CIP 数据核字（2018）第 283581 号

责任编辑：王海光　王　好　田明霞 / 责任校对：严　娜
责任印制：肖　兴 / 封面设计：刘新新

科学出版社 出版
北京东黄城根北街 16 号
邮政编码: 100717
http://www.sciencep.com

天津市新科印刷有限公司 印刷
科学出版社发行　各地新华书店经销
*
2019 年 6 月第 一 版　开本：720×1000 1/16
2019 年 6 月第一次印刷　印张：14 1/2　插页：5
字数：272 000

定价：148.00 元

(如有印装质量问题，我社负责调换)

主 编 简 介

熊友才，湖北武汉人，生态学博士，兰州大学生命科学学院教授，博士生导师，旱区农业与生态修复教育部工程研究中心副主任。入选国家“万人计划”科技创新领军人才（2018年）、科技部创新人才推进计划（2017年）和教育部新世纪优秀人才支持计划（2007年）。主要从事农业生态系统演变、水土资源保育、生态文明建设与可持续管理的过程和驱动机制研究。

李凤民，河北新乐人，生态学博士，兰州大学生命科学学院教授，博士生导师，草地农业生态系统国家重点实验室副主任，国家杰出青年科学基金获得者。入选教育部长江学者特聘教授（2006年）、教育部跨世纪优秀人才支持计划（2001年）和甘肃省领军人才（第一层次，2010年）。主要从事旱地农业生态的教学和科研工作。

《石羊河流域水资源管理集成研究》
编著者名单

主　编　熊友才　李凤民

副主编　汪慧玲　岳东霞　张　健　田　涛

编著者（按姓氏拼音排序）

陈　敏　程正国　崔进英　富广强　郭建军　韩庆峰
胡小军　孔海燕　李凤民　李霁源　李梦莹　李朴芳
罗永华　吕广超　莫　非　司文选　孙国钧　田　涛
汪慧玲　王　伟　王保忠　王慧莉　王绍明　魏永美
肖国举　熊婉芳　熊友才　杨　森　杨育苗　叶建圣
岳东霞　张　浩　张　健　张恒嘉　张晓峰　赵　霞
赵旭喆　赵泽瑛　朱赛勇　朱少钧　朱双国　祝　英

Aggrey B. Nyende
Asfa Batool
Baoluo Ma
David M. Mburu
Geoffrey M. Muluvi
Juliette Biao Koudenoukpo
Kadambot Siddique
Levis Kavaji
Neil C. Turner
Nudrat A. Akram
Simon Ngulu

前　言

石羊河流域水资源管理涉及社会、经济和生态等各个方面，但核心问题是要改善农户生计，做好以农户为中心的“水文章”。西部绿洲生态文明建设需要做好“水文章”，而“水文章”是一项系统工程，所涉及的问题千头万绪，但归根结底还是人的因素。人类活动、气候变化和地表过程等相互之间存在着复杂的多层次耦合关系，互作机理非常复杂。我们在前期研究过程中，深感跨学科交叉研究难度很大，所谓的集成研究只是一个初步的尝试，有些观点还难以深入探讨，相关研究工作还需要进一步深入。在过去 30 年间，相关领域的同行已开展了大量石羊河流域水资源管理方面的研究，取得了相当多的研究成果，出版和发表了许多专著和论文，但这些研究成果大多集中在某一领域，不同学科提出的观点有较大差异，甚至相悖。从交叉学科研究的角度来看，需要有一个集成研究，提出更加贴近实际、能形成政策生产力的观点或者理论体系。

本书在调查石羊河流域过去 50 年的国家调控政策、法规和地方案例的基础上，系统分析了该流域水资源利用和生态系统稳定性的反馈与负反馈“博弈”关系，构建了绿洲生态系统中社会-生态耦合系统模型。首先，在时间尺度上系统回顾和总结了石羊河流域生态和环境的演变与发展状况；其次，开展了石羊河流域重点治理背景下“压减耕地灌溉面积”项目调查和生态效度研究；再次，重点调查和分析了农户生计的变化及发展方向；最后，运用改进的生态系统可持续评估 DEA 方法对流域水资源管理的有效性进行不同尺度和不同层次的综合评估。总之，本书在调查石羊河流域生态危机的历史起源、社会背景的基础上，对气候变化、景观特征、生态承载力与生态足迹、生态效度、水资源管理政策的农户响应研究等方面进行了系统探究，总结了石羊河流域水资源管理和生态系统可持续发展途径。

本书共 14 章，来自兰州大学、石河子大学、宁夏大学、中国治理荒漠化基金会等国内高校和机构的科研人员，以及来自巴基斯坦、肯尼亚等“一带一路”沿线国家的同行和联合国环境规划署的同行参与了部分研究工作，并提出了宝贵建议。借本书出版的机会，我们要特别感谢武威市原副市长陈德兴和焦军毅、武威市农业委员会副主任顾祖智，以及石羊河流域管理局和金昌市人民政府相关领导对本研究工作的大力支持。

由于编著者能力有限，本书在科学内容集成方面难免有不足之处，部分观点还有待深入探讨，欢迎广大读者批评指正。

编著者

2018 年 12 月 1 日于兰州大学

目　录

第 1 章　研究背景与研究内容

1.1　石羊河水资源管理国内外研究现状与立项依据

1.1.1　国内外研究现状

石羊河流域是中国河西干旱荒漠区三大内陆流域之一，水资源短缺是当前石羊河流域社会发展最严重的制约因素。石羊河流域已成为全国的沙尘暴源区和特级告急的生态危机区（图 1.1）。

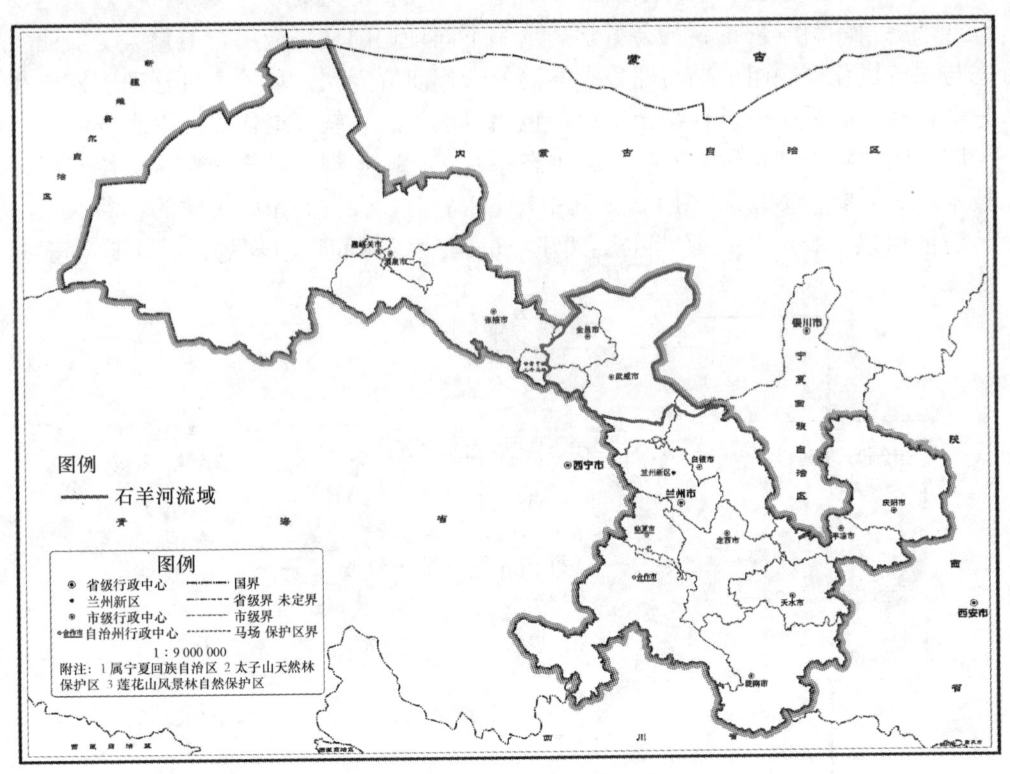

图 1.1　石羊河流域研究区

现代生态学一方面暗含着对古代和谐思想的继承，另一方面也是人类在经历了忽视自然、试图驾驭自然而受到惩罚之后，对自身行为的一种反思。我国历史上曾经采用连片治沙的“三角城治沙造林模式”和“宋和模式”,“向沙漠进军”,建立新绿洲的指导思想对当前沙漠化防治和生态修复的影响深远。在新的历史条件下，国家和当地政府出台了《石羊河流域重点治理规划》《石羊河流域水资源分配方案》等政策措施。

在把握石羊河流域水资源管理的必要性及重要性的基础上，以水权为核心的流域水资源规划治理尝试基于各种形式开展节水（甘肃省水利厅和甘肃省发展和改革委员会，2007）。但是，夏光（2001）和张世秋（2004）研究发现，流域水资源管理中存在治理措施不当或失灵的可能。

环境善治（good governance）、参与式环境管理（participatory environmental management）及可持续生计（sustainable livelihood）等一些新理念的出现，为水资源的高效率管理开辟了新的途径。其中，以维持生态系统的可持续性且满足社会与经济价值最大化的水资源综合管理（integrated water resource management，IWRM）理论备受推崇（GWP，2010）。但是水资源管理是一个复杂的工程，需要综合考虑自然科学理论、社会科学理论等不同理论的交叉应用。兰州大学农业生态与系统进化课题组前期与耶鲁大学等的合作研究表明，环境危机管理应该放在整个人类生态系统中进行综合研究，包括自然生态系统（退化绿洲以水资源为主导因素的生物物理资源等）和社会生态系统（行政管理、经济体系、法律支撑、技术、民众参与意识等，图 1.2）。其中，伴随着对社会生态系统理解的不断深入，传统的以最大持续生产量为主要关注点的自然资源和环境规划及管理假设正在

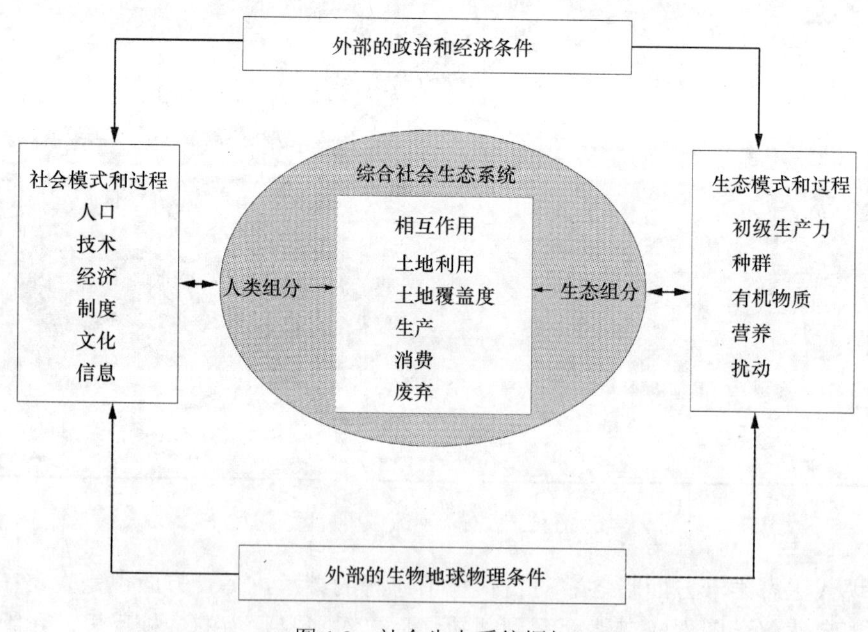

图 1.2　社会生态系统框架

受到挑战（Walker et al.，2004；Liu et al.，2007）。考虑到人类活动与环境之间相互作用的复杂性，相关政策和管理实践成功与否，在很大程度上取决于我们对社会生态系统复杂性的认识和重视程度（Ma et al.，2005）。人类活动干扰必须基于自然生态系统的可持续能力和恢复能力（Palmer et al.，2004；Reynolds et al.，2007）。发展新的荒漠化治理思路首先必须对当前水资源管理政策和社会经济发展模式进行系统、客观地量化评价。

1.1.2　立项依据

造成目前荒漠化治理恶性循环的主要原因是对水资源管理和生态修复相互关系的研究严重滞后，因此在制定相关政策和构建社会发展模式上缺乏有效导向性。石羊河流域生态系统有其独特性和变化规律，因此对该地区的研究有鲜明特点。民勤绿洲是河西走廊地区重要的生态屏障，决定了西部河西走廊的生态安全。不合理的水资源调配和利用，导致绿洲生态系统稳定性下降，后者的负反馈进一步恶化前者的作用力度，两者之间形成了独特的作用和反作用过程，即相互“博弈”的过程。顺应自然规律，进行生态系统健康和可持续发展的生态系统管理是实现荒漠化防治与生态恢复的前提和途径之一。现阶段，如何全面、正确理解温家宝总理提出的“决不能让民勤成为第二个罗布泊”，当务之急是加强上述“博弈”过程的基础理论研究，提炼出“博弈”过程的动态平衡点。在时空动态变化过程中对“博弈”双方的生态学效应进行定量分析，即“权衡”判定，使“博弈”双方朝着健康可持续的方向发展。

如果对当前流域水资源管理和社会发展模式缺乏有效的评估，该流域将会超过已有水资源的生态承载力。所谓生态承载力，就是“生态系统的自我维持、自我调节能力”，资源与环境子系统的供容能力及其可维持的社会经济活动强度和具有一定生活水平的人口数量。生态承载力是一个生态学概念，同时也应该是一个社会学概念，是生态学研究的核心内容之一（岳东霞等，2004）。流域生态承载力的宏观计量公式如下。

1）人均生态承载力

$$\mathrm{ecc}=\sum_{j=1}^{6} a_j \times r_j \times y_j$$

式中，ecc 为人均生态承载力（m^3/人）；a_j 为第 j 类土地利用类型实际人均占有量；r_j 为均衡因子；y_j 为产量因子。

2）区域生态承载力

$$\mathrm{ECC}=N\times \mathrm{ecc}$$

式中，ECC 为区域总的生态承载力；N 为区域总人口数。

前期研究我们通过以上方法，对不同时空尺度上的生态承载力进行了量化分析，结果表明，现行的石羊河流域社会发展模式已经严重威胁到该流域的生态安全，但在可持续性的评价上还需要进一步深入研究（Daily and Ehrlich，1992）。本项目融合了在多个学科领域得到广泛应用的数据包络分析（data envelopment analysis，DEA）方法，该方法是国际著名运筹学家 Charnes 等于 1978 年提出的以相对效率概念为基础发展起来的一种非参数统计方法。由于不需要任何权重假设和不必事先确定输入输出间的函数关系，DEA 方法避免了主观因素的影响，目前在农业生态系统和经济学等领域得到了广泛的应用。我们前期研究运用 DEA 跟踪工具对黄土高原半干旱区农业生产的经济效益产出进行了量化评估，已取得了相当的效果。

本项目的前期工作一方面通过教育部“高等学校学科创新引智计划”（简称“111 计划”），兰州大学农业生态与系统进化课题组同耶鲁大学长期合作进行了卓有成效的准备；另一方面我们先后在多个国家级的科研项目和教育部-李嘉诚基金会西部教育计划科研项目的基础上，在石羊河流域的景观格局和生态系统安全格局评价方面积累了丰富的经验，在民勤治沙试验站完成了生理生态学相关工作，并有相关文章发表。项目组成员多次到石羊河流域实地考察和调研，取得了很多宝贵的实践经验。而水资源生态学和社会生态学领域一直是兰州大学农业生态与系统进化课题组的传统研究项目，已经发表的 SCI 文章多达近百篇，在国际上已经得到较为广泛的认同。

我们的合作单位耶鲁大学在恢复生态学、人类生态学和森林生态学等方面具有世界公认的实力和知名度。我们在社会生态学、生态经济学和节水生态学上有长期的积累，这些要素是项目完成的重要科学基础条件。在长期的研究中，已形成了一支专门从事干旱区恢复生态学和生态水文学研究的科研队伍，对研究区自然地理环境、水文气象条件、社会经济状况有较深的感性认识，在干旱区生态系统恢复与管理方面积累了坚实的理论基础，这也是项目能够按目标完成的必要条件。项目组成员有历史学和环境社会学方面的专业背景，为项目的完成提供了保障。

1.2 研究内容

1.2.1 研究思路和研究框架

研究工作紧扣石羊河流域中下游退化绿洲的实际，结合兰州大学农业生态与系统进化课题组长期以来积淀下来的农业水资源管理和社会生态学的前期研究成果，进行积极自主创新和多学科研究的有机结合，最终对历史和当前的水资源管理体系进行评价。评价结果可以直接为国内外荒漠生态系统的生态恢复与管理提供理论支撑和实践指导。

本书包含 14 章：第 1 章介绍了本研究的背景与内容；第 2 章分析了近 50 年来石羊河流域气候变化特征；第 3 章与第 4 章开展了石羊河流域植被演替和土地利用格局、生态承载力与生态足迹变化特征研究；第 5、6 章探索了石羊河流域重点治理背景下的“压减耕地灌溉面积”项目实施效度与生态效度；第 7 章对石羊河流域典型区产业转型与设施农业做了分析；第 8、9 章分别基于 DEA 方法和 DEA 多子系统模型开展了石羊河流域水资源管理有效性评价；第 10、11、12 章给出了民勤绿洲的三个研究案例；第 13 章综合阐述了石羊河流域生态可持续发展途径研究；第 14 章为结论与展望。本书研究内容的主要技术路线如图 1.3 所示。

本研究的重点和难点：石羊河流域生态问题是人类生态系统的极端实例，属于社会学和生态学领域的高端研究，具有世界范围的前瞻性和代表性，对其研究可以突破现有生态学理论的基本原则和框架；同时也是对人类认识自然和改造自然的能力的一个极端考验，该地区的环境和社会变迁昭示着整个人类社会生态系统的未来命运。本研究面临众多难题和挑战，这些难点就是本研究的重要特色，主要包括：①现有的恢复对策可能过高地估计了人类对退化绿洲的治理能力，水资源的不合理配置存在不可持续性。但是，对其进行科学评价必须实现多科学领域的交叉，调查基础数据工作量大，需要政府部门的配合。②现有的恢复对策是一项系统工程，需要在人类生态系统的框架内进行集成研究。③重点是评价指标体系的建立，这是 DEA 评价体系的前提。

1.2.2　拟采取的研究方法

本研究主要从实地考察和历史文献资料处理两个方面开展石羊河流域水资源管理的有效性评价。实地考察包括两个方面：①农业及景观生态学主要收集农业发展模式和不同水文或者生态单元的主要空间数据（植被盖度、土地利用类型、沙化程度和遥感三维数据）；②社会生态学主要以不同生态单元（退化草场带、防护林带、农业生产带和工业带等）调查社会经济发展变迁、民众参与意识和国家政策变化等。历史文献资料处理包括：①划分研究区内的生态系统类型和退化的特征，建立植被-土壤-大气系统与水环境相关的历史资料数据库，提取整理数据，计算景观各种指数，总结历年水资源利用的强度和方式；②通过地形边界指数和年水分蒸散量，采用经济计量学的方法比较武威盆地和民勤盆地两大复合绿洲生态系统的水分生态经济负债的时空动态变化，并区分农业用水和工业用水的不同变化；③采用社会学方法计算不同生态社区的社会经济变化动态，调查研究 50 年来该流域的农户生计变化、农户对环境变化的响应及政策/制度的角色，提出其与民众的环境参与意识之间的耦合关系模式；④将以上数据资料进行集成分析，建立原始指标群，然后用主成分分析法对指标进行降维处理，选取多项指标作为水资源管理评价指标体系。

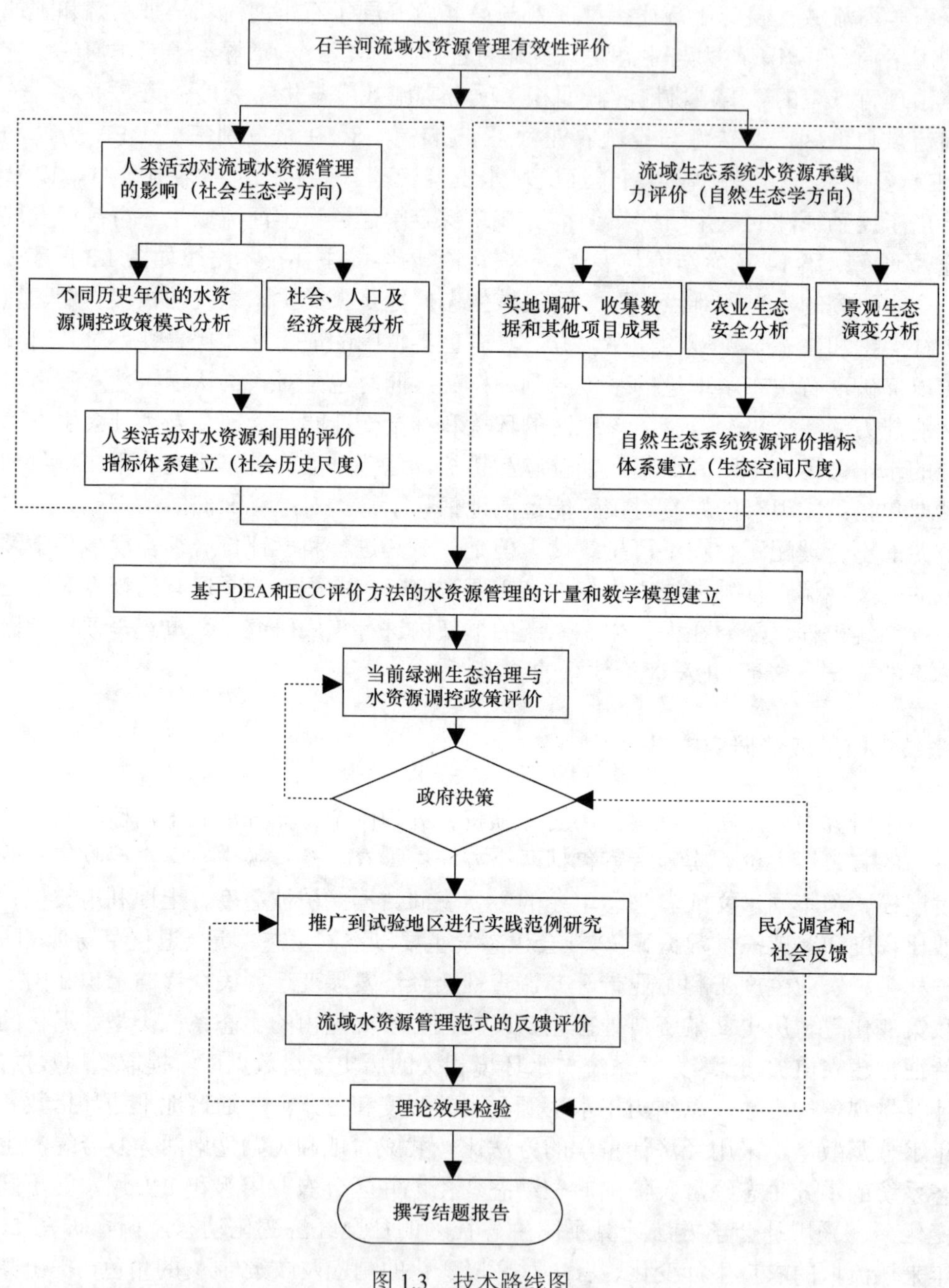

图 1.3　技术路线图

1.2.3 特色与创新

本研究的特色与创新之处主要体现在以下三个方面。

1）属于社会学、生态学和其他学科的交叉研究，突破现有社会学和生态学理论的基本原则和框架，在研究尺度和内容集成方面是一种新的尝试，研究结果具有前瞻性和普适性。

2）在理论上科学阐述人类改造极度脆弱生态系统的能力阈值。对人为作用下的生态恢复效应作出量化评估，分析社会经济调控政策对生态系统影响的局限性。

3）通过范例研究，在理论上发展和深化水资源调配和生态系统管理的政策制定方法论。

参 考 文 献

陈德兴. 2008. 沧桑石羊河[M]. 兰州: 甘肃文化出版社: 1-11.

甘肃省水利厅, 甘肃省发展和改革委员会. 2007. 石羊河流域重点治理规划[R].

夏光. 2001. 环境政策创新[M]. 北京: 中国环境科学出版社.

岳东霞, 李自珍, 惠苍. 2004. 甘肃省生态足迹和生态承载力发展趋势研究[J]. 西北植物学报, 24(3): 454-463.

张世秋. 2004. 环境政策边缘化现实与改革方向辨析[J]. 中国人口·资源与环境, 3: 14-18.

Charnes A, Cooper W W, Rhodes E. 1978. Measuring the efficiency of decision making units[J]. Eur J Oper Res, 2(6): 429-444.

Daily G C, Ehrlich P R. 1992. Population, sustainability, and earth's carrying capacity[J]. BioScience, 42(10): 761-771.

Global Water Partnership (GWP). 2010. Demonstration project in Swaziland. Microsoft Word - Swaziland Kalanga IWRM demonstration-Final Report. https://www.gwp.org/globalassets/global/gwp-saf-files/iwrm-demonstration-project-in-swaziland.pdf [2018-9-12].

Liu J, Dietz T, Carpenter S R, et al. 2007. Complexity of coupled human and natural systems[J]. Science, 317(5844): 1513-1516.

Ma J Z, Wang X S, Edmunds W M. 2005. The characteristics of ground-water resources and their changes under the impacts of human activity in the arid Northwest China—a case study of the Shiyang River Basin[J]. J Arid Environ, 61(2): 277-295.

Palmer M, Bernhardt E S, Chornesky E A, et al. 2004. Ecology for a crowded planet[J]. Science, 28: 1251-1252.

Reynolds J F, Smith D M, Lambin E F. 2007. Global desertification: building a science for dryland development[J]. Science, 11: 847-851.

Walker B, Holling C S, Carpenter S R, et al. 2004. Resilience, adaptability and transformability in social-ecological systems[J]. Ecol Soc, 9(2): 5-12.

第 2 章　近 50 年来石羊河流域气候变化特征

2.1　气候变化研究简述

气候变化对生态系统及人类活动有广泛而深远的影响（Parry，1990），其中气候变暖和关键因子的变率增大是最主要的表现。在过去 100 年间（1906-2005 年），全球陆地气温上升了 0.74℃，这一数据比 1901-2000 年的平均值 0.6℃高出了 0.14℃（秦大河和罗勇，2008）。除气温升高以外，气候变化还体现在极端气候发生频率增加，其中极端温度、极旱、暴雨及大风是主要表现形式。温度升高和极端气候对生态系统、农业生产和水资源管理的影响日益凸显（姜大膀等，2004；秦大河等，2007；杨雪艳等，2010；刘志超等，2010；赵景波和张冲，2010）。这些影响具有不可反逆性与不可预知性，给旱区水资源可持续利用及适应性政策实施带来了相当的难度（Jan et al.，2003；Stephen，2004；Matthew and Nigel，2011；Lea et al.，2011）。

气候变化对景观格局、土地利用、植被覆盖和地表多样性特征有重要影响。在我国陆地生态系统中，降雨变化与气温变化对植被覆盖等地表过程在不同程度上产生了影响，但在不同气候区、不同年份和月份的影响程度有较大差异，呈现高度的时空差异性（刘绿柳和肖风劲，2006；李登科，2009；章大全等，2010）。一般来说，在干旱和半干旱区上述影响比在湿润地区的更大。

2.2　数 据 来 源

各气候数据主要来自中国气象数据网。石羊河流域区域内共有 5 个典型气象站点，包括永昌站、民勤站、乌鞘岭站、古浪站和武威站（图 2.1）。在所有气候因子中，温度是最重要的因子之一（潘耀忠等，2004）。众所周知，植物的种子萌发、个体生长和发育及适应性变化都与温度密切相关。温度过高或过低都会导致植物个体死亡和植被退化（Norris-Hill，1997；Barnes et al.，2001）。在所有的气候因子中，温度与降水是最关键的要素，对生态系统的能量流动和物质循环有重要的调控作用，从而影响生态系统的演替（Yeakley et al.，1994；刘忠，2005；杨森等，2011）。

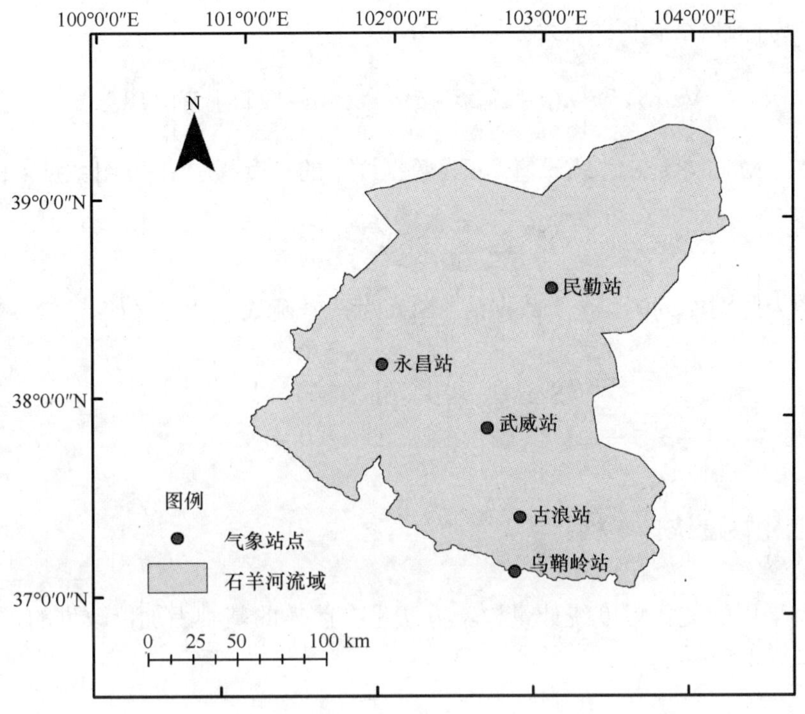

图 2.1　石羊河流域气象站点分布图

我们采用了 4 种以月份为计量单位的气候数据，包括月平均温度、月平均相对湿度、月平均降水量与月平均蒸发量。

2.3　数据分析方法

2.3.1　非参数统计检验

本研究采用非参数统计检验 Mann-Kendall 法［式（2-1）-式（2-4）］。由于气象数据数量繁多，在长期的记录中往往有缺失、数据连续性不佳等问题，采用该方法可以平衡季节性差异问题和缺失值问题，对少数极端值的影响具有统计分析上的剔除和平衡效应，提高了分析的准确性和可靠性（Berryman et al.，1988）。我们对月平均温度、月平均降水量、月平均蒸发量、月平均相对湿度进行分析。

$$Z=\begin{cases}\dfrac{S-1}{(\mathrm{Var}(S))^{1/2}} & \text{if } S>0\\ 0 & \text{if } S=0\\ \dfrac{S+1}{(\mathrm{Var}(S))^{1/2}} & \text{if } S<0\end{cases} \tag{2-1}$$

式中，Z 为标准化统计量，Z 服从正态分布。

$$\mathrm{Var}(S)=\left\{n(n-1)(2n+5)-\sum_{i=1}^{n}t_i(i-1)(2i+5)\right\}/18 \tag{2-2}$$

式中，S 为 Mann-Kendall 统计值；n 为数据样本的长度；t_i 为第 i 组数据点的数目。

$$S=\sum_{k=1}^{n-1}\sum_{j=k+1}^{n}\mathrm{Sgn}(X_j-X_k) \tag{2-3}$$

式中，X_j 为时间序列的第 j 个数据值；Sgn 为符号函数，其定义如式（2-4）所示。

$$\mathrm{Sgn}(\theta)=\begin{cases}1 & \text{if } \theta>0\\ 0 & \text{if } \theta=0\\ -1 & \text{if } \theta<0\end{cases} \tag{2-4}$$

2.3.2 变化幅度统计量检验

我们采用的变化幅度统计量检验方法是在前人的基础上加以改进的，其计算公式见式（2-5）：

$$\beta=\mathrm{median}\frac{x_j-x_i}{j-i} \tag{2-5}$$

式中，$1<i<j<n$；β 为变化幅度统计量；x 为月降水量。

该方法可以用来衡量某一个气候因子的变化幅度。该公式以斜率为自变量，将数据从大到小进行排列，从中间位置取值，将之作为变化幅度 β 的值。

2.3.3 突变检验

采用 Cramer's 法分析气候突变值，其原理与 t 检验有相似之处，其计算公式见式（2-6）、式（2-7）：

$$t=\sqrt{\frac{n_1(n-2)}{n-n_1(1+t)}}\cdot\tau \tag{2-6}$$

$$\tau=\frac{\overline{x_1}-\overline{x}}{S} \tag{2-7}$$

式中，t 为 Cramer 统计值；τ 为子样本相对总样本的变异系数；n 为序列样本长度；n_1 为子序列样本长度；S 为总序列方差；$\overline{x_1}$ 与 $\overline{x}$ 分别为子序列平均值与总序列平均值，符合自由度 $n-2$ 的 t 分布。

2.4　月平均降水量变化特征

2.4.1　月平均降水量非参数统计检验

分析结果表明，过去 50 年流域月平均降水量总体上呈现增加趋势，但个别站点有一定特异性，如 2 月、8 月、10 月与 11 月的变化幅度较小，乌鞘岭站点出现了减少趋势（图 2.2）。

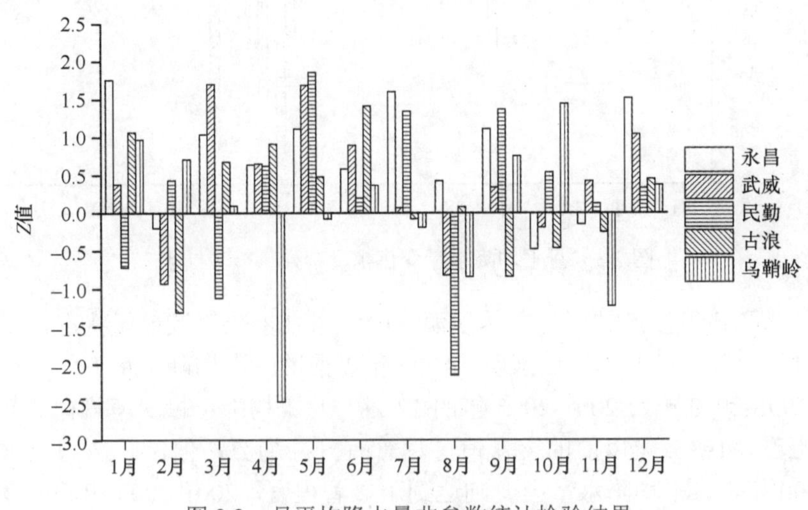

图 2.2　月平均降水量非参数统计检验结果

2.4.2　月平均降水量变化幅度统计量检验

图 2.3 展示了变化幅度统计量检验结果。结果表明，全流域夏季及秋季月平均降水量变率较高，呈现负值结果的数据点包括乌鞘岭站（4 月、7 月、8 月和 11 月）、武威站（2 月、8 月和 10 月）、民勤站（3 月、8 月）和古浪站（2 月、7 月、9 月和 10 月）。从数据趋势分析，武威站（8 月）、民勤站（8 月）与乌鞘岭站（8 月）的值将会持续减少；全流域 5-6 月的值将会持续增加，且变率较高。全流域其他值的变化方向则保持相对稳定。

2.4.3　月平均降水量突变检验

月平均降水量突变检验采用 Cramer’s 检测方法进行。结果表明，在全部 5 个站点中，只有民勤站点出现了较高的突变情形，主要发生在 2 月和 12 月。这可能与民勤站点所处的地理位置有密切关系，该站点位于石羊河流域尾闾湖，是典型的沙漠气候类型，该地区植被覆盖稀少，且物种多样性很低，昼夜温差大，东西

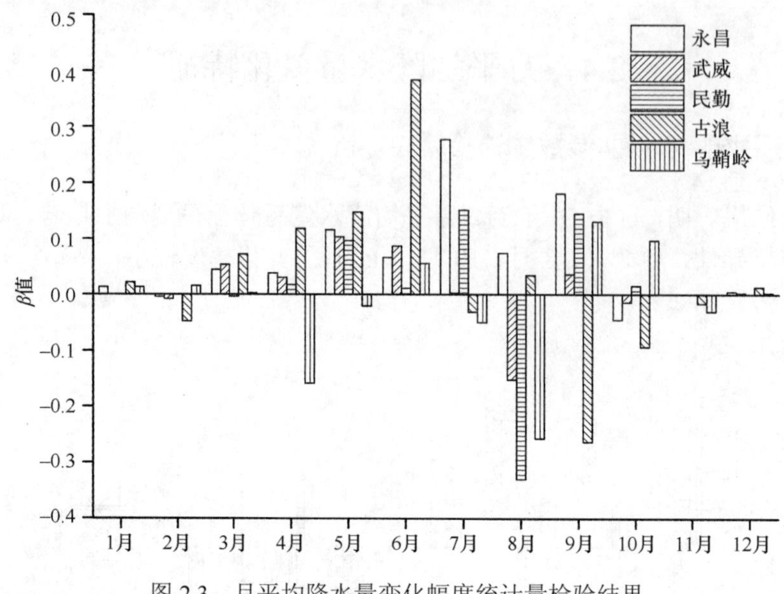

图 2.3 月平均降水量变化幅度统计量检验结果

两侧分别为腾格里沙漠与巴丹吉林沙漠，降水量处于全流域最低状态，且变率最高。从时间尺度与突变率高低来看，1996 年以前的月平均降水量变化没有明显规律，但 1996-2000 年及 2001-2005 年的 12 月，月平均降水量变率规律比较明显。从整体上看，1996 年以前的突变值，尽管有升高趋势，但没有达到显著程度；1996-2000 年，月平均降水量突变则达到了显著程度，2001-2005 年的突变也达到了显著程度。在其他 4 个代表性的气象站点上，月平均降水量的突变检测表明达到显著程度，其突变检测值总体上比较稳定。

2.5 月平均温度变化特征

图 2.4 和图 2.5 分别展示了非参数统计检验结果和变化幅度统计量检验结果，并对突变检验结果进行了阐述。总体上，三种检验结果的变化趋势比较明显。

2.5.1 月平均温度非参数统计检验

全流域月平均温度的非参数统计检验结果表明，除乌鞘岭之外的其他 4 个站点的月平均温度总体呈现增加的特征（3 月乌鞘岭站点的值有下降趋势，但变率很小，未达到显著程度）。过去 50 年整个流域的月平均温度整体上呈现逐渐升高的特征，这与全球变暖的趋势一致。在各个月份的比较中，3 月、4 月和 8 月的变率相对较小，其他月份的变化幅度较大。全流域整体变暖趋势明显，这种变化趋势是人类活动所致，还是全球大环境变暖所致，需要更多的实证检验。

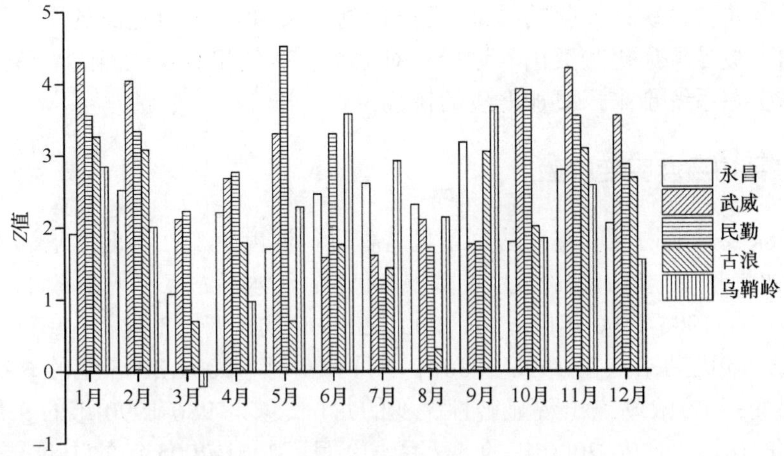

图 2.4　月平均温度非参数统计检验结果

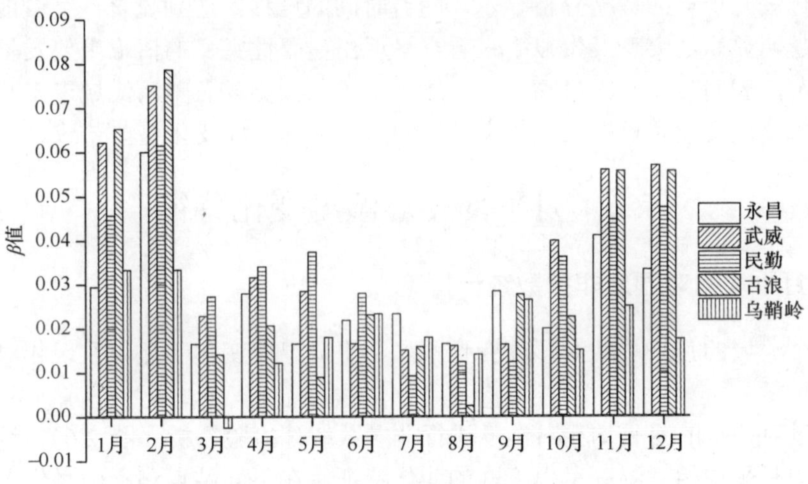

图 2.5　月平均温度变化幅度统计量检验结果

2.5.2　月平均温度变化幅度统计量检验

从图 2.5 可以看出，全流域月平均温度变化有明显规律。除乌鞘岭站点以外的 4 个站点均呈现正值（全年的各个月份），乌鞘岭站点除了 3 月出现负值外，其他月份也呈现正值。在不同月份中，最高值出现在冬季，包括 11-12 月和 1-2 月。结果表明，全流域冬季增温趋势和增温幅度明显高于春、夏、秋三个季节，暖冬现象比较突出。

"暖冬"结果与其他区域的研究结果比较一致，这与全球大环境变化有直接关联（蒲金涌等，2007；王蓉等，2008；徐虹和余凌翔，2009）。如果综合考虑冬季月平均温度非参数统计检验的结果，可以预测将来50年间全流域的平均温度将会持续增加，暖冬现象更加突出，这样相对缩小了秋冬和冬春之间的季节差距，给旱区脆弱生态系统带来了更加严峻的挑战。

2.5.3 月平均温度突变检验

整个流域月平均温度突变达到了显著程度，温度突变在不同站点和不同年份之间差异非常明显。达到显著程度的数据点包括：①永昌站点出现在6月、8-10月；②武威站点在1986-1990年的6月，2001-2005年的1月、3月和6-9月出现了显著性突变；③民勤站点在1996-2000年5月和9月、2001-2005年的6月出现了显著性突变；④古浪站点出现显著性突变的月份最多，1986-1990年的9月，1991-1995年的10月，1996-2000年的5-7月与9月，2001-2005年的1月、6-8月及10月。

对过去几十年的数据分析显示，随着时间的推移，达到显著性突变的数据趋势越来越明显。从突变发生概率来看，呈现出显著性突变的情形主要发生在夏秋两个季节，表明暖季变率最高。从上述结果可以预测，石羊河流域未来几十年的气候变化呈现变暖和极端天气频率增加的趋势，与全球变化趋势一致。

2.6 月平均相对湿度变化特征

2.6.1 月平均相对湿度非参数统计检验

整个流域的月平均相对湿度变化不如月平均温度变化明显，呈现相对稳定的状态。

通过对多年的月平均相对湿度进行非参数统计检验分析（图2.6），结果发现全流域的月平均相对湿度呈现下降的变化特征，在不同站点和不同月份之间的差异较大。在植被复苏的6月和植被开始凋落的9月，全流域的月平均相对湿度出现逐渐增长的变化特征。也就是说，春末和夏末的月平均相对湿度是逐渐增加的，其余月份变化不显著，甚至出现轻微减少的趋势。总之，全流域的月平均相对湿度整体减少，“干燥化”趋势明显，越往下游这种趋势越明显。

2.6.2 月平均相对湿度变化幅度统计量检验

进一步分析发现，月平均相对湿度变化幅度统计量检验结果（图2.7）与非参数统计检验结果比较类似。不同季节之间的比较分析结果表明，春季和秋季的变化幅度统计量检验结果小于零，即为负值，但绝对值比其他季节大。通过与非参数统计检验结果的综合分析，可以预测未来几十年月平均相对湿度将呈现持续减少的趋势，且变率会逐渐加大，“干燥化”趋势将会是未来气候变化的最大特征之一。这种“干燥化”趋势给旱区生态系统和农业生产带来了更加严峻的挑战，对绿洲水资源管理带来了更高的难度。

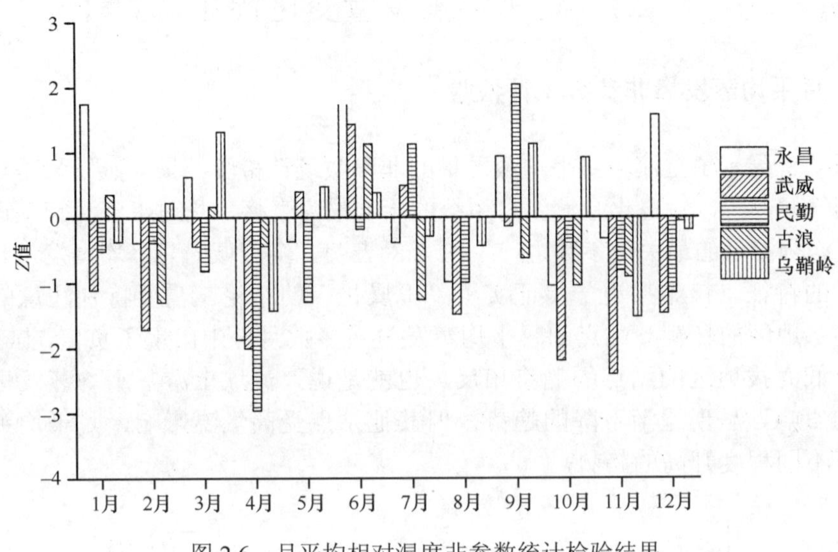

图 2.6　月平均相对湿度非参数统计检验结果

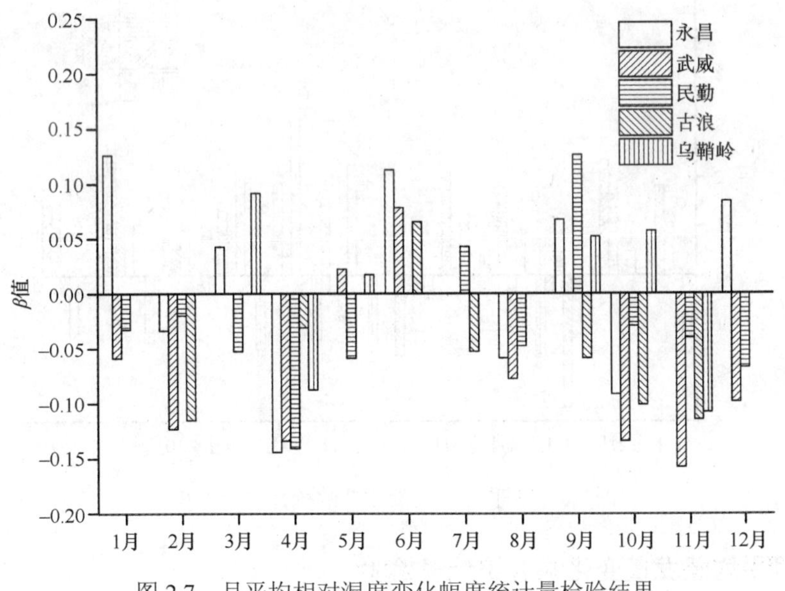

图 2.7　月平均相对湿度变化幅度统计量检验结果

2.6.3　月平均相对湿度突变检验

对月平均相对湿度数据进行突变检验，结果发现没有任何站点的任何月份之间达到显著性差异水平。从整体上看，全流域的月平均相对湿度尽管有一定的变化，但变率没有达到显著程度，呈现一定的稳态水平。

2.7 月平均蒸发量变化特征

2.7.1 月平均蒸发量非参数统计检验

图 2.8 展示了全流域月平均蒸发量的非参数统计检验结果。蒸发量是旱区最敏感的气候因子，对退化绿洲生态系统的影响最为直接，是对水资源管理进行科学设计必须参考的最关键参数之一。图 2.8 表明，全流域的月平均蒸发量具有逐渐增加的特征，该结果进一步证实了“干燥化”的结论。需要特别注意的是，地处高寒地区的乌鞘岭站点的月平均蒸发量在多数月份中出现了负值，与其他 4 个处于低海拔地区的站点的趋势相反。也就是说，流域上游月平均蒸发量受低气温的影响，呈现逐渐下降的趋势，但其他站点受高气温影响，月平均蒸发量出现了不同程度升高的趋势。

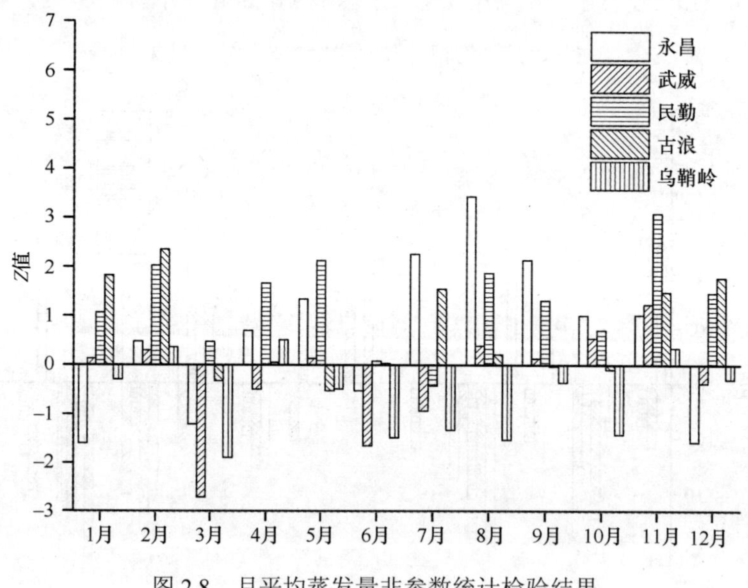

图 2.8 月平均蒸发量非参数统计检验结果

2.7.2 月平均蒸发量变化幅度统计量检验

图 2.9 展示了全流域月平均蒸发量变化幅度统计量检验结果。结果发现 5 月、7-9 月出现较高的正值，绝对值也较其他月份的数值要高。可以认为，夏季和春季的月平均蒸发量增长速率较快。

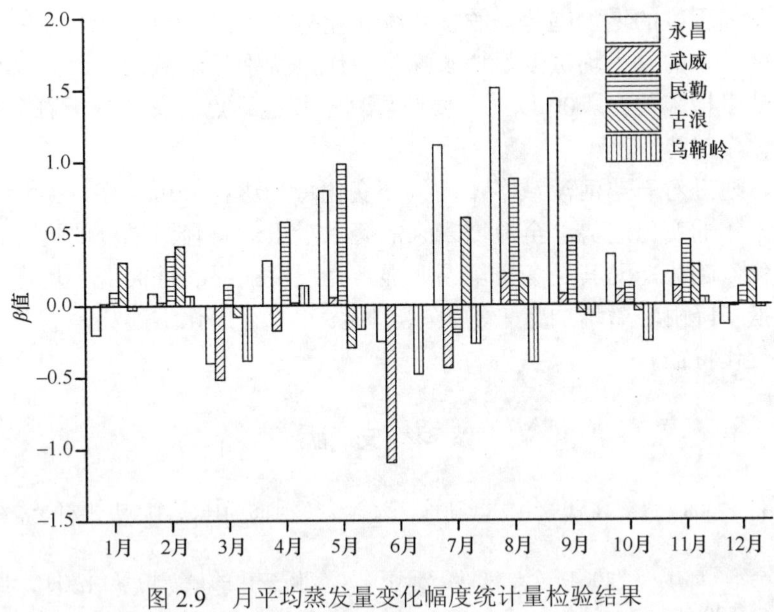

图 2.9　月平均蒸发量变化幅度统计量检验结果

2.7.3　月平均蒸发量突变检验

通过对月平均蒸发量进行突变检验分析发现，该突变值与月平均相对湿度的结果较为一致，全流域不同站点和不同月份之间没有达到显著性水平。结果表明，全流域多年的月平均蒸发量变率处于较好的稳态水平。

2.8　本 章 小 结

通过上述数据统计分析可以得出如下结果。

1）过去 50 年，全流域气温具有逐渐升高的趋势，突变发生率呈现加大趋势，其中冬季变暖最为显著。非参数统计检验结果表明，全流域只有乌鞘岭站点在 3 月的平均温度呈现不显著下降趋势，其非参数统计检验数值为–0.22，其余站点的月平均温度均呈现出增加态势。变化幅度统计量检验结果表明，该地区冬季温度的增长速度要明显高于其他季节，特别是 2 月的武威站和古浪站，变化幅度统计量检验的结果将近 0.08，要明显高于其余各月份。突变检验结果表明，全流域的突变发生率相对较高，且达到显著性的突变主要集中在夏季和秋季。

2）过去 50 年，尽管全流域多年降水量总体呈现增加趋势，但由于气温升高，流域月平均相对湿度和月平均蒸发量呈现高度复杂的时空变异特征，展现出“干燥化”趋势。月平均相对湿度呈现减少趋势，个别站点非参数统计检验数值达到近–3.00。另外，流域上游站点的月平均蒸发量呈现略微下降的趋势，其余站点的蒸发量有不同程度的增加趋势，非参数统计检验数值在 1.00 以上。在变化速率方面，夏春两季末的月平均蒸发量增长速率较快，特别是永昌站点，其 7-9 月的变化幅度统计量检验值在 1.00 以上，要明显高于其他站点。总体分析看，全流域呈现“干燥化”趋势。

总之，通过对石羊河流域多年的气候变化特征进行分析，在一定程度上反映了未来几十年的变化趋势。全流域未来的降水量虽然有轻微幅度的增加，然而由于“干燥化”趋势，尤其是冬季增温明显，且温度的显著性突变率增高，在一定程度上冲抵了降雨轻微增加带来的贡献。暖冬和“干燥化”趋势是石羊河流域最大的气候变化特征。

参 考 文 献

丁一汇，张莉. 2008. 青藏高原与中国其他地区气候突变时间的比较[J]. 大气科学，32(4): 794-805.

姜大膀，王会军，郎咸梅. 2004. 全球变暖背景下东亚气候变化的最新情景预测[J]. 地球物理学报, 47(4): 590-596.

李登科. 2009. 陕北黄土高原丘陵沟壑区植被覆盖变化及其对气候的响应[J]. 西北植物学报, 29(5): 867-873.

刘玲，高素华，王兰宁. 2009. 三江源地区气候突变及未来演变趋势分析[J]. 自然灾害学报, 18(3): 53-59.

刘绿柳，肖风劲. 2006. 黄河流域植被 NDVI 与温度、降水关系的时空变化[J]. 生态学杂志, 25(5): 477-481.

刘志超，孙智辉，雷延鹏，等. 2010. 延安地区近 50 年气候变化的特征分析[J]. 陕西气象，1: 18-21.

刘忠. 2005. 基于 MODIS 和人工神经网络的流域分布式降雨量估算模型和方法研究[D]. 武汉: 华中科技大学硕士学位论文.

潘耀忠，龚道溢，邓磊，等. 2004. 基于 DEM 的中国陆地多年平均温度插值方法[J]. 地理学报, 59(3): 366-374.

蒲金涌，姚玉璧，马鹏里，等. 2007. 甘肃省冬小麦生长发育对暖冬现象的响应[J]. 应用生态学报, 18(6): 1237-1241.

秦大河. 2003. 气候变化的事实与影响及对策[J]. 中国科学基金, 1: 1-3.

秦大河，罗勇. 2008. 全球气候变化的原因和未来变化趋势[J]. 科学对社会的影响, 2: 16-20.

秦大河，罗勇，陈振林，等. 2007. 气候变化科学的最新进展: IPCC 第四次评估综合报告解析[J]. 气候变化研究进展, 3(6): 311-314.

王蓉，李希茜，邓文君，等. 2008. 粤东沿海冬季风与海表温度对暖冬的响应[J]. 气象研究与应用, 29(2): 37-38.

徐虹，余凌翔. 2009. 云南 1971-2006 年暖冬的时空变化分析[J]. 云南地理环境研究，21(6): 22-24.

许端阳. 2009. 气候变化和人类活动在沙漠化过程中相对作用的定量研究[D]. 南京：南京农业大学博士学位论文.

杨梅学, 姚檀栋. 1999. 气候突变及其研究进展[J]. 大自然探索, 18(68): 29-33.

杨森, 孙国钧, 何文莹, 等. 2011. 西北旱寒区地理、地形因素与降雨量及平均温度的相关性——以甘肃省为例[J]. 生态学报, 31(9): 2414-2420.

杨雪艳, 姚国友, 田广元, 等. 2010. 东北地区大风的气候变化特征及其对全球气候变暖的响应[J]. 安徽农业科学, 38(33): 18894-18896.

章大全, 张璐, 杨杰, 等. 2010. 近 50 年中国降水及温度变化在干旱形成中的影响[J]. 地理学报, 59(1): 655-663.

赵景波, 张冲. 2010. 延安地区明代干旱灾害与气候变化研究[J]. 地球科学与环境学报, 32(4): 430-435.

赵宗慈, 罗勇, 江滢, 等. 2008. 未来 20 年中国气温变化预估[J]. 气象与环境学报, 24(5): 1-5.

Barnes C, Pacheco F, Landuyt J, et al. 2001. The effect of temperature, relative humidity and rainfall on airborne ragweed pollen concentrations[J]. Aerobiologia, 17(1): 61-68.

Berryman D, Bobée B, Cluis D, et al. 1988. Nonparametric tests for trend detection in water quality time series[J]. Water Resource Bulletin, 24: 545-556.

Fu G B, Chen S L, Liu C M, et al. 2004. Hydro-climatic trends of the Yellow River Basin for the last 50 years[J]. Climatic Change, 65: 149-178.

Gan T Y. 1998. Hydroclimatic trends and possible climatic warming in the Canadian prairies[J]. Water Resour Res, 34: 3009-3015.

Jan C M, Niklas H. 2003. Climate change: long-term targets and short-term commitments[J]. Global Environ Chang, 13: 277-293.

Kendall M G. 1975. Rank Correlation Methods[M]. London: Charles Griffin.

Lea B F, James D F, Jaclyn P. 2011. Are we adapting to climate change[J]? Global Environ Chang, 21: 25-33.

Matthew B C, Nigel W A. 2011. Adapting to climate impacts on water resource in England—An assessment of draft Water Resources Management Plans[J]. Global Environ Chang, 21: 238-248.

Norris-Hill J. 1997. The influence of ambient temperature on the abundance of poaceae pollen[J]. Aerobiologia, 13(2): 91-97.

Parry M L. 1990. Climate Change and World Agriculture[M]. London: Earthscan.

Samuel H, Joel S. 2004. Estimating global impacts from climate change[J]. Global Environ Chang, 14: 201-218.

Sen P K. 1968. Estimates of the regression coefficient based on Kendall's tau[J]. J Am Stat Assoc, 63: 1379-1389.

Stephen H S. 2004. Abrupt non-linear climate change, irreversibility and surprise[J]. Global Environ Chang, 14: 245-258.

Yeakley J A, Moen R A, Breshears D D, et al. 1994. Response of North American ecosystem models to multi-annual periodicities in temperature and precipitation[J]. Landscape Ecology, 9(4): 249-260.

第3章　自20世纪90年代石羊河流域植被演替与土地利用格局变化

3.1　生态学与景观生态学研究简述

3.1.1　生态学起源与定义

最早，在希腊文中有一个指房子、住处或者家务的词“oikos”，与另外一个表示学科或者讨论的词“logos”合成了生态学“ecology”，指研究生物住所的科学。1866年，德国的动物学家Haeckel为生态学这个词第一次下了一个定义：生态学是研究生物与其所处环境相互关系的一门学科。

3.1.2　景观生态学起源与定义

景观生态学主要强调的是不同生态系统组成的整体（景观）空间的格局、生态学的过程与景观尺度之间的相互作用，与此同时，还将人类的活动（Richard，1997）与生态系统结构、功能相结合，这也是景观生态学的重要学科特点与研究优势（邬建国，2007）。它是一门新兴的多学科交叉学科，主要是生态学与地理学之间的交叉。景观生态学则以整个景观作为研究对象，通过能量流、物质流、信息流等的传输与交换，通过生物与非生物乃至人类之间的相互作用与转化，运用生态系统的原理和方法，研究景观格局的结构与功能（傅伯杰等，2008）。

景观生态学最早起源于欧洲，是地理学与生态学相互交叉的一个学科。国外学者已经进行了大量针对植被分布变化、景观格局转变方面的研究。例如，John等(2002)使用TM遥感影像比较了不同监控方法下多时相植被分布的变化；Maria等（2008）以希腊农村地区为研究区域，使用遥感影像技术对该地区历史的景观类型变化做了研究；Marc（2004）以欧洲地区为例，对景观格局的变化与城市化进程之间的相关性进行了分析；Douglas等（2004）使用遥感影像对北极冻原地区的植被变化与土地覆盖变化进行了研究；Oliver等（2005）使用地理信息系统（GIS）分析技术在一个长时间尺度上对德国南部的景观格局变化进行了计算。

3.2　数 据 来 源

对石羊河流域植被覆盖、土地使用格局的变化研究，采用的方法是使用遥感影像进行植被图的建立与分析。遥感是 20 世纪 60 年代发展起来的对地观测的综合技术。一般对于遥感有广义与狭义的理解。狭义的遥感是通过遥感器这类对电磁波敏感的仪器，在远离目标和非接触目标物体条件下探测目标地物，获取其反射、辐射或散射的电磁波信息（如电场、磁场、电磁波、地震波等信息），并进行提取、判定、加工处理、分析与应用的一门科学和技术。广义的遥感是指一切无接触的远距离的探测技术。运用现代化的运载工具和传感器，远距离获取目标物体的电磁波特性，通过该信息的传输、储存、修正和目标物体识别，最终实现其功能（定时、定位、定性、定量）。

遥感影像的种类有很多，且都具有不同的分辨率。本研究所使用的遥感影像数据是 TM 或者 ETM+。这种遥感影像数据在土地覆盖类型研究与景观格局变化研究等方面被广泛使用（Gao et al.，2008；Jiang et al.，2005；白洁等，2008；陈爱京等，2008）。

本研究一共使用了 4 期遥感影像数据，分别是 1990 年、2000 年、2006 年与 2009 年。图 3.1 为 4 个时期遥感影像 5、4、3 波段的合成图（模拟真彩色合成图）。

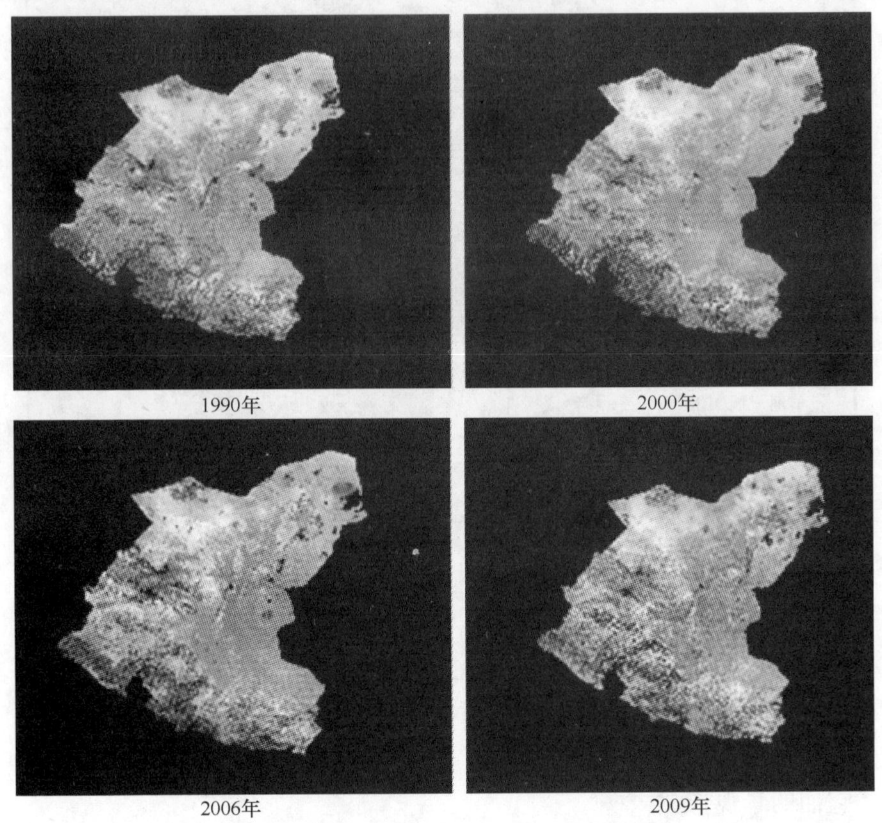

图 3.1　石羊河流域遥感影像图（彩图见文后图版）

本研究所用到的遥感影像数据来自USGS（The United States Geological Survey）。USGS始建于1879年3月3日，它是一个科学组织，可以为我们提供一些关于生态系统与环境方面的可靠信息。这些信息包括我们正在使用的资源状况、正在受到人类破坏的自然信息、气候的影响与土地使用类型的变化等。

除遥感影像之外，本研究在建立植被类型图时还用到了数字高程模型（digital elevation model，DEM）数据（图3.2）作为辅助。DEM是一定空间范围内规则格网点的平面坐标（*X*，*Y*）与其高程（*Z*）的数据集合，它主要用于描述区域地貌形态的空间分布（郭澎涛等，2010），它的数据采集是通过等高线或者相似立体模型来完成的，然后采用数据内插的方法而最终形成，本研究所使用的DEM空间分辨率同样是30 m。

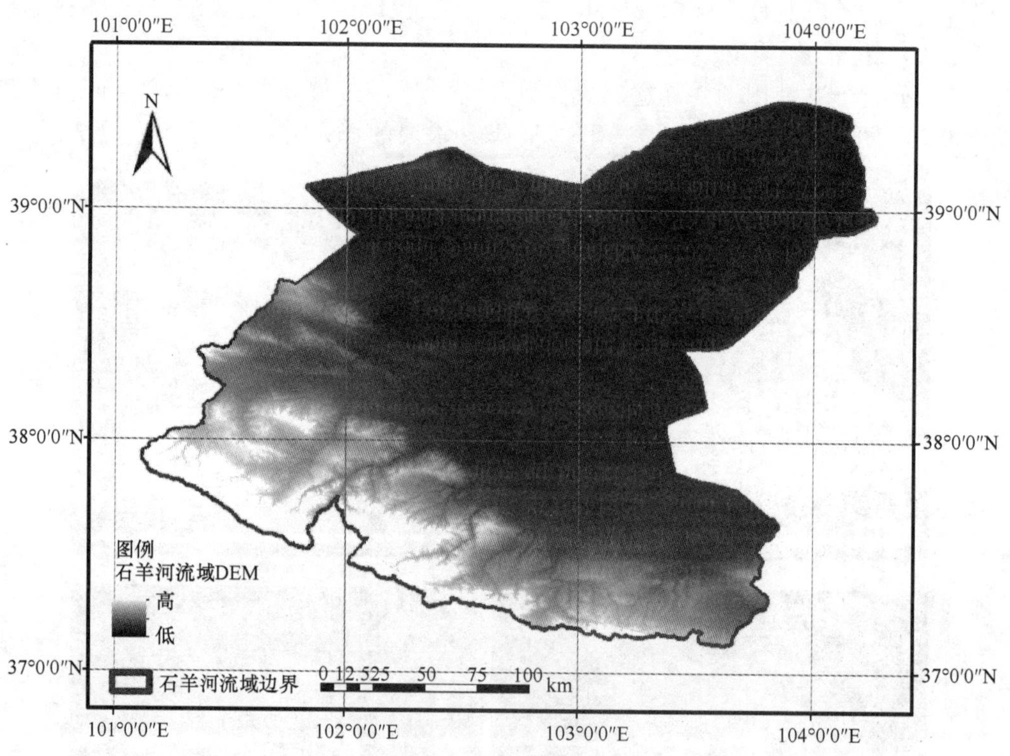

图3.2 石羊河流域DEM图

在景观生态学研究中，经常会用到景观指数这一概念去定量化描述某一研究区的景观格局。本研究的侧重点在于讨论各种植被类型与土地使用类型多年的分布格局与变化过程，因此在本研究中，针对不同的植被类型与土地使用类型分别计算了它们的景观指数。

计算景观指数所使用的数据是上文通过处理计算而来的植被类型、土地使用类型图。由于该图是使用分辨率为 30 m 的遥感影像数据处理而来的，刚好是一组栅格数据，因此在计算景观指数时不需要转变数据格式，可以很方便地导入专门的景观指数计算软件（Fragstats）中使用。

3.3　处理方法

3.3.1　植被分类体系的建立

对于植被科学的研究，已有将近 200 年的历史，但至今仍没有一个确定统一的分类系统共识（宋永昌，2001）。

一般来说，我们可以将植物群落的一切特征作为此分类系统的依据。

1）外貌结构：生活型或生长型；层次结构与高度等。

2）种类组成：优势种或频度最大的常见种；统计得出的区系种等。

3）植被动态特征：指的是发展到最后阶段的顶级群落。

4）生境特征：群落单一；地理位置等。

3.3.2　植被分类的技术流程

本研究运用 ENVI 软件处理遥感影像数据。

详细技术路线如图 3.3 所示。

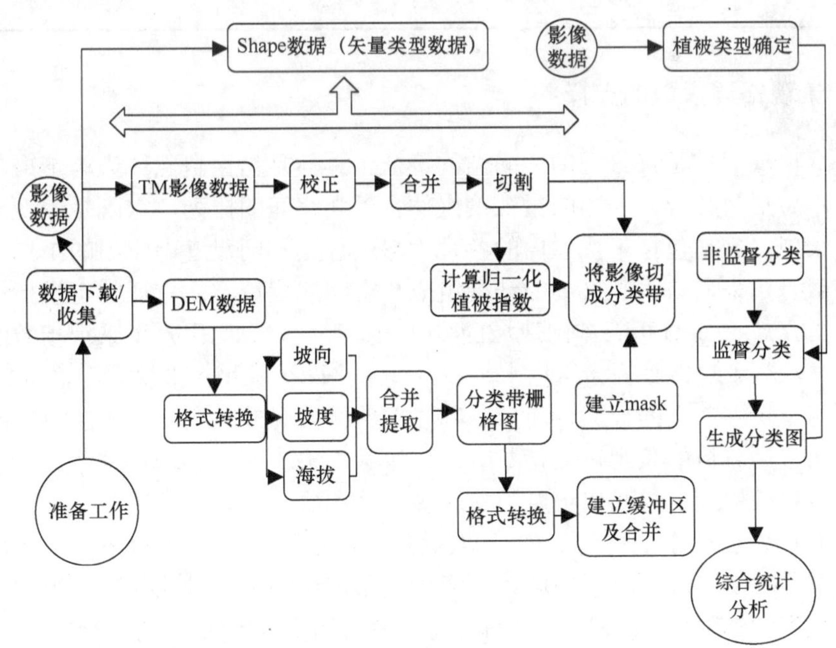

图 3.3　技术流程图

通过上述研究方法最终可以建立石羊河流域植被类型或者景观格局类型图，为后续的统计分析工作提供科学依据。

3.3.3 植被分类图的精度检验

对遥感影像数据进行植被分类之后，对分类结果进行分类精度检验，可以计算其误差的大小，从而判断分类结果是否符合要求。

对遥感数据进行目视解译之后，在石羊河流域内选取了 64 个调查点，对石羊河流域进行植被类型的实地调查，这 64 个调查点涵盖了所有的植被类型。使用表 3.1 作为植被类型调查表，调查了每个调查点的植被类型数据，并进行了分类精度检验，验证精度达 85%以上，满足统计分析的要求。

表 3.1 植被类型调查表

经度：	纬度：		海拔：
所属区县：			记录时间：　　年　　月　　日
1 山地稀疏植被带 2 高山草甸带 3 高山灌木带 4 针叶、阔叶林带 5 人工植被带 6 沙地、盐地灌丛带 7 荒漠草原带 8		相应位置打钩(√)即可。若不符合已给分类，请将新分类名称写入第 8 项	照片编号（不限于一张）： 备注：

3.3.4 景观格局指数的选择

景观格局通常是指景观的空间结构特征，具体是指由自然或人为形成的，一系列大小、形状各异，不同的景观镶嵌体在景观空间的排列，它既是景观异质性的具体表现，又是包括干扰在内的各种生态过程在不同尺度上作用的结果。景观格局指数是用来反映景观格局的结构组成与空间配置等方面特征的定量指标（邬建国，2007）。为了分析石羊河流域的景观格局变化，我们引入了景观指数的概念和分析方法。景观指数分为斑块水平和景观水平两个水平（张秋菊等，2003），前者主要是斑块细节上的数据，而后者则注重整体景观丰富度及多样性的分析。

本研究所分析的景观格局指数有：斑块数、斑块面积、斑块密度、平均斑块面积、景观破碎度、景观优势度与景观多样性指数。

在此特别提出景观优势度的计算方法：采用香农均匀度（SHEI）指数［式(3-1)］，式中 SHEI 的取值是 0-1，用于测定景观结构中一种或几种景观类型支配景观的程度。SHEI 取值越小，表示景观由多个比例大致相等的类型组成；SHEI 取值越大，表示景观只受一个或少数几个类型所支配（胡震峰，2003）：

$$\mathrm{SHEI}=\frac{-\sum_{i=1}^{m}(p_i \times \ln p_i)}{\ln m} \tag{3-1}$$

式中，p_i 为样品中属于第 i 种的个体的比例；m 为景观类数目。

景观破碎度（C）：景观数据的破碎程度［式（3-2）］：

$$C=\frac{\sum N_i}{\sum A_i} \tag{3-2}$$

式中，$\sum N_i$ 为景观斑块的总个数；$\sum A_i$ 为景观的总面积。

3.3.5　景观格局指数处理方法

我们使用 Fragstats 软件来计算景观格局指数，它是一种加载于 GIS 软件的专门计算景观指标的软件，同时也是国内外通用的景观格局分析软件之一（郑新奇和付梅臣，2010），能够计算景观等级上的 97 个数据（陈立东，2009）。

3.4　NDVI 变化

归一化差分植被指数（normalized difference vegetation index，NDVI），又称归一化植被指数。用于检测植被生长状态、植被覆盖度和消除部分辐射误差等，可以很好地反映地表植被的覆盖程度和状况。我们在此选取 1990 年、2000 年、2006 年和 2009 年的 TM 遥感影像数据进行 NDVI 的计算和分析，结果如图 3.4 所示。

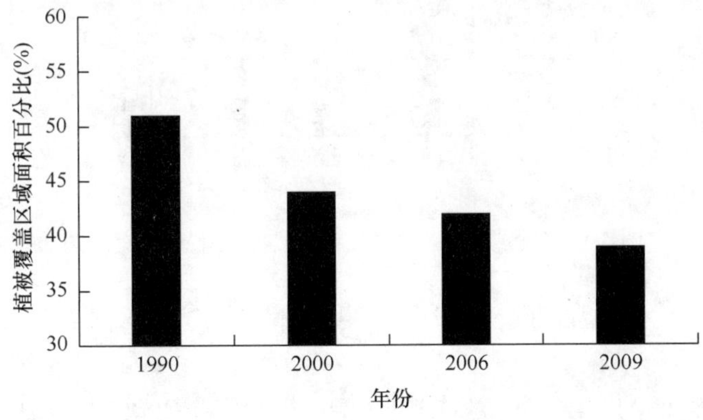

图 3.4　石羊河流域 1990-2009 年植被覆盖区面积百分比变化

由图 3.4 可见，石羊河流域的 NDVI 自 1990 年逐年减少，植被覆盖区域大幅度下滑。1990-2000 年这 10 年里，NDVI 降低了将近 10 个百分点。而到 2009 年，石羊河流域的植被覆盖率已经不到 40%了。

将石羊河流域范围内 4 市 9 县的 NDVI 变化分成 7 个部分：古浪-景泰、金昌、凉州、民勤、肃南、天祝与永昌-山丹。统计结果如图 3.5 所示。

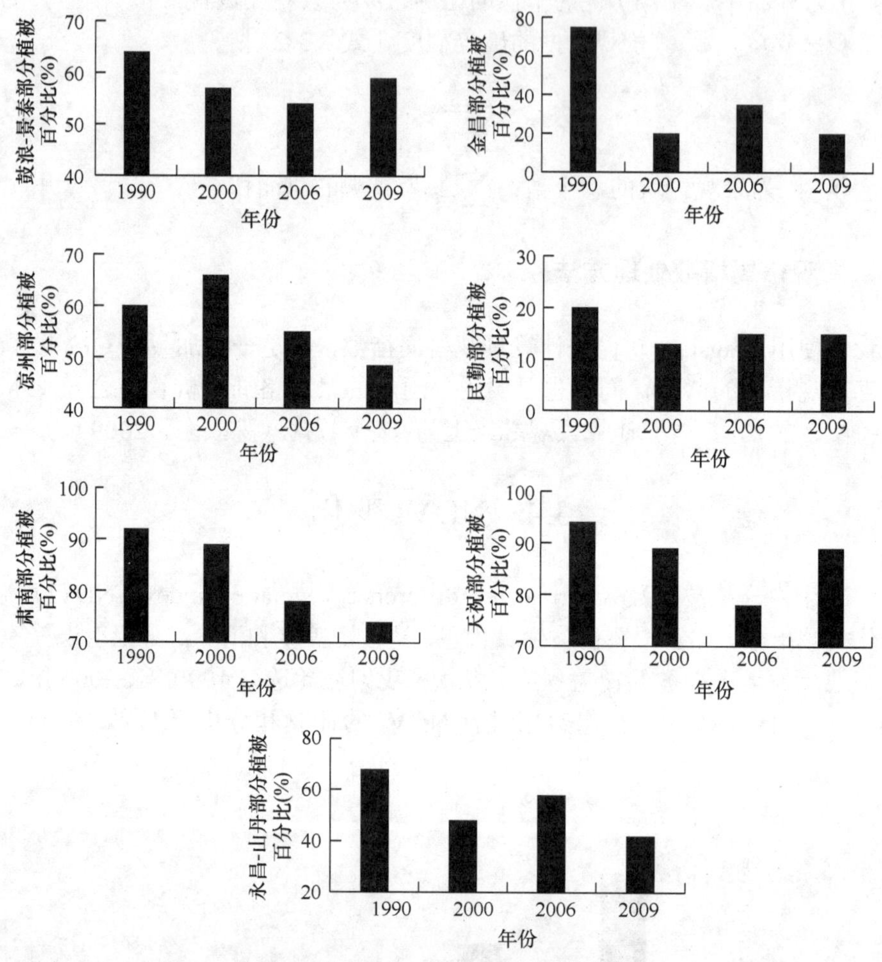

图 3.5 分区县 1990-2009 年植被覆盖百分比变化图

3.5 植被类型、土地使用类型图建立

依据目视解译的方法，我们对 1990 年、2000 年、2006 年和 2009 年的遥感影像数据进行监督分类，得到这一地区的植被类型、土地使用类型图（图 3.6-图 3.9）。

由植被类型、土地使用类型图可以得出以下结论。

1）荒漠和沙漠地带是石羊河流域中下游的主要土地类型，分布于凉州区和民勤县。

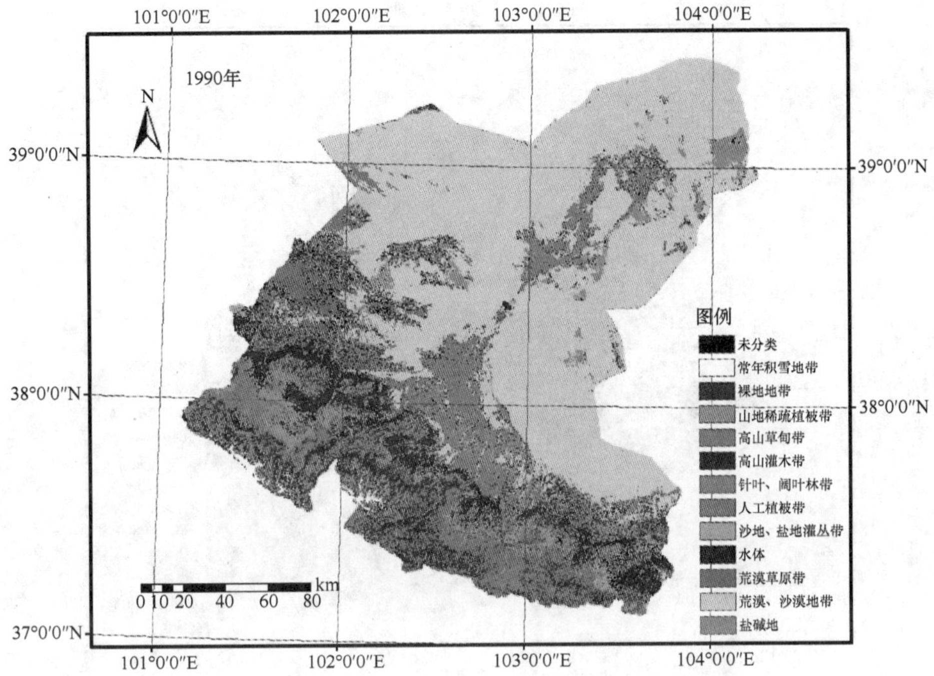

图 3.6　石羊河流域 1990 年植被类型、土地使用类型图（彩图见文后图版）

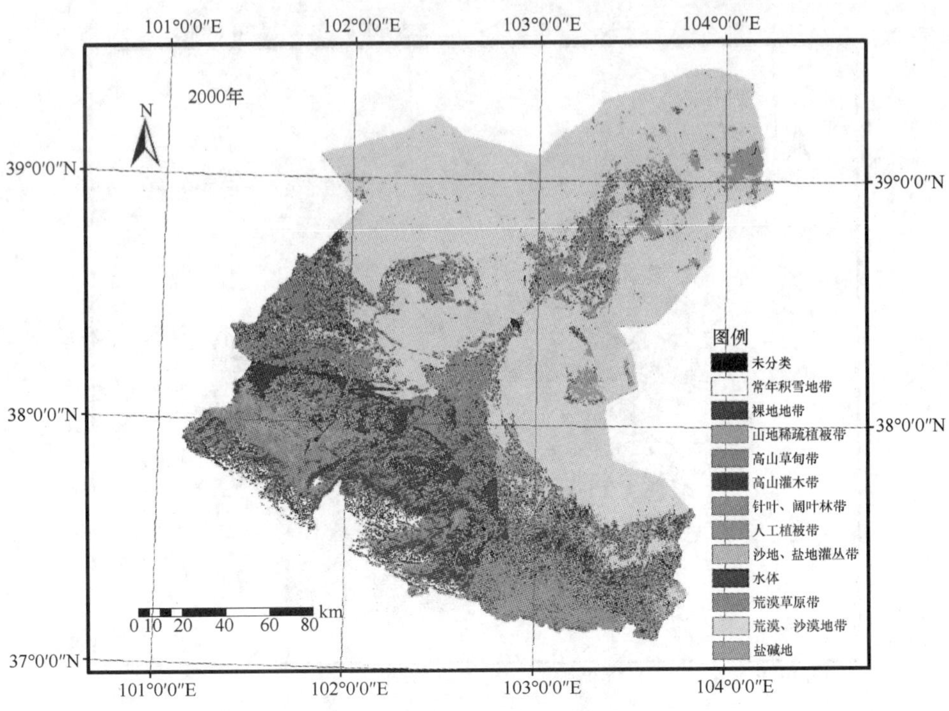

图 3.7　石羊河流域 2000 年植被类型、土地使用类型图（彩图见文后图版）

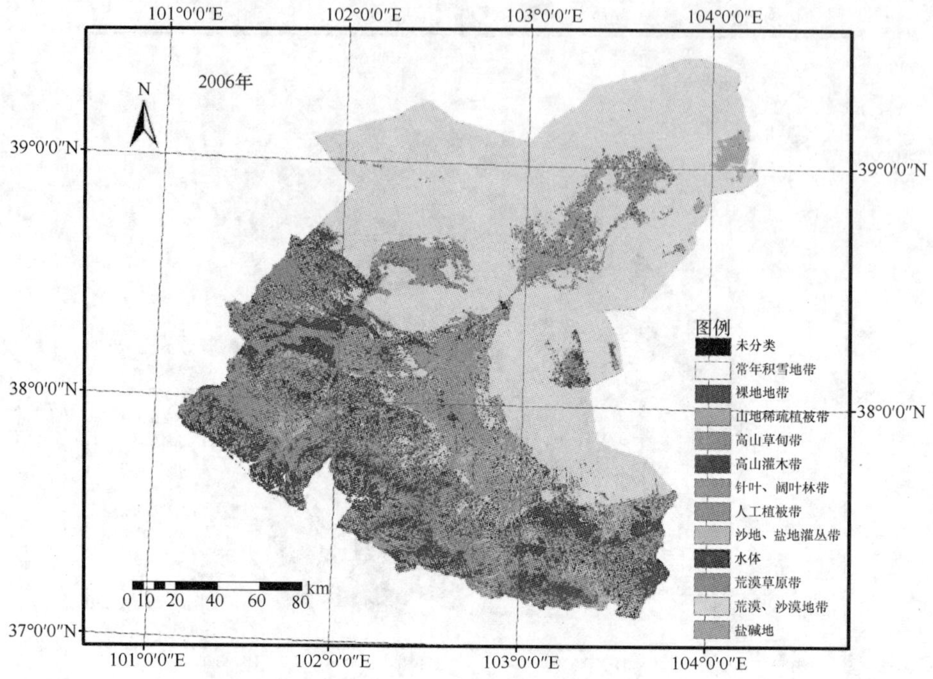

图 3.8　石羊河流域 2006 年植被类型、土地使用类型图（彩图见文后图版）

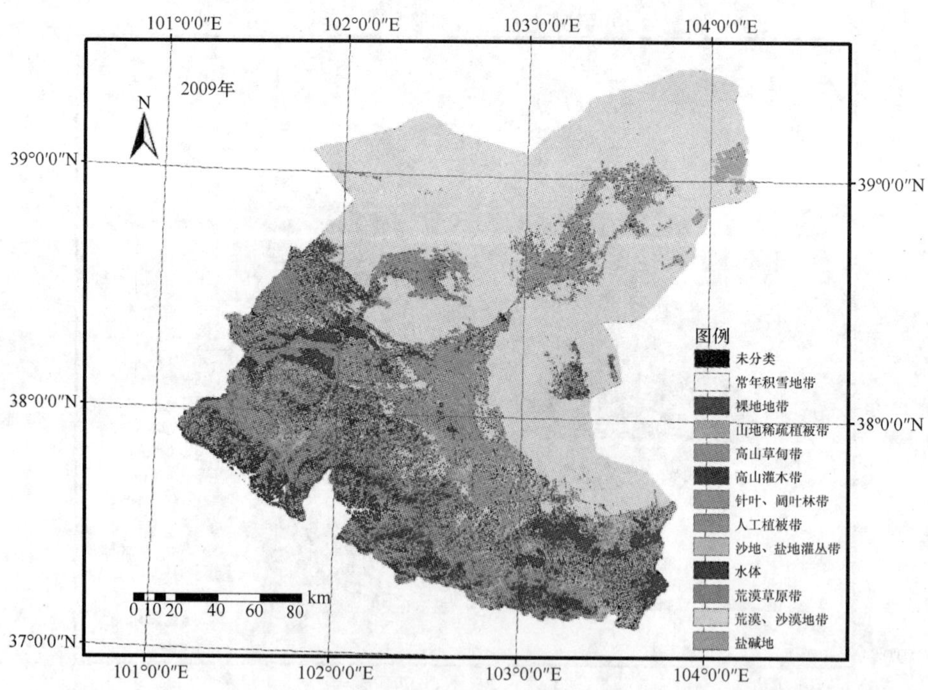

图 3.9　石羊河流域 2009 年植被类型、土地使用类型图（彩图见文后图版）

2）植被覆盖的地带主要集中在中上游丘陵与山区地带。

3）人工植被带主要集中在流域中游的凉州区、永昌县与下游的民勤绿洲内。

4）盐碱地的分布主要集中在下游靠近内蒙古的地区。

使用所建立的植被类型、土地使用类型图，在 GISmap 软件中打开并提出属性表，得到量化的数据，如表 3.2 所示。

表 3.2　石羊河流域不同植被类型、土地使用类型面积百分比　（%）

类型	1990 年	2000 年	2006 年	2009 年
高山灌木带	3.59	4.67	3.73	3.84
针叶、阔叶林带	3.14	4.13	3.16	2.16
人工植被带	7.32	5.50	11.63	10.67
常年积雪地带	0.55	2.34	0.26	0.36
裸地地带	11.79	15.01	12.96	16.88
山地稀疏植被带	3.88	2.96	1.43	2.05
高山草甸带	2.32	4.21	2.67	2.93
水体	0.08	0.12	0.06	0.03
沙地、盐地灌丛带	5.92	1.89	6.81	6.27
荒漠草原带	6.10	3.69	5.06	2.53
荒漠、沙漠地带	52.15	52.79	50.52	51.10
盐碱地	2.41	2.60	1.58	0.89

注：表格中数据为每种类型的面积占整个流域总面积的百分比

3.6　植被分布转移矩阵

转移矩阵（transition matrix）是由俄国数学家马尔可夫提出的关于一个系统的某些因素的转移分析的方式。基于此对一个区域的植被类型和土地分类的转化过程进行分析，由此来确定转移矩阵的变化方向和变化速度（张明，2000）。

依据 1990-2000 年的植被类型转移矩阵（表 3.3）可以看出，高山灌木带大多保持了自身类型不变，同时有 17%的面积转化为了针叶、阔叶林带；其次，由于土地的荒芜，一些人工植被和盐地灌丛、荒漠草原转变为了裸地；最后，也是最严重的，有 32%的荒漠草原带转换为了荒漠、沙漠地带。

依据 2000-2006 年的植被类型转移矩阵（表 3.4）可以看出，山地稀疏植被和高山草甸都有很大的向沙地、盐地灌丛转变的趋势；针叶、阔叶林带有 21%转换为高山灌木带，有 25%转换为人工植被。同时由于人工植被的加强，58%的沙地、盐地灌丛带转化为人工植被带。

表 3.3　1990-2000 年植被类型转移矩阵

	A	B	C	D	E	F	G	H	I	J	K	L	M
D	0.00	0.05	0.09	0.41	0.32	0.07	0.03	0.00	0.00	0.00	0.02	0.00	0.00
E	0.00	0.02	0.01	0.20	0.57	0.06	0.09	0.02	0.00	0.00	0.02	0.00	0.00
F	0.00	0.04	0.02	0.02	0.07	0.67	0.17	0.00	0.00	0.00	0.00	0.00	0.00
G	0.00	0.06	0.11	0.06	0.10	0.08	0.52	0.01	0.00	0.00	0.06	0.00	0.00
H	0.00	0.00	0.18	0.02	0.04	0.02	0.05	0.45	0.10	0.00	0.03	0.06	0.04
I	0.00	0.05	0.32	0.04	0.05	0.12	0.08	0.03	0.05	0.00	0.18	0.09	0.00
K	0.00	0.00	0.29	0.00	0.01	0.00	0.07	0.07	0.03	0.00	0.20	0.32	0.01

注：A. 未分类；B. 常年积雪地带；C. 裸地地带；D. 山地稀疏植被带；E. 高山草甸带；F. 高山灌木带；G. 针叶、阔叶林带；H. 人工植被带；I. 沙地、盐地灌丛带；J. 水体；K. 荒漠草原带；L. 荒漠、沙漠地带；M. 盐碱地

表 3.4　2000-2006 年植被类型转移矩阵

	A	B	C	D	E	F	G	H	I	J	K	L	M
D	0.00	0.00	0.08	0.21	0.24	0.03	0.08	0.04	0.30	0.00	0.00	0.00	0.00
E	0.00	0.00	0.09	0.07	0.34	0.07	0.13	0.07	0.22	0.00	0.00	0.00	0.00
F	0.00	0.00	0.12	0.01	0.02	0.47	0.08	0.04	0.25	0.00	0.00	0.00	0.00
G	0.00	0.00	0.05	0.00	0.07	0.21	0.28	0.25	0.11	0.00	0.02	0.01	0.00
H	0.01	0.00	0.05	0.01	0.02	0.00	0.01	0.86	0.00	0.00	0.00	0.02	0.02
I	0.00	0.00	0.23	0.00	0.00	0.00	0.02	0.58	0.06	0.00	0.07	0.03	0.01
K	0.00	0.00	0.27	0.00	0.01	0.00	0.04	0.12	0.22	0.00	0.30	0.03	0.00

注：A. 未分类；B. 常年积雪地带；C. 裸地地带；D. 山地稀疏植被带；E. 高山草甸带；F. 高山灌木带；G. 针叶、阔叶林带；H. 人工植被带；I. 沙地、盐地灌丛带；J. 水体；K. 荒漠草原带；L. 荒漠、沙漠地带；M. 盐碱地

2006-2009 年由于时间间隔相对较短，各种类型植被的变化剧烈程度相对之前的两个时间段较小。针叶、阔叶林带有 22%的面积转化成了沙地、盐地灌丛带；人工植被带在 2006 年内增长过快，2006-2009 年有 11%的面积转变为沙地、盐地灌丛带（表 3.5）。

表 3.5　2006-2009 年植被类型转移矩阵

	A	B	C	D	E	F	G	H	I	J	K	L	M
D	0.00	0.00	0.01	0.70	0.09	0.00	0.02	0.07	0.10	0.00	0.00	0.00	0.00
E	0.00	0.00	0.01	0.08	0.75	0.09	0.02	0.02	0.03	0.00	0.00	0.00	0.00
F	0.00	0.00	0.05	0.02	0.05	0.78	0.06	0.01	0.03	0.00	0.00	0.00	0.00
G	0.00	0.00	0.14	0.03	0.06	0.08	0.40	0.04	0.22	0.00	0.01	0.01	0.00
H	0.01	0.00	0.04	0.00	0.00	0.00	0.00	0.77	0.11	0.00	0.00	0.07	0.00
I	0.00	0.00	0.28	0.10	0.05	0.06	0.07	0.01	0.37	0.00	0.04	0.01	0.01
K	0.00	0.00	0.45	0.00	0.00	0.00	0.00	0.01	0.03	0.00	0.30	0.21	0.00

注：A. 未分类；B. 常年积雪地带；C. 裸地地带；D. 山地稀疏植被带；E. 高山草甸带；F. 高山灌木带；G. 针叶、阔叶林带；H. 人工植被带；I. 沙地、盐地灌丛带；J. 水体；K. 荒漠草原带；L. 荒漠、沙漠地带；M. 盐碱地

综合分析三个时间段的植被类型转移矩阵，我们发现，受人类活动和气候变化的双重影响，过去 20 年石羊河流域植被覆盖率逐年下降，但人工植被近十年来有增加趋势。1990-2000 年，植被覆盖率下降速度最高。2009 年，全流域植被覆盖率不足 40%，荒漠及沙漠面积占流域总面积达 50%以上，常年积雪面积占有率极低，占全流域总面积的不足 1%。另外，人工植被类型的面积呈现增加趋势，1990-2000 年略微减少，但随后大幅度增加，2006-2009 年达到流域总面积的 10%左右，其中沙地、盐地灌丛带面积与人工植被面积变化趋势类似，达到全流域总面积的 5%以上。通过植被类型转移矩阵分析发现，植被类型以荒漠植被类型为主。

3.7　景观格局指数变化分析

使用 Fragstats 软件计算出 1990 年、2000 年、2006 年和 2009 年的景观指数。

3.7.1　1990 年景观格局指数

从 1990 年石羊河流域景观指数（表 3.6）我们可以看到，除去未分类之外，I 的斑块数最多，其次为 K 与 C，这三种类型的斑块数都在 3 万个以上，特别是 I 的斑块数达到 4.8 万个以上；L 的斑块面积最大。

表 3.6　1990 年石羊河流域景观指数

	斑块（个）	斑块面积（km^2）	平均斑块面积（km^2）	斑块密度（个/km^2）	景观优势度
A	91 725	266.76	0.00	2.26	0.08
B	1 092	222.20	0.20	0.03	0.01
C	31 684	4 784.29	0.15	0.78	0.12
D	14 638	1 613.22	0.11	0.36	0.04
E	10 552	942.13	0.09	0.26	0.03
F	9 365	1 460.27	0.16	0.23	0.03
G	13 646	1 274.13	0.09	0.34	0.04
H	8 404	2 970.00	0.35	0.21	0.06
I	48 790	2 400.55	0.05	1.20	0.22
J	313	31.10	0.10	0.01	0.00
K	33 007	2 474.20	0.07	0.81	0.07
L	16 860	21 163.02	1.26	0.42	0.41
M	8 257	977.02	0.12	0.20	0.03

注：A. 未分类；B. 常年积雪地带；C. 裸地地带；D. 山地稀疏植被带；E. 高山草甸带；F. 高山灌木带；G. 针叶、阔叶林带；H. 人工植被带；I. 沙地、盐地灌丛带；J. 水体；K. 荒漠草原带；L. 荒漠、沙漠地带；M. 盐碱地

3.7.2 2000 年景观格局指数

表 3.7 为 2000 年石羊河流域景观指数，从这组数据中我们可以获得如下结果：斑块数最多的三种类型与 1990 年的结果相同，只是它们的先后顺序有所变化，分别是 C、K 与 I；斑块面积的情况与 1990 年一样，也是 L 最大，其次为 C，植被类型中 H 的面积最大，但比 1990 年的面积有所下降。

表 3.7 2000 年石羊河流域景观指数

	斑块（个）	斑块面积（km^2）	平均斑块面积（km^2）	斑块密度（个/km^2）	景观优势度
A	6 280	31.50	0.01	0.15	0.01
B	2 280	952.86	0.42	0.06	0.02
C	50 937	6 091.27	0.12	1.26	0.16
D	22 581	1 202.43	0.05	0.56	0.04
E	29 985	1 706.80	0.06	0.74	0.06
F	17 970	1 894.64	0.11	0.44	0.05
G	16 252	1 676.44	0.10	0.40	0.05
H	15 548	2 233.38	0.14	0.38	0.06
I	32 650	767.02	0.02	0.80	0.04
J	631	46.99	0.07	0.02	0.00
K	40 139	1 497.70	0.04	0.99	0.07
L	22 426	21 422.59	0.96	0.55	0.42
M	10 953	1 055.24	0.10	0.27	0.03

注：A. 未分类；B. 常年积雪地带；C. 裸地地带；D. 山地稀疏植被带；E. 高山草甸带；F. 高山灌木带；G. 针叶、阔叶林带；H. 人工植被带；I. 沙地、盐地灌丛带；J. 水体；K. 荒漠草原带；L. 荒漠、沙漠地带；M. 盐碱地

3.7.3 2006 年景观格局指数

通过对 2006 年石羊河流域景观指数（表 3.8）的结果进行分析，我们可以发现，2006 年斑块数与前两期相比发生了较大的变化，除未分类之外，位于前三的类型分别是 C、I 与 G，但 G 的斑块数量并不多（不足 2 万个）；斑块面积与 1990 年和 2000 年的结果一样；平均斑块面积的情况与 1990 年的结果类似，最大的是 L，植被类型中最大的是 H，最小是 M（平均斑块面积为 0.05 km^2）。

表 3.8 2006 年石羊河流域景观指数

	斑块（个）	斑块面积（km^2）	平均斑块面积（km^2）	斑块密度（个/km^2）	景观优势度
A	37 438	91.86	0.00	0.92	0.05
B	289	104.23	0.36	0.01	0.00
C	39 901	5 257.92	0.13	0.98	0.15

续表

	斑块（个）	斑块面积（km^2）	平均斑块面积（km^2）	斑块密度（个/km^2）	景观优势度
D	9 883	538.57	0.05	0.24	0.02
E	6 924	1 094.32	0.16	0.17	0.03
F	7 815	1 515.44	0.19	0.19	0.04
G	19 447	1 283.00	0.07	0.48	0.05
H	12 246	4 719.51	0.39	0.30	0.10
I	26 241	2 757.77	0.11	0.65	0.08
J	95	25.71	0.27	0.00	0.00
K	15 490	2 051.42	0.13	0.38	0.06
L	17 747	20 496.18	1.15	0.44	0.40
M	12 605	642.94	0.05	0.31	0.03

注：A. 未分类；B. 常年积雪地带；C. 裸地地带；D. 山地稀疏植被带；E. 高山草甸带；F. 高山灌木带；G. 针叶、阔叶林带；H. 人工植被带；I. 沙地、盐地灌丛带；J. 水体；K. 荒漠草原带；L. 荒漠、沙漠地带；M. 盐碱地

3.7.4　2009 年景观格局指数

表 3.9 显示，2009 年 I 和 L 的斑块数与之前的数据相比发生了变化。而斑块面积未发生较大变化，L>C>H。除未分类之外，2009 年 G 的平均斑块面积最小，其余和 2006 年的相似。A 在 2009 年与 1990 年相同，其斑块密度最大。2009 年、2000 年和 2006 年三个时期的景观优势度保持平稳，其中 L 最大，而 J 最小。

表 3.9　2009 年石羊河流域景观指数

	斑块（个）	斑块面积（km^2）	平均斑块面积（km^2）	斑块密度（个/km^2）	景观优势度
A	45 692	114.00	0.00	1.13	0.05
B	202	147.56	0.73	0.01	0.00
C	37 431	6 848.16	0.18	0.92	0.17
D	12 850	831.45	0.06	0.32	0.03
E	7 282	1 190.80	0.16	0.18	0.03
F	6 407	1 558.53	0.24	0.16	0.04
G	19 154	876.47	0.05	0.47	0.04
H	8 159	4 329.18	0.53	0.20	0.09
I	44 237	2 543.68	0.06	1.09	0.10
J	24	13.59	0.57	0.00	0.00
K	12 655	1 028.51	0.08	0.31	0.03
L	21 325	20 735.88	0.97	0.53	0.41
M	6 148	361.08	0.06	0.15	0.01

注：A. 未分类；B. 常年积雪地带；C. 裸地地带；D. 山地稀疏植被带；E. 高山草甸带；F. 高山灌木带；G. 针叶、阔叶林带；H. 人工植被带；I 沙地、盐地灌丛带；J. 水体；K. 荒漠草原带；L. 荒漠、沙漠地带；M. 盐碱地

3.7.5 4 个时期景观格局指数整合分析

在斑块数目方面，4 个时期斑块数目较多的类型为 C 与 I；在斑块面积方面，4 个时期的情况基本相同，其中最大和最小的分别是 L 与 J；在植被类型中面积方面，最大的为 H，面积最小存在差异，1990 年为 E，2000 年为 I，2006 年为 D，2009 年为 M；4 个时期平均斑块面积和植被类型中平均斑块面积，前者最大的是 L，最小的以 I 为主，后者最大的为 H；斑块密度最大的主要集中在 C 与 I；在景观优势度方面，其中最大与最小的分别是 L 和 J，在后三个时期 H 与 D 的景观优势度最大值与最小值的变化不大。

针对整个景观格局进行了研究，获得了其景观破碎度指数与景观多样性指数。具体结果如图 3.10 所示。

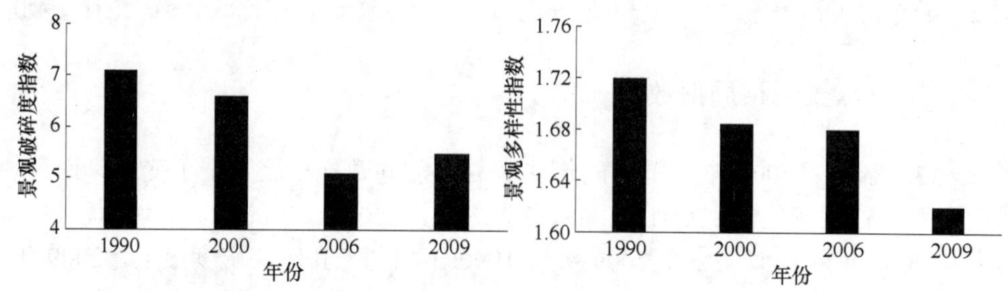

图 3.10 石羊河流域景观破碎度指数与景观多样性指数

景观破碎度指数是一个用于量度由各种因素导致景观被分割程度的量（何念鹏等，2001），目前，很多学者将它与 3S 技术结合起来探究景观在时空尺度上的变化规律（Haines-Young and Chopping，1996；Turner et al.，1989）。景观多样性基于生物多样性，描述景观尺度上生物多样化的特征（邬建国，1996；乌云娜和李政海，2000）。由图 3.10 可知，石羊河流域景观破碎度指数随着时间的增加呈现出先下降后上升的趋势，而景观多样性指数随着时间的增加，呈现出逐年下降的趋势，2009 年其只有 1.62。

3.8 石羊河流域典型区域生态系统保护策略研究

民勤作为石羊河流域中最为典型的干旱和生态脆弱区，对这一区域生态系统保护策略的研究很有必要。我们以民勤为典型区域，依据这一区域的土地利用变化，汇集其他数据，对民勤地区的生态系统保护策略进行了研究。

当地政府出台了一系列的生态系统保育政策控制农业灌溉用水，预防和控制当地荒漠化的扩张（杨森等，2011），如移民工程（EP）、退耕保育工程（RC）、防沙固沙和植树造林工程（SDCF）等（表 3.10）。这些政策和工程的实施在一定时间和程度上保护了石羊河流域的绿洲生态系统。

表 3.10　2000 年以来民勤绿洲生态保护项目的背景和主要目标

政策类型	实施时间	主要内容
灌区节水改造工程（PH） The Pivot Harnessing Program of the Shiyang River Watershed	2006-2009 年	灌区节水改造包括干支渠改造、田间灌水模式改造和节水农艺技术研究推广等部分。旨在构建水利枢纽系统，实现人为控制地表水和地下水的使用量。大力推广日光温室大棚，减少传统农业耕作面积。集中分配水资源，提高水分利用效率
退耕保育工程（RC） Project of Returned Cropland for Ecological Conservation	2006-2009 年	退耕保育工程是压减农田耕种面积，以达到控制占用水资源总量 85%以上的农业灌溉用水总量。将被压减耕种的农田自然恢复为生态用地。扩大自然植被覆盖面积，并对受到影响的农户进行经济补偿和产业转型的技术支持
移民工程 Emigration Project（EP）	2000 年至今	移民工程是通过提高教育和技术培训将石羊河下游地区民勤绿洲边缘人口向生态承载力相对较高的地区转移，以缓解人口对当地生态环境造成的巨大压力
防沙固沙和植树造林工程 Project of Sandy Dunes Control and Forestation（SDCF）	2000 年至今	防沙固沙和植树造林工程是通过草方格、植树造林等方法增加沙地表面的粗糙度，削减风力，使之无力携走疏松的沙粒，控制沙丘的移动速度，以达到防风、固沙的目的

注：4 个生态保护项目都集中在提高水资源的使用、恢复植被、优化土地利用模式、转变农业生产系统和提高农民的生活水平方面

3.8.1　民勤地区土地利用演变过程

2000 年、2005 年和 2009 年这三年的土地利用模式有很大的变化，2000-2005 年和 2005-2009 年都有明显的变化。依据这三年的 NDVI 的研究发现，民勤地区的 NDVI 2000-2005 年有一定幅度的增长，而 2005-2009 年又有一定的下滑（表 3.11）。2005 年该地区的 NDVI 达到最大值 0.171 77（表 3.11，图 3.12）。水域面积继续随区域经济和农业发展迅速下降，由于地区气候变暖和人类活动双驱动因素的影响，从 2000 年的 72.88 hm^2 下降至 2009 年的 45.13 hm^2。SDCF 项目的实践对生态恢复的影响较小（表 3.11，图 3.11）。在一定程度上，SDCF 项目的贡献主要集中在增加荒漠区植被覆盖。此外，由于当地 RC 项目和 EP 项目于 2005 年实施，土地利用格局的情况趋于好转。林地和牧场面积大规模增加，从 2005 年的

表 3.11　民勤地区土地利用模式在 2000 年后的变化

年份	土地利用类型动态变化（hm^2）						NDVI
	建筑用地	无干扰土地	天然林地	水域	农田	牧场	
2000	4 948.63	135 046	8 624.24	72.88	114 680.29	38 094.99	0.161 27
2005	8 979.62	172 580.01	692.58	52.85	118 121.61	1 160.89	0.171 77
2009	7 020.71	156 764.44	5 467.51	45.13	116 993.56	15 182.16	0.170 46

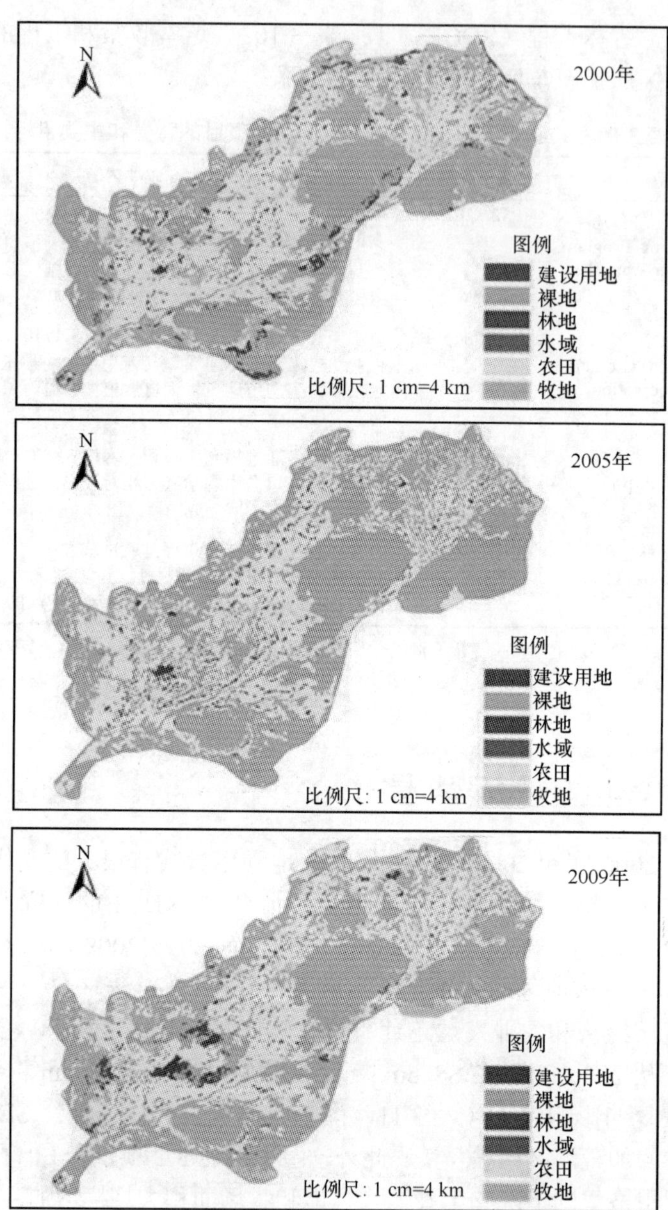

图 3.11 2000 年、2005 年、2009 年民勤地区土地利用景观格局（彩图见文后图版）

692.58 hm^2 和 1160.89 hm^2 分别变为 2009 年的 5467.51 hm^2 和 15 182.16 hm^2。同时，建筑用地面积从 2005 年的 8979.62 hm^2 下降至 2009 年的 7020.71 hm^2（表 3.11，图 3.11，图 3.12）。此外，SDCF 项目对新建成的防护林带和人工草地也发挥着关键作用。EP 项目降低了人口压力，并相应地减少了人为干扰。

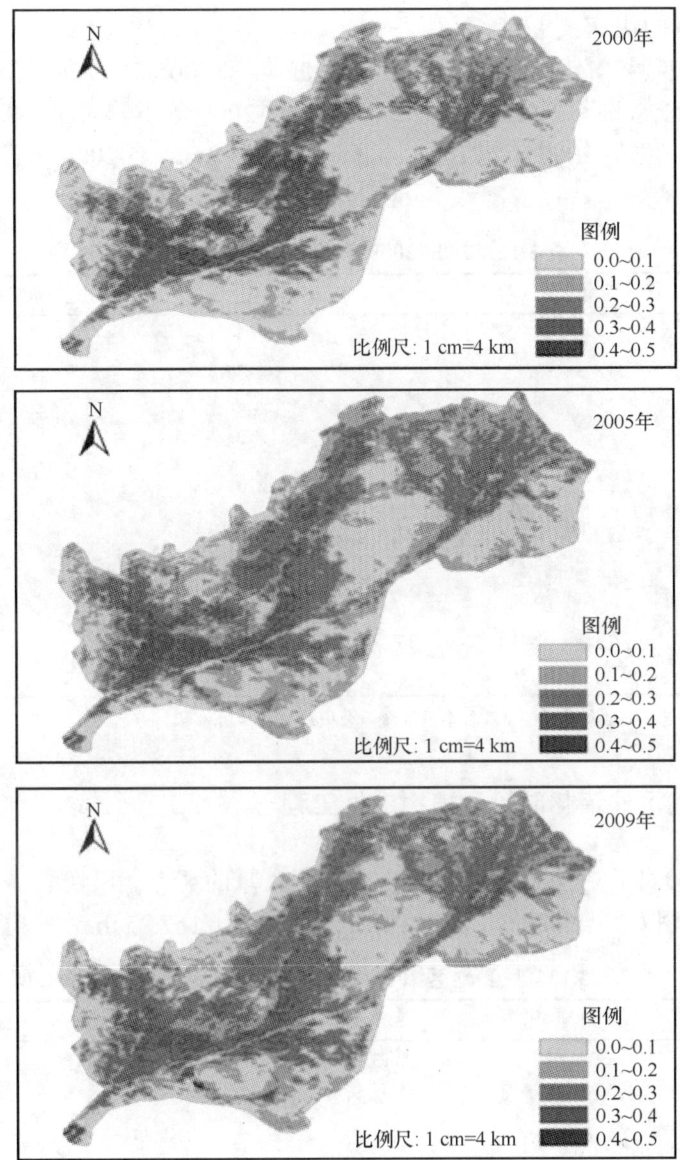

图 3.12　2000 年、2005 年、2009 年民勤地区 NDVI 空间分布图（彩图见文后图版）

3.8.2　生态保育政策下民勤地区总体水量和水质的变化

4 个项目生态保育的目的都是构建节水型社会，重点是减少水资源消耗和稳定地下水下降的趋势。总的水资源消耗量从2000年的 7.72×10^8 m^3 持续下降到2009年的 5.36×10^8 m^3，每年平均下降 0.236×10^8 m^3。然而，由于区域经济特别是民勤绿洲上游地区的快速发展，水环境恶化已成为一个强大的趋势。地下水的深度和矿化度呈增加趋势。然而，情况在 2000-2005 年和 2005-2009 年是不同的，2000-2005 年总用水量下降了 0.86×10^8 m^3，而 2005-2009 年下降了 1.5×10^8 m^3。更重要的是，地下水位从 2000 年到 2005 年下降了 3.501 m，2005-2009 年下降了 0.999 m（表 3.12）。

表 3.12 2000-2009 年民勤地区水资源变化

年份	总耗水量（$\times10^8$ m^3）	地下水位（m）	地下水矿化度（mg/L）
2000	7.72	13.634	2.0524
2001	7.67	14.256	2.1686
2002	7.45	14.687	2.2396
2003	7.21	15.660	2.3796
2004	7.02	16.201	2.4880
2005	6.86	17.135	2.3981
2006	6.71	17.788	2.4453
2007	6.36	18.397	2.5020
2008	5.76	18.796	2.5587
2009	5.36	18.134	2.5432

注：数据来自于《民勤县国民经济和社会发展统计公报》（2000-2009 年）

3.8.3 民勤地区沙漠化防治和植树造林工程

2000-2009 年，在人工生态保育方面做了大量的努力，已经取得了显著成效。人工造林面积平均为 5020.5 hm^2，种苗面积平均为 167.25 hm^2（表 3.13）。沙丘

表 3.13 民勤地区 2000-2009 年的生态策略变化 （单位：hm^2）

年份	造林面积	种苗面积	沙丘流动控制面积	退耕还林地面积
2000	3341.67	133.4	650.59	—
2001	4268.8	85.38	873.77	—
2002	7670.5	226.78	842.49	—
2003	10538.6	220.11	1956.18	—
2004	4535.6	99.72	2066.83	—
2005	3455.06	140.07	2001	—
2006	3355.01	133.4	1974.32	1810.06
2007	3154.91	86.71	2014.34	3588.86
2008	4502.25	266.8	7250.29	6911.95
2009	5382.69	280.14	2001	5441.19
平均	5020.5	167.25	2163.08	4438.02

流动控制面积平均为 2163.08 hm^2。特别是，生态保护的用水主要来自于因耕地面积减少而节约的水资源。实地调查表明，2005-2009 年退耕还林地面积平均每年达 4438.02 hm^2（表 3.13）。SDCF 工程等项目的积极影响是显而易见的，可以阻止民勤绿洲生态系统的进一步恶化。

3.8.4　民勤地区人口及出生率的变化

沉重的人口压力一直以来都是影响居民生活和生态保护中最关键的因素之一，社会调查表明，移民政策是民勤绿洲水资源管理的主要部分。一般来说，政策有三个最主要的部分——技术移民、生态移民和教育移民。技术移民是指民勤县的当地农户，通过一些养殖设施和住宅的供应，转移到外地住处。生态移民的目的是把农民从传统的农作物种植者转换为生态管理人员或其他产业工人；一些参与该计划的农民将不得不从事养殖生产。

教育移民使几乎所有 18-20 岁的年轻人搬到民勤市区之外。年轻的学生约 18 岁选择进入大学或其他专业院校，毕业后其中极少数返回家乡。这些移民的迁出导致本地出生率大大降低。民勤县的平均人口出生率由 2000 年的 11.63%下降到 2009 年的 5.15%，而甘肃省平均人口出生率约为 13%（图 3.13）。人口出生率的下降，直接造成了本地人口规模连续下滑。与甘肃省和全国人口增加的趋势相比，民勤县人口有逐渐减少的趋势。如图 3.13 所示，生态保护项目的实施使当地居民减少，有利于缓解人口压力和水资源的消耗。

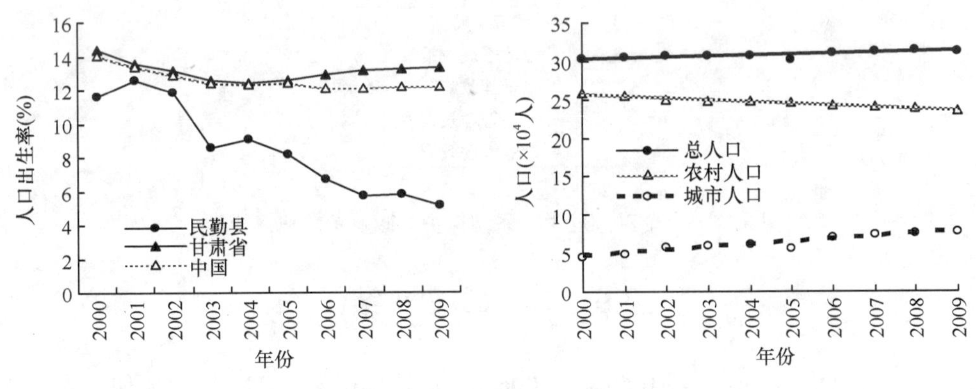

图 3.13　2000-2009 年民勤人口出生率和人口变迁

3.8.5　基于民勤地区生态系统保护的策略研究

对于濒危生态系统实施保护已经越来越常见，而对于西北地区的民勤绿洲更是如此。2000-2009 年，政府颁布了一系列预防和控制当地沙漠化扩张的保护政策，包括节水、生态移民、沙丘防治和退耕还林项目。基于GIS的景观分析、实地调查和历史文献分析的方法对这些政策的有效性进行了总结和评价（Yue et al., 2012），发现保护政策在民勤绿洲的节水型社会建设和自然资源管理中起到了非常关键的作用。研究人员提出了一个人与自然耦合系统，该系统由自然生态系统、人类社会系统和它们的相互作用组成（图3.14），土地、水、植被和农田这些方面的变化会定期对人类社会系统进行反馈；同样，人类社会系统的组件，如信息、人口、劳动力和产业会产生相关反馈来应对变化的自然生态系统（Machlis et al., 1997）。政策策略作为一个组织系统通常至少包括4个部件：土地管理政策、水管理政策、人口管理政策和产业管理政策。它通常涉及一系列社会经济和生物物理反馈，以及来自居民的参与，政策的制定、采纳和适应（图3.14）。初步得出了对濒危生态系统保护的政策策略概念模型。该模型可以提供一个通用的框架平台，有助于为自然科学家和社会科学家提供一些策略来管理濒危生态系统。

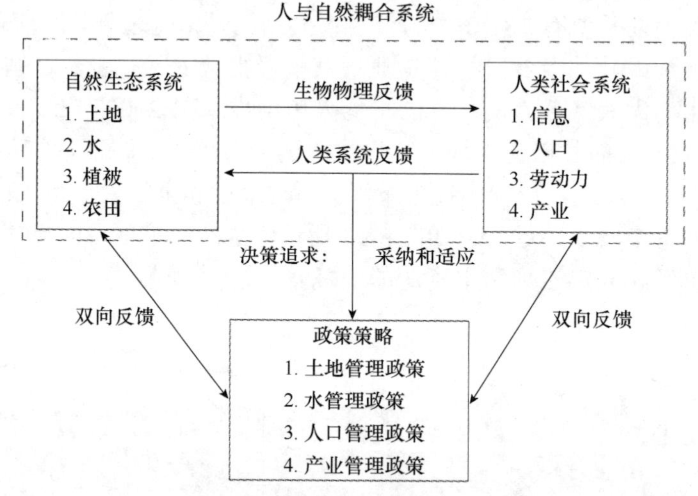

图3.14 一个对濒危生态系统保护的政策策略概念模型

3.9 本章小结

本研究使用1990年、2000年、2006年与2009年4期TM遥感影像数据，进行了石羊河流域内植被的分类工作，根据石羊河流域的相关特征，建立了新的植被类型、景观格局分类标准，获得了区域地标覆盖时空变化图。

1）随着时间的推进，石羊河流域的NDVI指数呈减小趋势。2009年的植被覆盖率小于40%。

2）石羊河流域植被覆盖地带主要集中在流域中上游丘陵、山地地带，下游民勤绿洲内主要的植被类型为人工植被。

3）不同植被覆盖的面积 L 最大，B 最小；在各种植被类型中，H 的面积是最大的；I 的面积仅次于 H，面积变化呈现出先减少后增加的趋势；D、E、F 与 G 的植被带面积所占比例变化不大。

4）在植被类型转移矩阵方面，F、G、H、I 与 K 都在不同程度上转变为 C，即石羊河流域多种不同类型的植被覆盖都出现了退化的趋势；D、E、F、G 与 H 有一定的面积变化为 I，即植被类型具有朝向暖干化发展的趋势。

5）在景观格局方面，斑块数目较多的类型为 C 与 I；斑块面积最大和最小的分别是 L 与 J，植被类型中面积最大的为 H；斑块密度最大的为裸地类型与沙地、盐地灌丛两种类型；景观优势度最大和最小的类型分别是 L 与 J，在属于植被类型的景观优势度中，最大值与最小值分别是 H 与 D。石羊河流域景观破碎度指数随着时间的增加呈现出先下降后上升的趋势，而景观多样性指数随着时间的增加，呈现出逐年下降的趋势。

6）在民勤地区生态系统管理方面，民勤是石羊河流域典型的濒危生态系统，2000-2009 年，一系列政策的实施，对于预防和控制民勤地区沙漠化起到了较好的效益。在过去的 10 年里，总耗水量从 $7.72\times10^8\ m^3$ 下降到 $5.36\times10^8\ m^3$，退耕还林地的年均面积达 4438.02 hm^2。年均造林面积保持在 5020.5 hm^2，沙丘流动控制面积年均为 2163.08 hm^2。此外，移民政策导致 5.15%的低生育水平，相应地减轻了当地人口压力，减少了自然资源的消耗。

参 考 文 献

白洁, 刘绍民, 扈光. 2008. 针对 TM/ETM+遥感数据的地表温度反演与验证[J]. 农业工程学报, 24(9): 148-154.

陈爱京, 肖继东, 张旭, 等. 2008. 基于 TM/ETM+影像的区域土地利用/覆盖变化研究[J]. 沙漠与绿洲气象, 2(4): 45-48.

陈立东. 2009. 应用 FRAGSTATS3.3 对呼和浩特市青城公园景观格局的研究及评价[D]. 呼和浩特: 内蒙古农业大学硕士学位论文.

傅伯杰, 陈利顶, 马克明, 等. 2008. 景观生态学原理及应用[M]. 北京: 科学出版社: 1-14.

郭铌, 朱燕君, 王介民, 等. 2008. 近 22 年来西北不同类型植被 NDVI 变化与气候因子的关系[J]. 植物生态学报, 32(2): 319-327.

郭澎涛, 武伟, 刘洪斌, 等. 2010. DEM 栅格分辨率对丘陵山地区定量土壤-景观模型的影响[J]. 农业工程学报, 26(12): 330-336.

郝成元, 吴绍洪, 杨勤业. 2005. 毛乌素地区沙漠化与土地利用研究[J]. 中国沙漠, 25(1): 33-39.

何念鹏, 周道玮, 吴泠, 等. 2001. 人为干扰强度对村级景观破碎度的影响[J]. 应用生态学报, 12(6): 897-899.

侯学煜. 1964. 论中国植被分区的原则、依据和系统单位[J]. 植物生态学与地植物学丛刊, 2(2): 153-179.

胡先骕. 1933. 世界植被地理[M]. 上海: 商务印书馆: 213.
胡震峰. 2003. 土地利用与景观格局动态变化研究[J]. 科技情报开发与经济, 13(12): 56-59.
黄尤优, 刘守江, 王琼, 等. 2010. 近 30 年四川小相岭山系植被景观变化分析[J]. 草业学报, 19(4): 1-9.
李义玲, 乔木, 杨小林, 等. 2008. 干旱区典型流域近 30 年土地利用/土地覆被变化的分形特征分析——以玛纳斯河流域为例[J]. 干旱区地理, 31(1): 75-81.
刘虎俊, 王继和, 常兆丰, 等. 2006. 石羊河下游荒漠植物区系及其植被特征[J]. 生态学杂志, 25(2): 113-118.
刘学录, 任继周, 张自和. 2003. 河西走廊山地-绿洲-荒漠复合生态系统的景观多样性[J]. 草业学报, 12(4): 100-103.
彭建, 王仰麟, 张源, 等. 2006. 土地利用分类对景观格局指数的影响[J]. 地理学报, 61(2): 157-168.
尚玉昌. 2010. 普通生态学[M]. 北京: 北京大学出版社: 1-10.
宋永昌. 2001. 植被生态学[M]. 上海: 华东师范大学出版社: 279-420.
王红说, 黄敬峰. 2009. 基于 MODIS NDVI 时间序列的植被覆盖变化特征研究[J]. 浙江大学学报(农业与生命科学版), 35(1): 105-110.
乌云娜, 李政海. 2000. 锡林郭勒草原景观多样性的时间变化[J]. 植物生态学报, 24(1): 58-63.
邬建国. 1996. 生态学范式变迁综论[J]. 生态学报, 19(5): 449-460.
邬建国. 2007. 景观生态学——格局、过程、尺度与等级[M]. 北京: 高等教育出版社.
吴征镒, 王荷生. 1983. 中国自然地理——植物地理[M]. 北京: 科学出版社.
谢霞, 王宏卫, 塔西甫拉提·特依拜. 2010. 基于 RS 和 GIS 的艾比湖区域景观格局动态变化研究[J]. 中国沙漠, 30(5): 1166-1173.
杨嘉, 郭铌, 黄蕾诺, 等. 2008. 西北地区 MODIS-NDVI 指数饱和问题分析[J]. 高原气象, 27(4): 896-930.
张继平, 常学礼, 蔡明玉, 等. 2009. 土地利用类型变化对沙漠化过程的影响——以科尔沁沙地为例[J]. 干旱区研究, 26(1): 39-44.
张明. 2000. 榆林地区脆弱生态环境的景观格局与演变研究[J]. 地理研究, 19(1): 30-36.
张秋菊, 傅伯杰, 陈利顶. 2003. 关于景观格局演变研究的几个问题[J]. 地理科学, 23(3): 264-270.
郑新奇, 付梅臣. 2010. 景观格局空间分析技术及其应用[M]. 北京: 科学出版社: 58-63.
朱艳, 巨天珍, 陈发虎, 等. 2001. 西北干旱区石羊河流域全新世早期植被与环境演化[J]. 西北植物学报, 21(6): 1059-1069.
Douglas A S, Allen H, David M, et al. 2004. Remote sensing of vegetation and land-cover change in Arctic Tundra Ecosystems[J]. Remote Sensing of Environment, (89): 281-308.
Gao J F, Pan G X, Jiang X S, et al. 2008. Land-use induced changes in topsoil organic carbon stock of paddy fields using MODIS and TM/ETM analysis: a case study of Wujiang County, China[J]. Journal of Environmental Sciences, (20): 852-858.
Haines-Young R, Chopping M. 1996. Quantifying landscape structure: a review of landscape indices and their application to forested landscapes[J]. Progress in Physical Geography, 20(4): 418-445.
Jack A M. 1984. A new global assessment of the status and trends of desertification[J]. Environmental Conservation, 11(2): 103-113.
Jiang J J, Zhou J, Wu H A, et al. 2005. Land cover changes in the rural-urban interaction of Xi'an

region using Landsat TM/ETM data[J]. Journal of Geographical Sciences, 15(4): 423-430.

John R, Janet F, Dar A R. 2002. A comparison of methods for monitoring multitemporal vegetation change using Thematic Mapper imagery[J]. Remote Sensing of Environment, (80): 143-156.

Li Y C. 2008. Land cover dynamic changes in northern China: 1989-2003[J]. Journal of Geographical Sciences, (18): 85-94.

Machlis G E, Force J E, Burch W R Jr. 1997. The human ecosystem, Part I: The human ecosystem as an organizing concept in ecosystem management[J]. Society & Natural Resources, Taylor & Francis, 10: 347-367.

Marc A. 2004. Landscape change and the urbanization process in Europe[J]. Landscape and Urban Planning, (67): 9-26.

Maria Z, Joseph T, John D P. 2008. Historical analysis of landscape change using remote sensing techniques: an explanatory tool for agricultural transformation in Greek rural areas[J]. Landscape and Urban Planning, (86): 38-46.

Oliver B, Hans J B, Doreen J, et al. 2005. Using GIS to analyse long-term cultural landscape change in Southern Germany[J]. Landscape and Urban Planning, (70): 111-125.

Richard H. 1997. Future landscapes and the future of landscape ecology[J]. Landscape and Urban Planning, (37): 1-9.

Turner M G, O' Neill R V, Gardner R H, et al. 1989. Effects of changing spatial scale on the analysis of landscape pattern[J]. Landscape Ecology, 3(3/4): 153-162.

Yue D X, Zhang S, Zhao X Z, et al. 2012. Policy strategy for ecosystem conservation of the Minqin Oasis of Northwest China[J]. Pakistan Journal of Botany, 44(3): 51-57.

第4章 石羊河流域生态承载力和生态足迹分析

4.1 生态足迹理论

人类是大自然的一部分，人类的生存依赖于大自然。大自然为人类的基本生活需求提供了稳定的来源，同时吸收了人类排放的废弃物，为人类的生存提供了各种必要的服务。地球上所有单位个体（从个人到整个城市甚至国家）为了维持续存就需要占据一定量的自然资源，因此会对地球造成一定的影响（Wackernagel et al.，1997）。为了评估这一影响以及对迈向可持续发展未来做出具体的规划，量化人类利用自然资源的情况就显得必不可少（Wackernagel and Yount，2000）。基于这一认识，生态足迹理论于 1992 年被提出，并在全球或者区域可持续发展的衡量中扮演着重要角色。生态足迹理论主要由代表人类对资源消费的生态足迹（ecological footprint，EF）和代表生态系统供给资源能力的生态承载力（biocapacity，BC）两个度量模型构成。生态足迹的定义是：在现有的技术条件下，维持指定的人口单位（一个人、地区、国家或者全球）的生存所需要的或者能够吸纳人类所排放的废物的、具有生物生产力的土地（biologically productive land）和水域面积；而生态承载力即生态系统生态承载力的阈值，体现了自然资源的可再生能力，是人类赖以生存的物质基础（郭建军等，2014；Bastianoni et al.，2012）。因此，生态足迹模型（岳东霞等，2009）为：

$$\mathrm{EF} = N \times \mathrm{ef} = N \times \sum \mathrm{EQF}_i \times \mathrm{aa}_i$$

式中，aa_i 为某消费品折算的人均生物生产性土地面积；N 为人口数量；ef 为人均生态足迹；EQF_i 为第 i 种土地利用类型的均衡因子；EF 为总的生态足迹。

生态承载力的模型（Yue et al.，2011）为：

$$\mathrm{BC} = \sum A_i \times \mathrm{YF}_i \times \mathrm{EQF}_i$$

式中，A_i 为各土地利用类型的权重；YF_i 为产量因子。

生态足迹方法自 20 世纪末被提出以来，得到了广泛的推广和使用，在一定程度上说明该方法有其自身的优势。一方面，生态足迹与生态承载力有相同的度量单位（global hectare，缩写为 gha，全球公顷，1 gha 代表 1 hm^2 具有全球平均产量的生产力空间）（Galli et al.，2007；Monfreda et al.，2004），实现了度量指标的统一性、可加性及全球的可比性（Wackernagel et al.，2002），而生态预算则由生态承载力与生态足迹的差值（BC–EF）来定义（Senbel et al.，2003），可直接计算区域生态盈余（BC–EF>0）和生态赤字（BC–EF<0）。在生态足迹方法中，生态盈余被认为是区域可持续发展的最低标准（Kitzes et al.，2009）。因此，生态足迹方法立足于可持续发展理论，是一类具有公平性的综合衡量指标。另外，生态足迹模型简单、可操作性高，且计算所需的数据较容易获取，易被公众和政策制定者接受。

到目前为止，生态足迹方法已经在不同的空间尺度上得到了推广和应用，涉及全球（White，2007；WWF，2008）、国家（Haberl et al.，2001；Lenzen and Murray，2001；Wackernagel et al.，1999；Wackernagel and Galli，2007；Bicknell et al.，1998；van Vuuren et al.，1999）、地区等大尺度行政区域（Galli et al.，2012；Solís-Guzmán et al.，2013），也涉及各个国家内部省区（Yue et al.，2011）、城市等较小尺度行政区域（Kitzes et al.，2009），并且覆盖了社会经济的许多方面，如企业（Herva et al.，2012）、教育和学校（Gottlieb et al.，2012）、农业（Kissinger，2013；Cerutti et al.，2013；Samuel-Fitwi et al.，2012）、旅游（Castellani and Sala，2012）和废物处理（Herva and Roca，2013）。

概括而言，目前生态足迹方法正由定性的、静态的、大尺度行政区域评价向定量的、动态的、多尺度区域评价方向发展，由评价生态足迹和生态承载力本身向研究其变化的驱动力方向发展，由行政单元向自然地理单元的评价方向发展。尽管如此，但是生态系统是一个复杂的亚稳定系统，其结构与功能的复杂性使得生态足迹与生态承载力的研究仍然是当前的一个难点（Kitzes et al.，2009）。

4.2　数 据 来 源

Rees 和 Wackernagel 提出的生态足迹方法依赖各级政府部门组织的统计数据，其分析的尺度由年鉴数据的尺度决定，如全球、国家、省市、乡镇尺度，因此其计算结果的表达通常停留在行政尺度上。本章首先开展了不同年份（2000 年、2005 年、2010 年）生态承载力与生态足迹变化特征分析，计算过程中所需数据都来自于石羊河流域 4 市 9 县相应年份的统计年鉴。

Yue 等（2006）、Mayer（2008）先后强调在生态足迹的分析中可以引入地理信息系统（GIS）模型，Moran 等（2009）建议把地理信息系统技术及遥感技术与传统的生态足迹方法相结合，尝试推进生态足迹方法在空间分布上的研究。Landsat-TM 数据由 7 个波段组成，除 TM6 空间分辨率为 120 m 外，其他 6 个波段的空间分辨率均为 30 m。由于光谱分辨率高，非常适于本章以流域单元为尺度的研究。

本章同样以石羊河流域为研究区，开展流域高分辨率生态承载力空间格局分析，并尝试基于多种栅格尺度（即 30 m、60 m、120 m、240 m、480 m、960 m、

1920 m、3840 m、7680 m）对生态承载力、土地利用的空间格局变化加以分析，以期能够客观正确地了解研究区及其内部生态承载力空间格局。受遥感数据处理限制，本章仅基于 1987 年遥感数据探索了生态承载力的多尺度空间分布模式，其中 1987 年的土地利用数据下载自寒区旱区科学数据中心。

4.3 研究方法

4.3.1 全局 Moran's I 指数

空间自相关性（spatial autocorrelation）是景观格局的最大特征之一，被 Trobler（1970）称为地理学第一定律。在景观生态学的研究中，生态学变量在空间上如何依赖以及如何变化是景观格局研究的重要部分，也是理解和预测生态学过程与功能的基础（邬建国，2007；傅伯杰等，2011）。空间自相关分析（spatial autocorrelation analysis）的目标是确定某一变量在空间上是否相关，以及其相关程度如何。空间自相关指标通常用来度量生态学或者物理变量在空间上的分布特征及其邻域的影响程度。空间自相关一般分为空间正相关（随着测定距离缩小，变量的值变得更相似）、空间不相关或者空间随机性（变量的值不表现出任何空间依赖性）、空间负相关（随着测定距离缩小，变量的值变得更不同）。空间自相关指标有多种，分别适合不同的数据类型（Upton and Fingleton，1985；Goodchild，1986；Legendre and Fortin，1989；Legendre，1993），全局性的空间自相关指标主要有：Moran's I 指数、Geary'C 系数、共邻边统计量（joint-count statistic）等。考虑到 Moran's I 指数在空间数量变量研究中的广泛应用（Anselin，1995；张新峰等，2010）以及生态承载力的空间数量属性，本章基于地理信息系统软件的空间分析模块开展了不同分辨率的 Moran's I 指数计算，以进一步定量分析生态承载力的空间分布格局以及尺度间的变化（图 4.1）。

4.3.2 空隙度指数

Mandelbrot（1983）提出了空隙度（lacunaity）的概念，最早用来衡量具有相似分形维数的研究对象在空间格局上的差别。

空隙度一词来源于拉丁语“lacunar”，指的是空间格局中存在的空隙（Fortin and Dale，2005），衡量的是研究对象（如分形）在平移不变性中的差别（Gefen et al.，1983；Plotnick et al.，1993）。Plotnick 首次把空隙度引入景观生态学，用作衡量空间格局特征且具有尺度依赖性的指标，同时也可计算空间格局或质地的异质性，而无需考虑研究对象是否具有分形结构（Allain and Cloitre，1991）。空隙度分析主要是针对一维、二维、三维的二进制数据（0-1 数据）开展研究，以明确研究对象的空间结构在尺度依赖性上的变化（Plotnick，1996）。

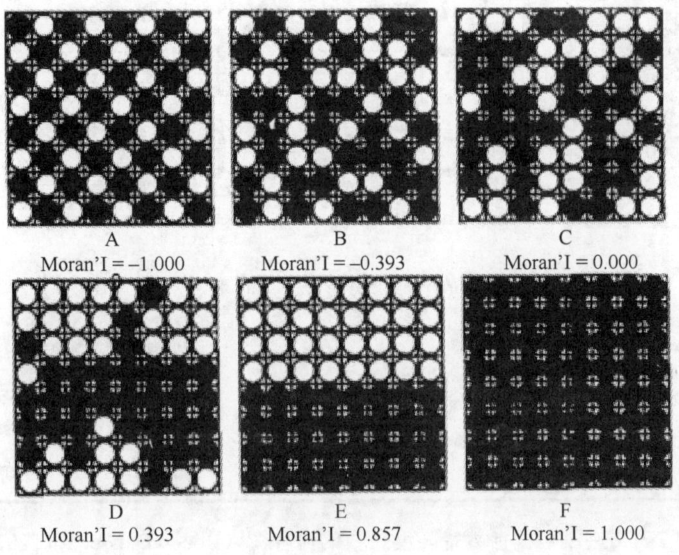

图 4.1　不同格局的空间自相关指数（邬建国，2007）

空隙度的计算方法有许多种（Gefen et al.，1983；Lin and Yang，1986；Allain and Cloitre，1991），本章选取了较为常用的滑箱算法（“sliding box” algorithm，Plotnick 于 1993 年首先采用）：将研究区域以网格的形式划分，记录每一个网格中景观要素的缺失情况（即 0-1 模式）。滑箱的边长（记为“*r*”）代表研究的尺度，把不同边长的滑箱从研究区的左上角向右滑动直至行末，然后对剩余的行重复同样的滑动，保证滑箱间有部分重叠（图 4.2）。记录每一个滑箱内的景观要素之和（记为“*S*”）及相同 *S* 出现的频数 *n*（*S*，*r*），滑箱滑过整个研究区域后，依据下述公式计算不同栅格尺度下的空隙度指数：

S 的概率分布为：

$$Q(S, r) = n(S, r)/N(r)$$

计算 *S* 的阶矩和二阶矩，公式为：

$$Z^{(1)} = \sum SQ(S, r)$$

$$Z^{(2)} = \sum S^2Q(S, r)$$

计算景观类型的空隙度值 $L(r)=Z^{(2)}/(Z^{(1)})^2$

一般而言，高空隙度表示景观中某一斑块类型的聚集程度较高，或者其空隙的大小变异很大（Plotnick et al.，1993）。近年来，许多空隙度分析集中于探究不同观察尺度（或采样尺度，滑箱边长 *r* 取不同的值）的景观格局和空间过程（Dong，2000，2009；Roces-Díaz et al.，2014）。Wu 和 Li（2006a）以单一滑箱（$r=2$）的

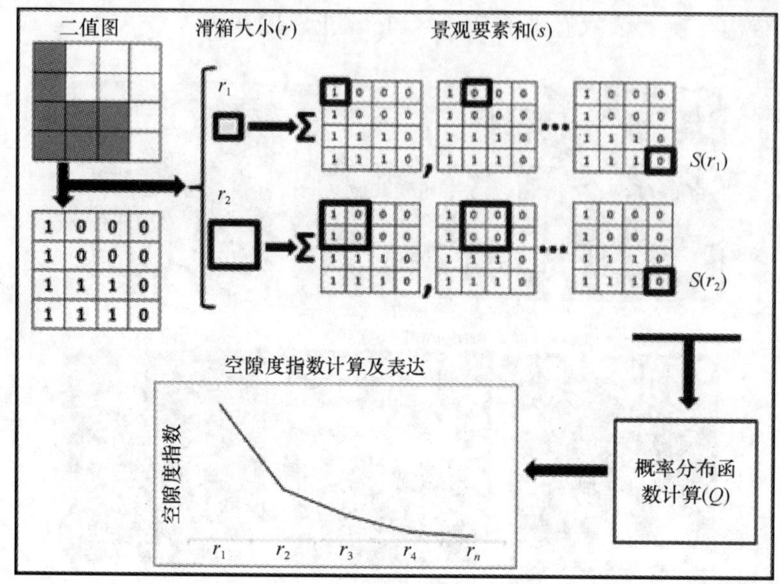

图 4.2 二进制数据计算空隙度指数的流程图（Roces-Díaz et al.，2014）

空隙度指数对湿地生态系统中山脉和泥沼格局的空间复杂性做了分析，明确了格局复杂性判断的阈值，拓宽了原有的空隙度指数在景观格局中的应用。本章基于这一点（单一滑箱），以石羊河流域为例，选取单一空隙度指数探究不同栅格尺度（分辨率）下生态承载力承载体（土地利用）的空间格局。

4.4 流域生态承载力和生态足迹变迁

依据统计年鉴核算得到石羊河流域的三期生态承载力与生态足迹，结果如表 4.1-表 4.6 所示。

表 4.1 石羊河流域 2000 年生态承载力

土地类型	土地面积（hm^2）	a_i（hm^2/人）	人口（万人）	BC（gha/人）
耕地	259 406.67	0.135 0	192.24	0.634
林地	233 633.33	0.121 5	192.24	0.126
草地	992 800.00	0.516 4	192.24	0.053
水域	46 033.33	2.39E–02	192.24	0.005
建筑用地	39 180.70	0.020 4	192.24	0.096
合计	—	0.8172	192.24	0.914

注：BC 为人均生态承载力；a_i 为产量因子

表 4.2　石羊河流域 2005 年生态承载力

土地类型	土地面积（hm^2）	a_i（hm^2/人）	人口（万人）	BC（gha/人）
耕地	256 006.67	0.130 9	195.60	0.615
林地	241 420.00	0.123 4	195.60	0.128
草地	991 506.67	0.506 9	195.60	0.052
水域	46 033.33	0.023 5	195.60	0.005
建筑用地	42 750.463	0.021 9	195.60	0.103
合计	—	0.806 6	195.60	0.903

注：BC 为人均生态承载力；a_i 为产量因子

表 4.3　石羊河流域 2010 年生态承载力

土地类型	土地面积（hm^2）	a_i（hm^2/人）	人口（万人）	BC（gha/人）
耕地	250 034.33	0.126 4	197.80	0.594
林地	251 468.00	0.127 1	197.80	0.132
草地	1 001 367.00	0.506 3	197.80	0.052
水域	46 033.33	0.023 3	197.80	0.005
建筑用地	48 860.33	0.024 7	197.80	0.116
合计	—	0.807 8	197.80	0.899

注：BC 为人均生态承载力；a_i 为产量因子

表 4.4　石羊河流域 2000 年生态足迹

土地类型	a_i（hm^2/人）	ef（gha/人）	人口（万人）	EF（gha）
耕地	0.050 7	0.143 5	192.24	275 828
林地	0.002 5	0.002 9	192.24	5 479
草地	0.540 9	0.292 1	192.24	561 506
水域	0.103 3	0.022 7	192.24	43 688
能源用地	0.262 0	0.298 7	192.24	574 182
建筑用地	0.000 17	0.000 5	192.24	919
合计	0.959 6	0.760 4	192.24	1 461 602

注：ef 为人均生态足迹；EF 为总的生态足迹；a_i 为产量因子

表 4.5　石羊河流域 2005 年生态足迹

土地类型	a_i（hm^2/人）	ef（gha/人）	人口（万人）	EF（gha）
耕地	0.050 99	0.144 3	195.60	282 237
林地	0.002 69	0.003 0	195.60	5 828
草地	0.550 7	0.297 3	195.60	581 658
水域	0.103 1	0.022 7	195.60	44 367
能源用地	0.261 8	0.298 5	195.60	583 807
建筑用地	0.000 17	0.000 48	195.60	935
合计	0.969 4	0.766 3	195.60	1 498 832

注：ef 为人均生态足迹；EF 为总的生态足迹；a_i 为产量因子

表 4.6　石羊河流域 2010 年生态足迹

土地类型	a_i（hm²/人）	ef（gha/人）	人口（万人）	EF（gha）
耕地	0.053 1	0.150 3	192.24	288 885
林地	0.003 1	0.003 5	192.24	6 794
草地	0.561 3	0.303 1	192.24	582 683
水域	0.103 9	0.022 9	192.24	43 942
能源用地	0.271 0	0.308 9	192.24	593 906
建筑用地	0.000 2	0.000 5	192.24	919
合计	0.992 6	0.789 2	192.24	1 517 129

注：ef 为人均生态足迹；EF 为总的生态足迹；a_i 为产量因子

由表 4.1-表 4.3 和图 4.3 不难发现以下结论：在石羊河流域，人均生态承载力由 2000 年的 0.914 gha/人降至 2010 年的 0.899 gha/人，说明在这个时间段内石羊河流域的生态环境或者生态系统的供给能力在下降；而由表 4.4-表 4.6 和图 4.3 得到石羊河流域的人均生态足迹值在研究时间段内逐步增大，分别为 0.7604 gha/人、0.7663 gha/人和 0.7892 gha/人。由此可见，区域内人口对该流域的自然资源依赖性增加。

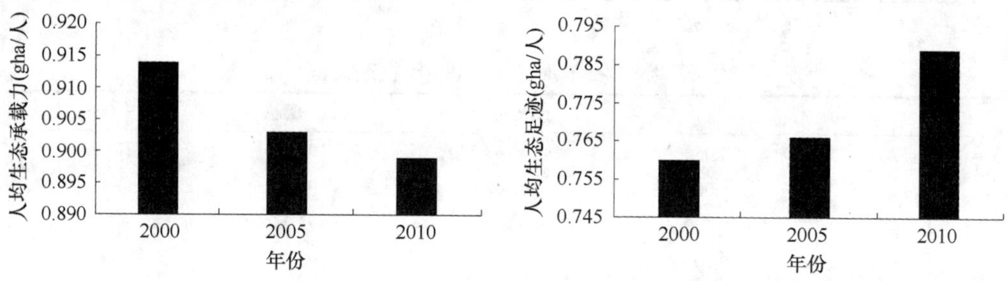

图 4.3　石羊河流域人均生态承载力（左）和生态足迹（右）变化图

本章的计算结果和 Yue 等（2011）计算的民勤绿洲的生态承载力和生态足迹的结果类似，民勤绿洲属于石羊河流域的下游地区，意味着下游的民勤绿洲与整个石羊河流域在生态承载力与生态足迹的变化方面有同样的特征。

4.5　流域生态承载力和生态足迹耦合分析

本小节在石羊河流域生态承载力空间分布的基础上，开展了 9 个栅格尺度上的基于土地利用斑块（而非单个栅格）的生态承载力空间自相关分析。

由表 4.7 易知，在栅格尺度为 7680 m 时，生态承载力展现出不显著的空间负相关，相邻斑块的生态承载力差别较大。而在栅格尺度小于 7680 m 时，石羊河流域的空间分布具有较为明显的空间正相关性。进一步探讨全局 Moran's I 指数与栅格尺度的关系发现，全局 Moran's I 指数与栅格尺度也同样呈现明显的相关性［对数函数（logarithmic function）模式，图 4.4］。

表 4.7　石羊河流域不同栅格尺度生态承载力全局 Moran's I 指数

尺度（m）	Moran's I	*Z* 分数	*P* 值	方差
30	0.356	154.53	0.000 00	0.000 005
60	0.282	125.20	0.000 00	0.000 005
120	0.205	132.19	0.000 00	0.000 002
240	0.212	195.26	0.000 00	0.000 001
480	0.187	94.06	0.000 00	0.000 004
960	0.158	31.40	0.000 00	0.000 025
1920	0.147	12.84	0.000 00	0.000 131
3840	0.117	5.03	0.000 00	0.000 558
7680	–0.038	–0.73	0.462 90	0.001 768

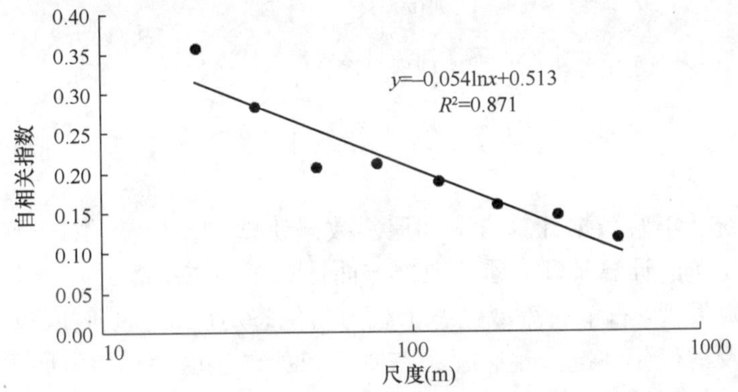

图 4.4　石羊河流域不同尺度下的全局 Moran's I 指数关系

4.6　流域生态承载力承载体空隙度分析

从图 4.5 可以看出，在石羊河流域，未利用地的空隙度指数最低，栅格尺度的增大导致了其空隙度指数的减小，说明未利用地的空间聚集程度弱，未利用地斑块间的空隙变异小，意味着未利用地与其他土地利用类型表现出更多的空间邻接关系；耕地与未利用地具有相同的空隙度指数变化趋势；林地和草地的空隙度指数变化模式是一致的，但林地的空间聚集度要比草地的大；水域和城乡用地是 6 种土地利用类型中空隙度指数较高的。

上述研究得到了不同土地利用类型的空隙度指数在不同栅格尺度上的变化趋势，而且由图 4.5 可以进一步发现，各土地利用类型的空隙度指数的大小顺序没有随着栅格尺度的变化而变化，且不同的生态承载力承载体（各土地利用类型）

在不同尺度上的变化有较大的差别，其中未利用地的空隙度指数显示了其较弱的尺度依赖性，水域和城乡用地的空隙度指数则展现出了较强的尺度依赖性。

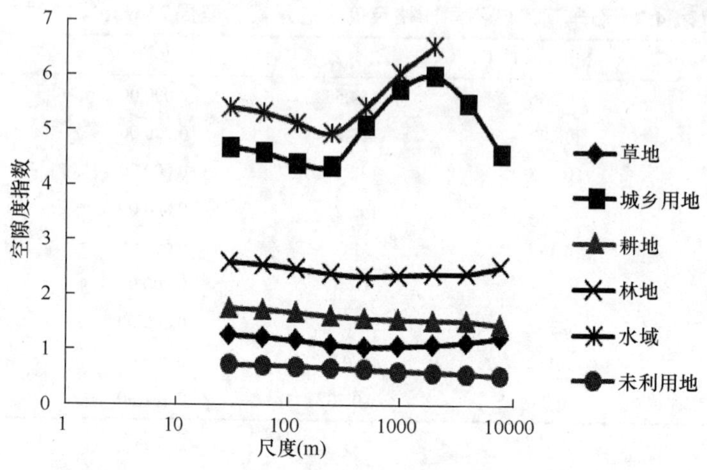

图 4.5 石羊河流域多尺度空隙度指数

4.7 本章小结

本章以统计年鉴数据计算方式和遥感数据计算方式开展了石羊河流域生态承载力与生态足迹的计算（只从遥感数据方面计算了生态承载力）。一方面，由统计年鉴数据计算发现，石羊河流域生态承载力与生态足迹在研究时间段内（10 年内）展现出了相反的变化情况，生态冗余在减小。如果让这种趋势发展下去，石羊河流域生态的可持续性就会降低，并且会逐步演变成生态赤字的状态，区域生态环境更脆弱。另一方面，Wood（2003）建议把地理信息系统技术和遥感数据引入生态承载力模型中，而 Yue 等（2011）和汪玉琼等（2013）则从不同的研究角度验证了这种方法的可行性。与此同时，多尺度景观格局分析是景观生态学的研究热点和发展方向，具有重要意义，借鉴这一研究思想，开展多尺度生态承载力空间格局分析对深入探索生态承载力空间分析也具有重要意义。本章同样基于遥感数据和 ArcGIS 平台，探索了不同栅格尺度（分辨率）下的流域生态承载力空间自相关性及土地利用空隙度指数，探讨了区域生态承载力的空间分布异质性和多栅格尺度空间格局变化，是区域生态承载力准确评价和进一步深化生态足迹理论研究的重要方面。

改进的生态承载力计算模型更好地展示了生态承载力空间分布的异质性特点（Yue et al.，2011；汪玉琼等，2013）。为了更深入地了解生态承载力的空间分布格局在不同栅格尺度上的变化，本章引入了全局空间自相关指数（Moran's I 指数）。

研究结果显示，石羊河流域生态承载力全局空间自相关指数（Moran's I 指数）皆随栅格尺度的增大而减小，空间自相关性由显著的空间正相关逐渐变为空间负相关，说明遥感数据的分辨率会在很大程度上影响生态承载力的空间自相关性，体现出较强的尺度依赖性。因此，在研究中涉及生态承载力空间属性时，为避免空间自相关性引起的数据统计误差，有必要对其空间自相关做相应的分析。

空隙度指数多以滑箱算法探究不同观察尺度空间格局信息，适用于检测景观的等级结构、自相似性、随机性及聚集性等重要空间特征。本章将空隙度指数作为度量土地利用类型空间隔离度的指标引入不同栅格尺度上各土地利用类型（生态承载力承载体）的分析中。研究结果显示，在不同栅格尺度上不同土地利用类型的空隙度指数展现了不同的尺度依赖性。空隙度指数本质上反映出的是土地利用类型斑块间的空隙变异大小，斑块面积的变化影响了各土地利用类型斑块之间空隙的变异大小，且空隙的变异大小直接反映了土地利用斑块的空间聚集程度。石羊河流域各类型土地作为生态承载力的承载体，在不同栅格尺度上呈现出不同程度的空间聚集，直接影响了生态承载力的空间分布，进一步强调了生态承载力的空间异质性及尺度依赖性。

参考文献

傅伯杰, 陈利顶, 马克明, 等. 2011. 景观生态学原理及应用[M]. 北京: 科学出版社.

郭建军, 李凯, 江宝骅, 等. 2014. 流域生态承载力空间尺度效应分析——以石羊河流域为例[J]. 兰州大学学报(自然科学版), 50(3): 383-389.

邬建国. 2007. 景观生态学——格局、过程、尺度与等级[M]. 北京: 高等教育出版社.

汪玉琼, 郭建军, 李凯, 等. 2013. 石羊河流域上游山区生态承载力时空格局动态评价[J]. 兰州大学学报(自然科学版), 49(2): 166-172.

岳东霞, 马金辉, 巩杰, 等. 2009. 中国西北地区基于 GIS 的生态承载力定量评价与空间格局[J]. 兰州大学学报(自然科学版), 45(6): 68-75.

张新峰, 戴小杰, 汪俭彬, 等. 2010. 空间自相关指数进展及其在南亚海啸期间叶绿素 a 异常波动检测中的应用[J]. 兰州大学学报(自然科学版), 46(s1): 226-237.

Allain C, Cloitre M. 1991. Characterizing the lacunarity of random and deterministic fractal sets[J]. Physical Review A, 44(6): 3552-3558.

Anselin L. 1995. Local indicators of spatial association—LISA[J]. Geographical Analysis, 27(2): 93-115.

Bastianoni S, Niccolucci V, Pulselli R M, et al. 2012. Indicator and indicandum: "Sustainable way" vs "prevailing conditions" in the Ecological Footprint[J]. Ecological Indicators, 16: 47-50.

Bicknell K B, Ball R J, Cullen R, et al. 1998. New methodology for the ecological footprint with an application to the New Zealand economy[J]. Ecological Economics, 27(2): 149-160.

Castellani V, Sala S. 2012. Ecological footprint and life cycle assessment in the sustainability assessment of tourism activities[J]. Ecological Indicators, 16: 135-147.

Cerutti A K, Beccaro G L, Bagliani M, et al. 2013. Multifunctional ecological footprint analysis for assessing eco-efficiency: a case study of fruit production systems in Northern Italy[J]. Journal of Cleaner Production, 40: 108-117.

Dong P. 2000. Test of a new lacunarity estimation method for image texture analysis[J]. International Journal of Remote Sensing, 21(17): 3369-3373.

Dong P. 2009. Lacunarity analysis of raster datasets and 1D, 2D, and 3D point patterns[J]. Computers & Geosciences, 35(10): 2100-2110.

Fortin M J, Dale M R T. 2005. Spatial Analysis: A Guide For Ecologists[M]. Cambridge: Cambridge University Press.

Galli A, Kitzes J, Niccolucci V, et al. 2012. Assessing the global environmental consequences of economic growth through the ecological footprint: a focus on China and India[J]. Ecological Indicators, 17: 99-107.

Galli A, Kitzes J, Wermer P, et al. 2007. An exploration of the mathematics behind the Ecological Footprint[J]. International Journal of Ecodynamics, 2(4): 250-257.

Gefen Y, Meir Y, Aharony A. 1983. Geometric implementation of hypercubic lattices with non-integer dimensionality by use of low lacunarity fractal lattices[J]. Phys Rev Lett, 50: 145-148.

Goodchild M F. 1986. Spatial Autocorrelation[M]. Norwich: Geo Books.

Gottlieb D, Kissinger M, Vigoda-Gadot E, et al. 2012. Analyzing the ecological footprint at the institutional scale—The case of an Israeli high-school[J]. Ecological Indicators, 18: 91-97.

Haberl H, Erb K H, Krausmann F. 2001. How to calculate and interpret ecological footprints for long periods of time: the case of Austria 1926-1995[J]. Ecological Economics, 38(1): 25-45.

Herva M, Álvarez A, Roca E. 2012. Combined application of energy and material flow analysis and ecological footprint for the environmental evaluation of a tailoring factory[J]. Journal of Hazardous Materials, 237: 231-239.

Herva M, Roca E. 2013. Ranking municipal solid waste treatment alternatives based on ecological footprint and multi-criteria analysis[J]. Ecological Indicators, 25: 77-84.

Kissinger M. 2013. Approaches for calculating a nation's food ecological footprint—The case of Canada[J]. Ecological Indicators, 24: 366-374.

Kitzes J, Galli A, Bagliani M, et al. 2009. A research agenda for improving national Ecological Footprint accounts[J]. Ecological Economics, 68(7): 1991-2007.

Legendre P. 1993. Spatial autocorrelation: trouble or new paradigm[J]? Ecology, 74(6): 1659-1673.

Legendre P, Fortin M J. 1989. Spatial pattern and ecological analysis[J]. Vegetatio, 80(2): 107-138.

Lenzen M, Murray S A. 2001. A modified ecological footprint method and its application to Australia[J]. Ecological Economics, 37(2): 229-255.

Lin B, Yang Z R. 1986. A suggested lacunarity expression for Sierpinski carpets[J]. Journal of Physics A General Physics, 19(2): 49-52.

Mandelbrot B B. 1983. The Fractal Geometry of Nature[M]. New York: W. H. Freeman.

Mayer A L. 2008. Strengths and weaknesses of common sustainability indices for multidimensional systems[J]. Environment International, 34(2): 277-291.

Monfreda C, Wackernagel M, Deumling D. 2004. Establishing national natural capital accounts based on detailed ecological footprint and biological capacity assessments[J]. Land Use Policy, 21(3): 231-246.

Moran D D, Wackernagel M C, Kitzes J A, et al. 2009. Trading spaces: calculating embodied ecological footprints in international trade using a product land use matrix (PLUM)[J]. Ecological Economics, 68(7): 1938-1951.

Plotnick R E. 1996. The ecological play and the geological theater[J]. Palaios, 11: 207-208.

Plotnick R E, Gardner R H, O'Neill R V. 1993. Lacunarity indices as measures of landscape texture[J].

Landscape Ecology, 8(3): 201-211.

Roces-Díaz J V, Díaz-Varela E R, Álvarez-Álvarez P. 2014. Analysis of spatial scales for ecosystem services: application of the lacunarity concept at landscape level in Galicia (NW Spain)[J]. Ecological Indicators, 36: 495-507.

Samuel-Fitwi B, Wuertz S, Schroeder J P, et al. 2012. Sustainability assessment tools to support aquaculture development[J]. Journal of Cleaner Production, 32: 183-192.

Senbel M, McDaniels T, Dowlatabadi H. 2003. The ecological footprint: a non-monetary metric of human consumption applied to North America[J]. Global Environmental Change, 13(2): 83-100.

Solís-Guzmán J, Marrero M, Ramírez-de-Arellano A. 2013. Methodology for determining the ecological footprint of the construction of residential buildings in Andalusia (Spain)[J]. Ecological Indicators, 25: 239-249.

Upton G, Fingleton B. 1985. Spatial Data Analysis By Example. Volume 1: Point pattern and quantitative data[M]. New York: John Wiley & Sons Ltd.

van Vuuren D P, Smeets E M W, de Kruijf H A M. 1999. The Ecological Footprint of Benin, Bhutan, Costa Rica and the Netherlands[J]. Ecological Economics, 34(1): 115-130.

Wackernagel M, Galli A. 2007. An overview on ecological footprint and sustainable development: a chat with Mathis Wackernagel[J]. International Journal of Ecodynamics, 2(1): 1-9.

Wackernagel M, Onisto L, Bello P, et al. 1999. National natural capital accounting with the ecological footprint concept[J]. Ecological Economics, 29(3): 375-390.

Wackernagel M, Onisto L, Linares A C, et al. 1997. Ecological footprints of nations: How much nature do they use? How much nature do they have? Commissioned by the Earth Council for the RioC5 Forum, International Council for Local Environmental Initiatives, Toronto.

Wackernagel M, Schulz N B, Deumling D, et al. 2002. Tracking the ecological overshoot of the human economy[J]. Proceedings of the national Academy of Sciences, 99(14): 9266-9271.

Wackernagel M, Yount J D. 2000. Footprints for sustainability: the next steps[J]. Environment, Development and Sustainability, 2(1): 23-44.

White T J. 2007. Sharing resources: the global distribution of the Ecological Footprint[J]. Ecological Economics, 64(2): 402-410.

Wood G. 2003. Modelling the ecological footprint of green travel plans using GIS and network analysis: from metaphor to management tool[J]? Environment and Planning B, 30(4): 523-540.

Wu J, Li H. 2006a. Concepts of Scale and Scaling[M]. Berlin: Springer: 3-15.

Wu J, Li H. 2006b. Perspectives and Methods of Scaling[M]. Berlin: Springer: 17-44.

WWF (World Wide Fund for Nature) International, ZSL (Zoological Society of London), Global Footprint Network. 2008. Living Planet Report 2008[R]. http: //wwf. panda.org/about_our_earth/all_publications/living_planet_report/living_planet_report_timeline/lpr_2008/ [2018-11-12].

Yue D, Xu X, Hui C, et al. 2011. Biocapacity supply and demand in Northwestern China: a spatial appraisal of sustainability[J]. Ecological Economics, 70: 988-994.

Yue D, Xu X, Li Z, et al. 2006. Spatiotemporal analysis of ecological footprint and biological capacity of Gansu, China 1991-2015: down from the environmental cliff[J]. Ecological Economics, 58(2): 393-406.

第 5 章　石羊河流域重点治理背景下“压减耕地灌溉面积”项目实施效度

5.1　石羊河流域典型区域生态困境与农业发展

石羊河流域位于我国甘肃省中西部，东、西、北三面被巴丹吉林沙漠和腾格里沙漠包围，多年来，由于该流域内水资源的不合理开发利用，绿洲内用水供需矛盾显得尤其突出（杜少平和马忠明，2009），同时区域内生境急剧恶化，特别是其下游的民勤地区，土地沙漠化、盐渍化严重，地下水位不断下降，同时矿化度逐渐上升，北部湖区的生态环境也已十分脆弱，绿洲已面临消亡的威胁，严重危及了居民生存。

5.1.1　农业发展与生态困境

在民勤绿洲内，目前石羊河是唯一流入其内的河流，面积为 0.144×10^4 km^2，仅占民勤全县总面积的 9%。该地区内气候干燥，降水异常稀少，且同时蒸发又强烈，风大沙多。民勤县内的降水主要集中在 7-9 月，年均降水量仅 115 mm，占全年的 60%以上。县内潜在年均蒸发量高达 2664 mm，为降水量的 23 倍；而且，该县大风概率较大，每年 8 级以上大风天数平均就有 29 天。自 1950 年以来，伴随流域内工农业和人口的不断发展，经济的不断复苏，水资源供需矛盾日益突出，民勤县地表水的年径流量从 1950 年末的 5.8×10^8 m^3 逐年减少到 21 世纪初的 0.8×10^8-1.2×10^8 m^3，持续不断地大规模超采已使民勤绿洲内部产生大幅度的地下水位降落漏斗，其年均降幅高达 1.0-1.2 m。而与此同时，地下水矿化度以年均 0.12 g/L 的速度不断上升（马兴旺等，2003）。

这些灾难性后果不仅对石羊河流域普通人民群众的生产、生活造成了严重威胁，还对甘肃全省乃至我国西北、华北其他地区的生态环境产生了不可低估的影响（臧广鹏，2008）。地下水大规模的持续超采对生态系统和社会经济产生了巨大、深远的影响，导致许多原本依赖地下水而生存的沙生植物，如沙枣、梭梭及天然白刺等大量枯萎死亡，用于固沙的灌木林地带也因水分严重亏缺而退化、衰败，明显削弱了民勤防沙固沙及对绿洲的保护能力，同时县内出现了大片土地沙漠化及人畜饮水困难现象，另外，生态环境恶化还造成了难民增多等诸多问题。近年来，石羊河流域成为西北干旱内陆河流域不可持续发展和生态危机的典型地区（李宗礼等，1995；刘恒和顾颖，2001；孙雪涛，2004；李世明等，2002）。此地超采地下水现象愈演愈烈，不断加重风沙和沙尘暴的危害，也造成绿洲的萎缩和土地沙化，使此地成为我国沙尘暴四大源地之一。

5.1.2　农业发展与生态平衡

农业关乎人类的生存大计，对民勤绿洲来说，农业是这一地区的支柱性产业。随着我国经济水平及人民生活水平的提高，工业用水、城市用水和农业用水需求不断增加，此时就要既保证不会阻碍工业和城镇化进程，又能统筹农业生产的区域持续稳定发展，这也是农业区域发展战略迫切需要解决的问题（段爱旺和信乃诠，2002）。

绿洲生态环境的好坏对西北旱区经济的发展有着十分重要的影响。众所周知，绿洲生态系统就是，在所有的荒漠地理自然环境中，由光、热、水、气等各类要素相互作用、相互影响下的物质循环、能量及信息流动传输构成的结构与功能体系。绿洲农业开发需水量大，其开发程度取决于水资源的丰缺，自然条件、生态环境、基础设施等因素也影响绿洲水资源的调配。荒漠绿洲多处于河流中下游的冲积平原，一般地势平坦，土壤肥沃，光热资源丰富，昼夜温差大，极有利于农作物的生长发育，尤其有利于干物质积累和瓜果类糖分的积累，是发展农业的理想生产基地。但是由于绿洲周边被沙漠、戈壁包围，气候恶劣，生态系统非常敏感和脆弱，在过去 50 年气候变化不明显的情况下绿洲逐渐退化，其根本原因在于人类不合理的开发（徐海量和陈亚宁，2003；张明铁等，2003；雍会和潘旭东，2008；汪杰等，2006；曼尼萨汗・吐尔逊等，2009）。

西部绿洲都属于干旱地区、大陆性沙漠气候，不仅年降雨量少，而且平均蒸发量很大。许多地区降雨仍旧多为 5 mm 以下的无效降雨，这显然在农业生产中意义不大。再加之受本地自然地理条件的制约，风沙、干旱、盐碱、霜冻、冰雹、洪水等自然灾害的频繁发生，对绿洲生态稳定性造成了严重威胁，极大地阻碍了绿洲经济的可持续发展（王让会和刘培君，1998）。近两年，我国不断有专家与学者对西部绿洲产生了浓厚兴趣，对这种不断退化趋势的研究逐渐增多，这其中就包括甘肃石羊河流域民勤盆地绿洲、新疆南部绿洲带、内蒙古黑河流域额济纳绿洲等我国极为典型的绿洲生态系统（表 5.1）。

表 5.1　三种典型绿洲概况

典型绿洲	年降水量（mm）	年蒸发量（mm）	周边
民勤盆地绿洲（石羊河下游）	110.0	2604.3	东、西、北三面被腾格里沙漠和巴丹吉林沙漠包围
额济纳绿洲（黑河下游）	38.2	3653.0	东南部靠近巴丹吉林沙漠
新疆南部绿洲带（塔里木河下游）	17.4-42.0	2500-3000	绿洲的东侧和西侧分别为塔克拉玛干沙漠与库鲁克沙漠

5.2 过去 50 年民勤绿洲水资源及农业状况

5.2.1 过去 50 年民勤绿洲水资源总量的时空分异

民勤下游地表水水源主要来自于中游的退水、余水和上游的洪水。根据甘肃省水利厅对石羊河流域 50 年的统计资料（图 5.1）可以看出，石羊河内 8 条支流总的天然来水量呈下降趋势，从气象因子方面来说，这可能是由于全球气候变暖，来自祁连山冰川融水的补给量减少，进一步使得水源涵养林缩减，上游产出量减少，也可能是由于气候的变化直接影响了大气降水，但不管是气象因素还是人为因素，其共同的结果就是我们所看到的，随着时间推移，石羊河流域天然来水量 50 年内逐步下降（图 5.1）。

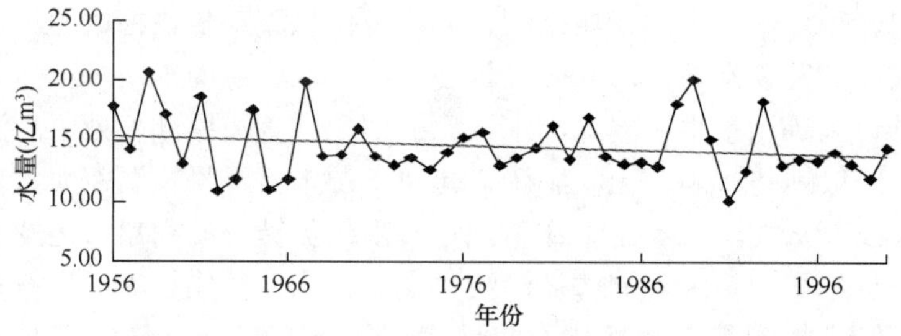

图 5.1 石羊河上游来水量（甘肃省水利厅，2007）

根据资料，我国 20 世纪 50 年代，红崖山入库断面年均径流量为 4.6×10^8 m^3，而如今的现状是，其已经锐减为不足 1.0×10^8 m^3（表 5.2），情况不容乐观，应该引起国家和政府的足够重视，相关部门应采取必要措施尽力改善与挽回这种局面。

表 5.2 红崖山水库入库年径流量趋势表（甘肃省水利厅，2007）

年份	1956-1959	1960-1969	1970-1979	1980-1989	1990-2000	现状
年径流量（亿 m^3）	4.60	3.74	2.84	2.06	1.47	0.98

5.2.2 过去 50 年流域内农业发展概况

在过去的 50 年，随着以节水为目标的产业结构的调整，在追求经济效益最大化的前提条件下，石羊河中下游地区（包括武威市的凉州区和民勤县）粮食作物、经济作物（主要包括棉花、油料作物、大麻、甜菜、烟叶、药材等）和其他作物（主要包括蔬菜、瓜果等）的田间种植结构和种植面积都发生了较大的变化，在确定了不同地区选择各自适宜的种植业结构的前提下，人们都争相选择经济效益好、产量高的经济作物或者瓜果蔬菜等容易大面积推广种植的种类，并且这种形式有呈逐年上升的趋势。其中 1979-1989 年，作为国家商品粮的主要生产基地之一，绿洲内部人口相对不多，绿洲内部承载力也未达到饱和，同时开垦了大量盆地、草地、荒地及各处直流河道附近的沼泽地，因此粮食作物的播种面积较现在大得多，相比如今，传统的粮食作物种植在农户中总体呈逐步平滑下降的态势。20 世纪 80 年代改革开放春风的袭来，国家和当地政府及社会各界人士对人们赖以生存的绿洲日益退化的现象广泛关注，国家开始大力改革，返回耕种土地为林地、草地，即“退耕还林”，逐渐调整农业产业结构，之后政府不断推出一系列政策措施，如《石羊河流域重点治理规划》，不仅让制定与实施人员对于新政策有了了解，更让千千万万的人民群众了解了国家的政策走向，从此之后，耕地的无序扩张现象得到了有效遏制，绿洲内耕地的总面积有所下降，明显缓解了绿洲内的生态压力。

5.3　流域压减耕地灌溉面积时空分析特征

5.3.1　流域压减耕地灌溉面积的经济、社会、生态背景

近 20 年来，石羊河全流域人口增加了 33%，20 世纪 90 年代初，由于大量地开垦荒地，农田灌溉面积增加了 30%，水资源总量中农业灌溉用水占 80%以上，且农业用水中 88%以上是地下水。在灌区内，机井分布密集，地下水开采严重，生态用水被大量挤占，耕作土地质量严重下降，土地退化。在这种条件下，从长远来看，在生态脆弱区适度减少灌溉耕地，有助于这些地区节水和生态环境恢复的持续进行。

李小玉等（2006）研究表明，原本是绿洲的凉州区和民勤县的耕地面积都在逐渐增加，民勤绿洲面积的减少量更为显著，按照 1980-2000 年遥感数据来估算，如果不及时治理，下游民勤绿洲在未来 15 年中耕地面积将增加近 2.0×10^4 hm^2。

随着《石羊河流域重点治理规划》的实施，该地区的灌溉配水面积有明显的缩小趋势，其中提高灌溉配水面积遥感精度是这些地区水资源高效管理和利用的前提与难点。此次农田配水面积的土地调查主要包括多年撂荒地、农民自行开垦的井灌地、撂荒的重复开垦的绿洲外围土地、湖边区移民迁出区，以及“三沿两带”（即沿山、沿沙、沿滩、泉源地带、报废水库地带）的总灌溉面积。努力缓解区内水资源逐渐紧缺和生态大环境恶化的趋势。

5.3.2　测量范围和技术参数

本节选用了 2002 年 10 月 27 日我国自主研制并发射的资源二号卫星在 2005 年空间分辨率达到 3 m（单色）的影像，测量设备选用北京合众思壮科技股份有

限公司的 RTK-GPS E650 系统。选用遥感图像处理软件（Erdas 9.0）、地理信息系统软件（ArcGIS 9.2）、MAPSOURCE 等专业软件研究平台。具体流程如图 5.2 所示。

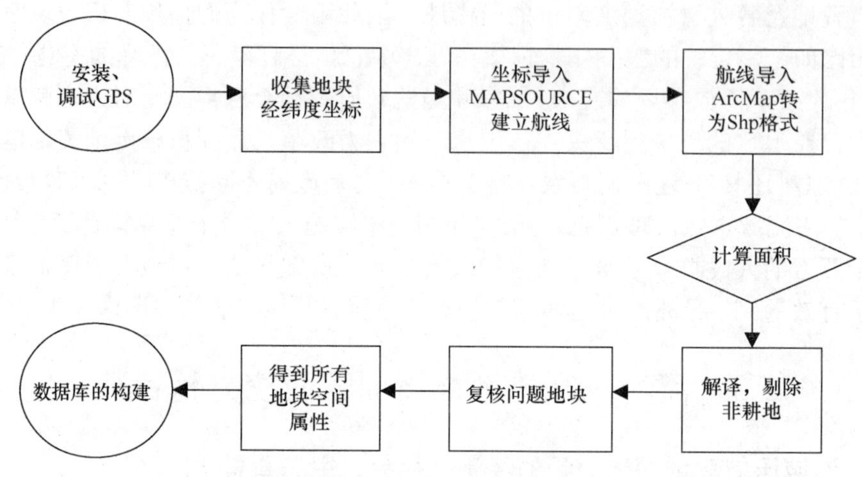

图 5.2 测量方法简易流程

5.3.3 压减耕地灌溉面积测量方法

压减耕地灌溉面积主要使用 RTK-GPS 系统测量。实时动态（real time kinematic，RTK）技术是实时处理两个测站载波相位观测量的载波相位差分技术。可以实时提供活动过程中流动站在指定坐标系中的三维定位结果，并可以达到厘米级的精度。基准站通过数据链在 RTK 的作业模式下将其观测值和测站坐标信息一起传送给流动站。流动站通过数据链接收来自基准站的数据，并采用 GPS 对其数据进行观测，并在系统内自动形成差分观测值对其进行实时处理。流动站可处于动静两种状态。数据处理技术和数据传输技术是 RTK 技术的关键（图 5.3）。

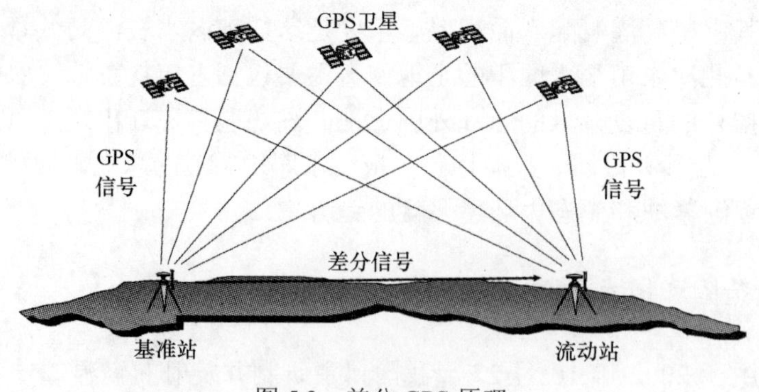

图 5.3 差分 GPS 原理

首先对基准站进行架设。为了避开强磁场和高大建筑物、大面积水体的干扰，基准站尽量架高，卫星截止高度角设置为不小于 15°。使用通用分组无线业务（general packet radio service，GPRS）网络连接基准站和流动站。最佳流动站测量范围一般不超过 10 km，并且在 5km 范围之内效果较好。RTK 测量采用 WGS-84 系统，当测量时要求提供其他坐标系（如 1954 年北京坐标系，1980 年西安坐标系或地方独立坐标系）时，采用 Bursa-Wolf、Molodenky 等数学模型，并进行坐标转换，坐标转换求转换参数时应采用 3 点以上的两套坐标系对应坐标成果，使用 PowerADJ4.0、Powercoor、TGO1.6 等处理软件进行求解参数。在不同的测区情况下采用三参、四参、五参、七参不同模型形式进行求解（杨文府和崔玉柱，2008）。求解参数要至少 3 个且是测区内均匀分布的控制点。

基准站的坐标获取方法：使用已有控制点的坐标直接取得，利用均匀的控制点进行点校正，求解坐标转换参数。设置好流动站后开始测量。RMS 和 PDOP 值设置要满足一般规范要求；解的记录限制要为 RTK 固定解；中午，由于测量受到电离层影响较大，测量时应尽量避开这个时段。测区分散间隔较远，架设好后，采取分组测量办法，按照地块的集中程度和区域分配任务，以小组为单位各组独立测量。各小组内部多人配合，将实地测量、现场记录、信息核对的过程同步完成，确保地籍信息精确。获得的数据保存于 RTK-GPS 的 PDA 目录中，为了便于查询和使用，以测量小组编号（或手簿编号）+测量日期为文件名最佳。测量人员在测量时对于测区土地的形状、现状（荒地、耕种作物的种类及其比例）、土地周围标志地物（道路、水渠、树林）等要拍照并做详细记录，这对于之后解译标志的建立、进一步的人工解译及今后对土地利用变化的观测有非常重要的作用。

5.3.4　压减耕地灌溉面积数据分析方法

首先是矢量化 RTK 数据。将野外获得的 GPS 定位数据利用 GARMIN 公司专业处理 GPS 数据的软件 MAPSOURCE 6.5 导入并将其连接成闭合航线，之后确认各个航线没有交错重叠现象发生（即灌溉配水面积不可能连续测量多次），将所有航线导入 ArcMap 9.0 中进行处理，提取航线中多边形矢量数据，并加入新的投影坐标。

其次是解译标志的建立。解译标志又称判读标志遥感图像的解译标志（image interpretation key），指能够反映和表现地物信息的遥感影像的各种特征，帮助解译者识别遥感影像上的目标地物。本研究区的主要产业为灌溉农业，是国家重要的商品粮基地。此区域土地利用类型比较单一，基本为地势平坦的耕地，山地、丘陵所占面积不大。主要在人工目视解译判读方法下，根据国土资源部颁布的《土地利用现状分类原则》和绿洲的实际情况，研究区大致包括耕地、林地、人工防沙林地、草地、居民用地、盐碱地、半裸地、水域等用地类型，野外调查取证从图像上获取相对准确的土地利用类型信息，得到1994年及2005年民勤地区土地利用图（杨桃和刘湘南，2004；严枫等，2008）（图5.4，图5.5）。解译方式见表5.3。

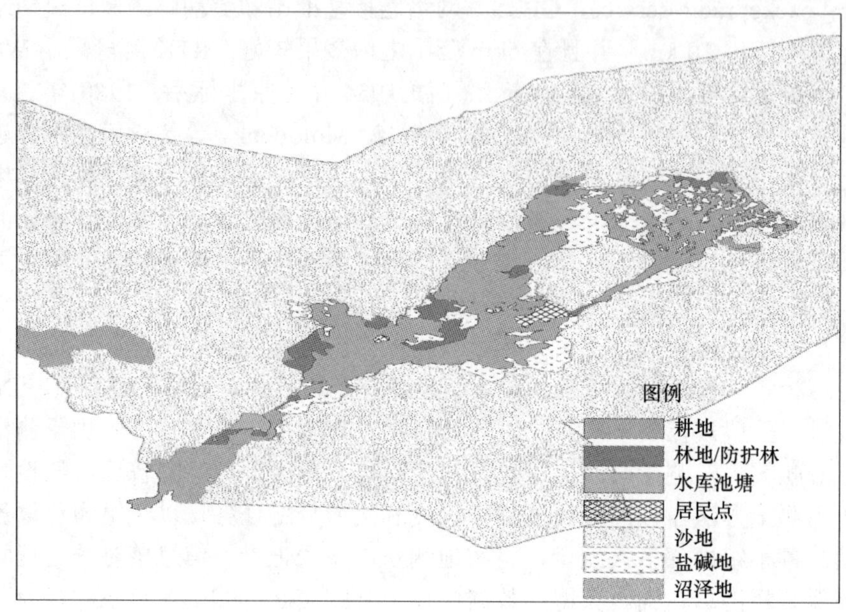

图5.4 1994年民勤土地利用（彩图见文后图版）

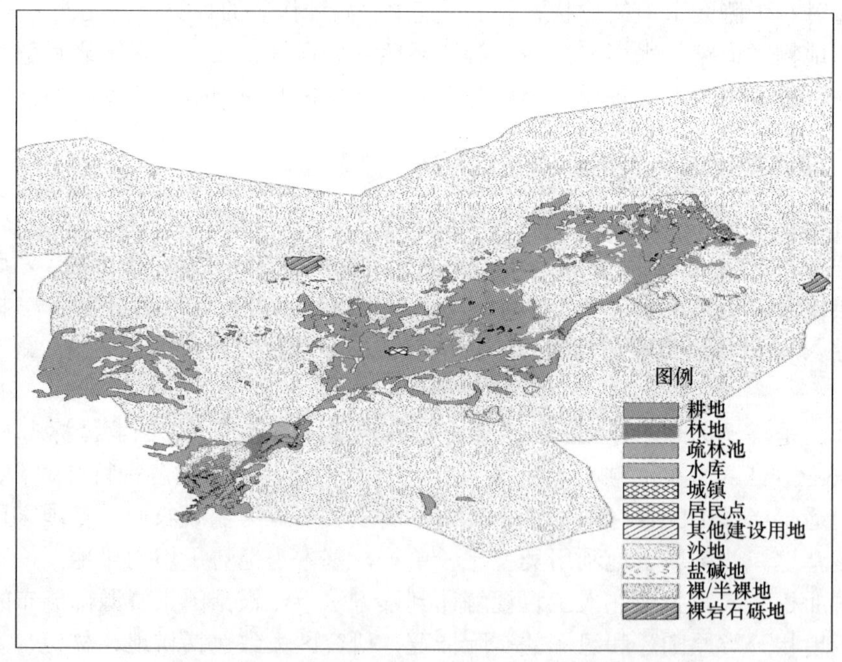

图5.5 2005年民勤土地利用（彩图见文后图版）

表 5.3　资源二号遥感影像地物目视解译标志

土地类型	一级分类-次一级分类	颜色	特征描述	图例
沙地	未利用地-沙地	黄色	有波纹状条纹	
白杨林地	林地-有林地	绿色	水库、道路附近，纹理特征不明显	
人工栽种防护林，高约 150 cm 梭梭、红柳等防风固沙植物	林地-疏林地	绿色	点状或不连续的带状，多见于农田周边及道路两旁	
水库	水域-水库坑塘	深褐色、浅品红色	周围被堤坝环绕	
盐碱地	未利用地-盐碱地	白色、青色	镶嵌于农田及半裸地中	
半裸地（有耕作过的痕迹）	未利用地-裸地	青色	农田与沙漠过渡带，指地表土质覆盖，生长高约 10 cm 稀疏杂草，地表板结，并有盐碱化斑块	
耕地	耕地-旱地	绿色	纹理均匀，周围多乡间小路及农舍	
居民地	城乡、工矿、居民用地-城镇用地、农村居民点	白色	纹理不规则且分布紧凑。农村居民点多分布于公路主干道旁	

再次是 RTK 矢量数据的校正。为了能够消除野外测量过程中人为错误和尽量减少误差，将具有地理坐标的矢量数据加载到融合后的卫星影像进行人工目视解译。图 5.6-图 5.8 中红线部分为主要由 RTK 绘制的实地测量的区域，绿线部分为人工目视解译的结果。一般而言，通过已建立的解译标志结合实地测量和依赖于解译者经验的人工目视解译对于遥感影像的计算机解译和光谱分析具有更高的精度要求。所以目前大量使用精细遥感。测量人员在进行目视解译的过程中主要依据地物实地调查、不同地物的反射率差异和图像纹理及周围地物等综合分析。从

图 5.6-图 5.8 可以看到，红线部分包括了许多荒地、沙漠等非耕地区域，通过目视解译将其剔除，可以得到相对精确的农田配水面积。

解译完成后利用 ArcMap 9.2 计算得到面积数据，再结合野外记录的属性信息最后得到所有地块的详细信息。

图 5.6 农田与非农田图示（彩图见文后图版）

主要依据反射率的不同区分农田和非农田，农田具有低反射率，裸地的反射率较高

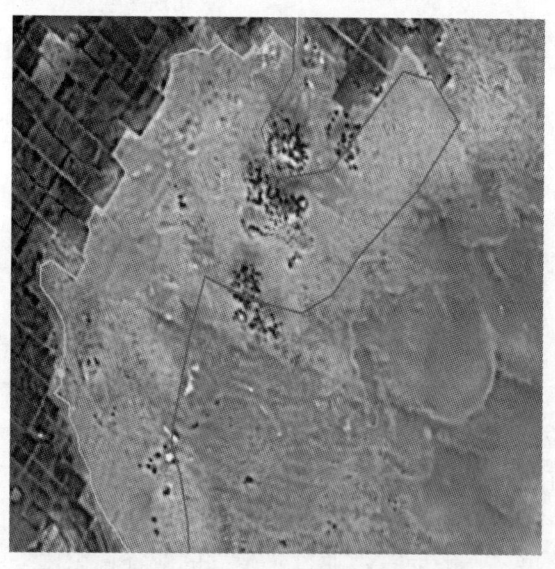

图 5.7 地物信息分辨图（彩图见文后图版）

红线和绿线之间的部分有些地物和绿线内的农田反射率接近，不易区分，但是根据其周围地物的信息可以区分

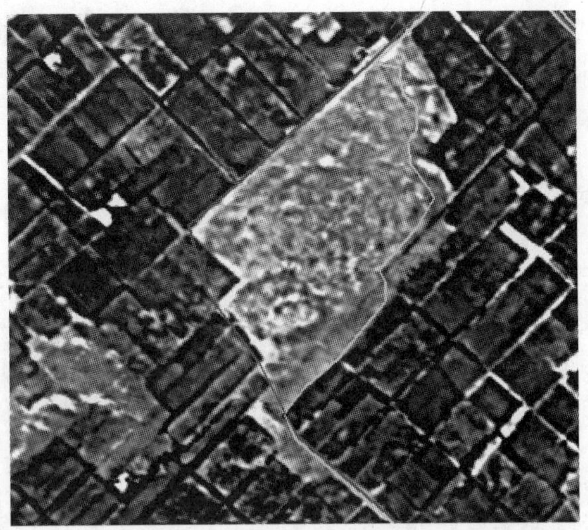

图 5.8　信息综合区分图示（彩图见文后图版）
综合地物的反射率信息和地物的纹理特征分析，提取属于农田的部分

5.3.5　野外测量及数据处理

在野外测量期间，由验收组指定专门的技术工程人员负责监督和制定设计方案、技术路线及操作规程，使用 RTK-GPS 系统测得一系列数据。本次测量过后，其中的数据处理主要采用三种专用软件：ArcSource、ArcMap 和 Erdas。

5.3.6　数据分析结果

武威市 2006 年、2007 年、2008 年三年内计划压减耕地灌溉面积共 32.626 万亩[①]，通过技术处理最后得到实际压减耕地灌溉面积 25.5604 万亩，复种面积共 1.6980 万亩，同时荒地面积 23.0693 万亩。

另外，上述所得的所有数据已经通过专业的软件整理收集到建立的数据库中，可以进行实时查询与验证。

5.4　本章小结

5.4.1　最近 30 年石羊河流域耕地分布变化特征

矫树春和颉耀文（2004）、颉耀文和陈发虎（2002）研究发现，整个绿洲的面积在 1980-1994 年处于先变小后回升的状态，在 1994-2001 年处于不稳定状态，

① 1 亩≈666.7 m^2

并且 2001 年绿洲面积比 1998 年要小很多。由石羊河下游逐渐向上游迁移的趋势是绿洲耕地的整体变化特征，耕地的分布开始时受到自然或人工渠道供水的控制，之后转为受人工渠道和机井控制的局面。

5.4.2 石羊河流域压减耕地分布变化特征

石羊河流域中下游地区共计 4040 块配水耕地，面积约 42 188 hm^2，它们的分布及属性信息主要包括乡镇、地名、村组、实际测量面积和实际配水面积等，通过 RTK-GPS 系统进行全野外的测量，并且利用资源二号卫星与 Landsat-TM 融合影像对数据进行分析校正后得到。其中非配水农田面积通过人工解译方式剔除的有 15 403 hm^2。

研究结果（图 5.9-图 5.12）显示，压减耕地主要分布在以下地区：①绿洲沿沙带，这些地区的特点是风沙大，土质差，农业设施落后，节水工程滞后，常年大水漫灌，这些直接导致耕地盐碱化严重，并由此导致非常低的生产效率。②大片绿洲外围的岛状绿洲，这些地区多是民勤下游水渠所不能到达的地方，这些地区水的维持完全依赖抽取地下水，因此水资源利用效率低，而且有些地块深入沙漠

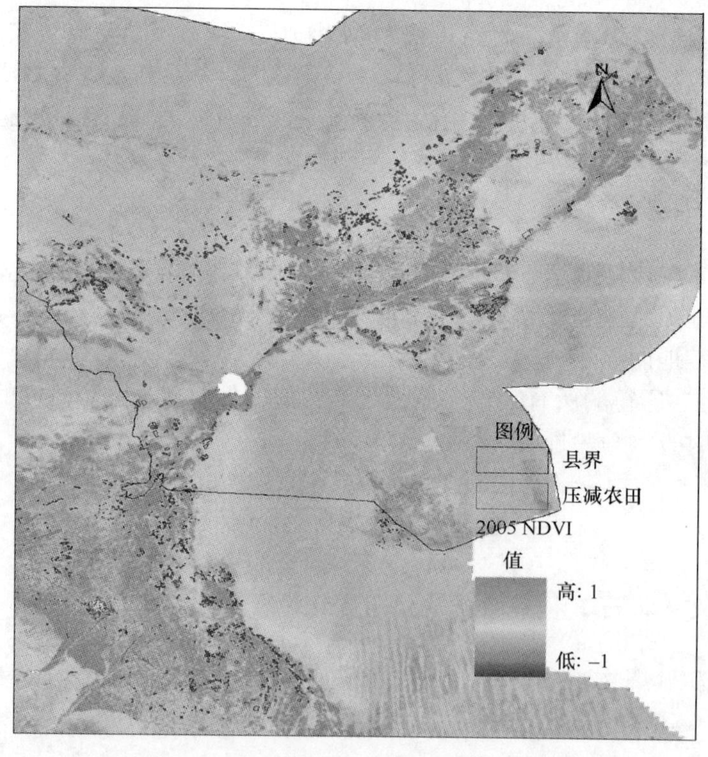

图 5.9 压减农田与 2005 年民勤地区 NDVI 结果（彩图见文后图版）

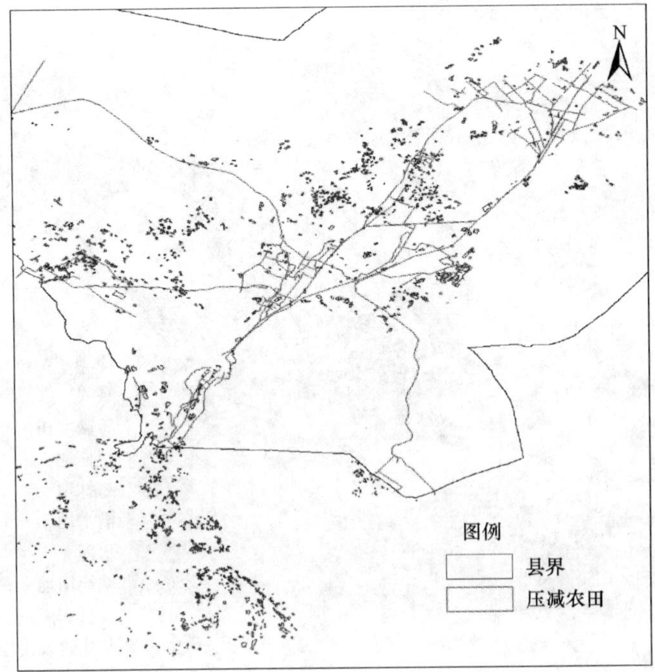

图 5.10　压减农田与民勤水渠分布（彩图见文后图版）

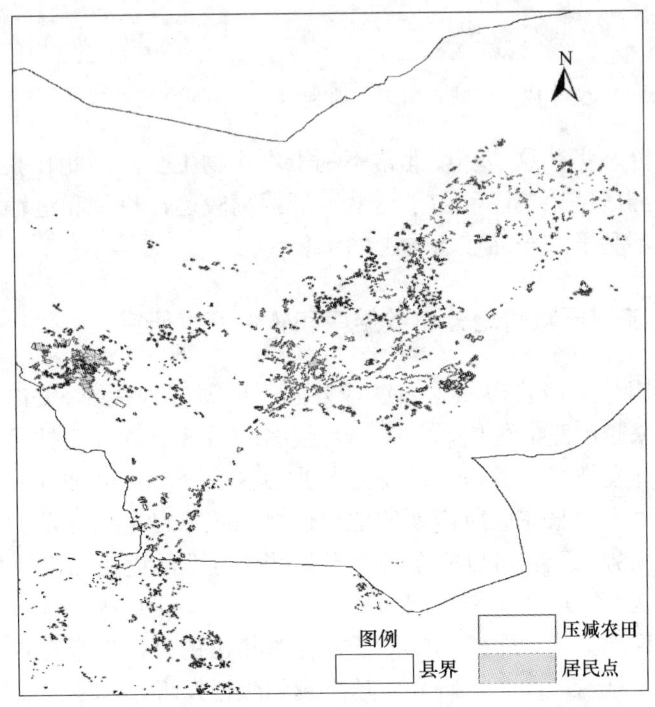

图 5.11　压减农田与居民点分布（彩图见文后图版）

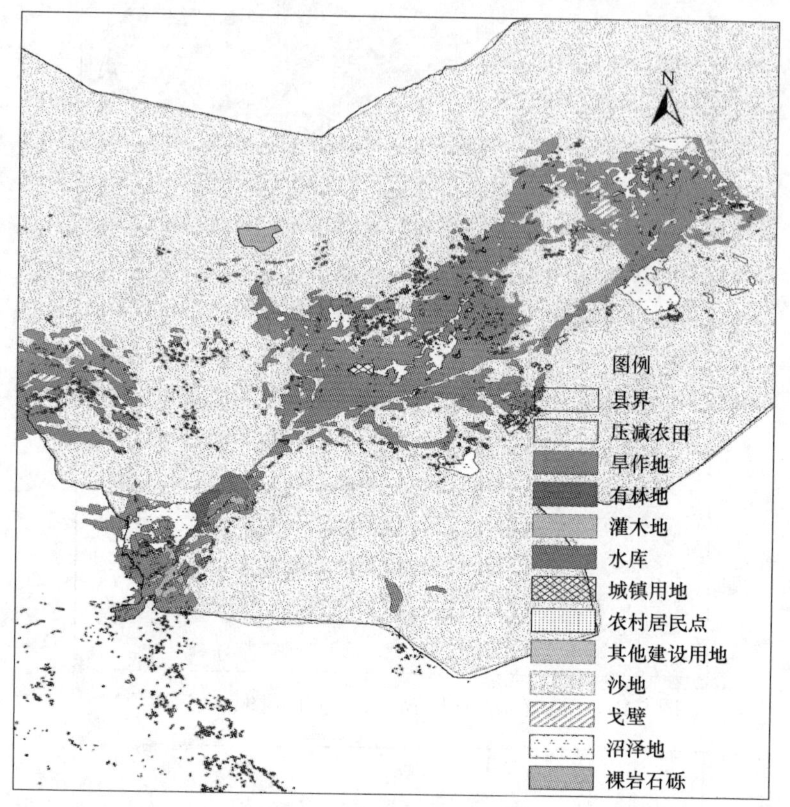

图 5.12 压减农田与土地利用（彩图见文后图版）

腹地，环境十分恶劣，这些环境非常不利于农作物生长，因此收获的农产品质量也不高。③远离居民聚集区，由于这些区域距离较远，耕作和运输不便，不仅会增加成本，还不利于农产品在市场上的销售。

5.4.3 石羊河流域压减耕地分布数据库和软件开发研究

目前，在国外土地管理和生态过程方面，地理信息系统（GIS）及其二次开发技术得到越来越广泛的使用，其中见得较多的 GIS 二次开发技术是集成二次开发。这种二次开发技术指的是通过使用专业 GIS 公司提供的插件，利用一些常见的可视化编程语言，来完成所需要的地理信息系统的自定义开发。这种形式的开发很特别，其优势在于它可以完全独立于那些由专业的商用 GIS 系统开发出的适合的小型系统软件。近几年来，国内也越来越多地使用这种系统，西北地区的生态恢复和草地管理就是一个鲜明的例子，值得指出的是，这个在水资源信息管理中应用是比较少见的。如今，研究者越来越强烈地发现，GIS 及其二次开发技术在生态学中的理论研究价值和实践应用价值是十分重要的，它们可以成为既快捷又方便的工具。

我们通过采用 GIS 二次开发技术，同时将 VB 语言和 MO 组件相结合，建立了石羊河流域退耕保育生态信息检测系统。这个系统主要包括以下 5 部分：菜单栏、地图显示模块、属性显示模块、工具栏按键和坐标显示栏（图 5.13），它不仅可以包容野外测量数据数据库，还可以兼容卫星影像判断数据数据库，此外，它还可以通过加载 4000 多个地块的属性，对不同空间尺度、不同行政单元和不同年份的退耕保育面积实现快捷、实时的查询，并且可以有效监测和管理不同时空格局上的面积属性。

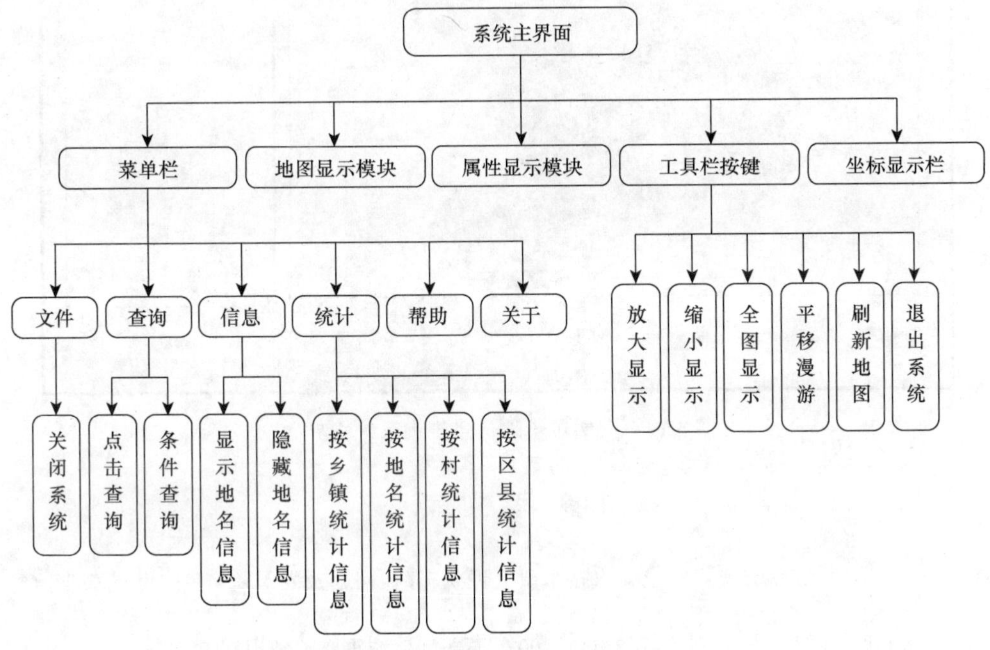

图 5.13　武威市土地信息查询系统组成

该系统可以实现的功能如下。

1）由属性及匹配关系完成查询功能。

2）显示相应的属性信息。

3）放大及缩小显示、全图显示、平移漫游、刷新地图等功能。

4）显示及隐藏地名信息。

5）实时追踪鼠标位置并显示对应地理坐标。

6）按乡镇、地名、村，分别统计上报面积、复种面积及测量面积。

本系统针对性非常强，它是完全针对武威市退耕保育工程所开发的系统，因此，它不仅能完成针对不同的乡镇、地名和村的面积统计工作，还能够完成点击和条件两种查询方式。它的这些功能为恢复石羊河流域的生态系统提供了强大的数据支持，为系统的使用者提供了高效的工作平台，使得这次退耕保育工作更加科学合理（图 5.14）。

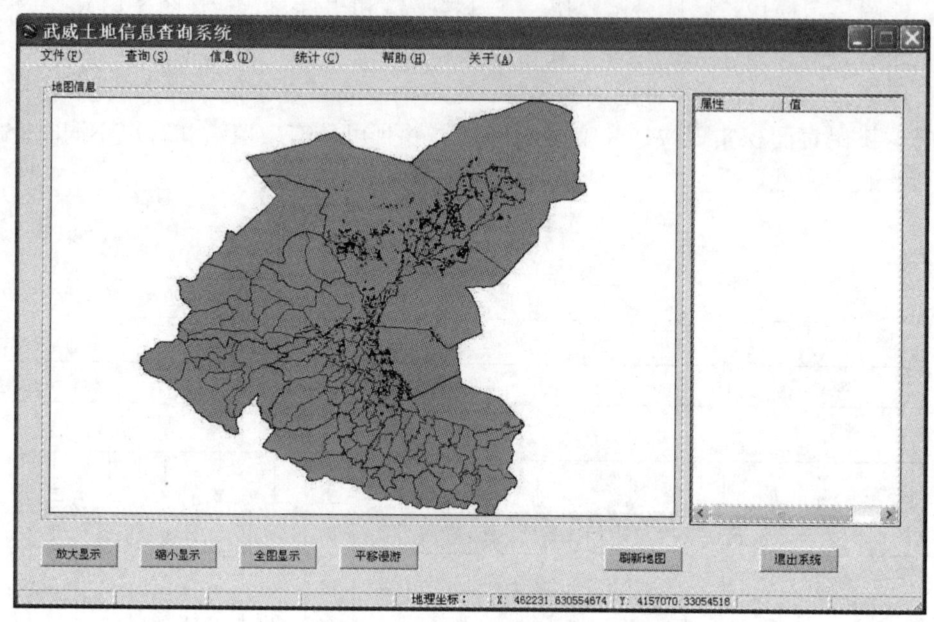

图 5.14　武威市土地信息查询系统主界面

参 考 文 献

杜少平, 马忠明. 2009. 现代农业节水技术研究现状、存在问题及发展趋势[J]. 世界农业, (4): 63-66.

甘肃省水利厅, 甘肃省发展和改革委员会. 2007. 石羊河流域重点治理规划[R].

矫树春, 颉耀文. 2004. 近 40 年来民勤绿洲空间变化研究[J]. 干旱区资源与环境, 18(8): 92-96.

李世明, 程国栋, 李元红. 2002. 河西走廊水资源合理利用与生态环境保护[M]. 郑州: 黄河水利出版社: 76-249.

李小玉, 肖笃宁, 何兴元, 等. 2006. 内陆河流域中、下游绿洲耕地变化及其驱动因素——以石羊河流域中游凉州区和下游民勤绿洲为例[J]. 生态学报, 26(3): 671-680.

李宗礼, 苏中原, 沈清林, 等. 1995. 干旱内陆河流域下游地区生态用水量及水资源承载能力分析[M]. 北京: 水利水电出版社.

刘恒, 顾颖. 2001. 西北干旱内陆河区水资源利用与绿洲演变规律研究[J]. 水科学进展, 12(3): 378-384.

马兴旺, 李保国, 吴春荣, 等. 2003. 民勤绿洲现状土地利用模式影响下地下水位时空变化的预测[J]. 水科学进展, 14(1): 86-90.

曼尼萨汗・吐尔逊, 吐尔逊・哈斯木, 韩桂红, 等. 2009. 塔里木河下游绿洲的沙漠化灾害现状及其原因探讨[J]. 新疆农业科学, 46(2): 380-387.
孙雪涛. 2004. 民勤绿洲水资源利用的历史　现状和未来[J]. 中国工程科学, 6(11): 1-9.
汪杰, 王耀琳, 李昌龙, 等. 2006. 民勤绿洲水资源利用中的问题与节水途径[J]. 中国沙漠, 26(1): 103-107.
王让会, 刘培君. 1998. 绿洲生态环境研究的支持系统[J]. 干旱区研究, 15(3): 52-55.
颉耀文, 陈发虎. 2002. 基于数字遥感图象的民勤绿洲 20 年变化研究[J]. 干旱区研究, 1: 69-74.
徐海量, 陈亚宁. 2003. 塔里木河下游环境因子与沙漠化关系多元回归分析[J]. 干旱区研究, 20(1): 39-43.
严枫, 刘登忠, 汪友明. 2008. 基于 QuickBird 影像目视解译在土地利用类型调查中的应用——以遂宁市船山区新桥镇为例[J]. 新疆环境保护, 30(1): 6-10.
杨桄, 刘湘南. 2004. 遥感影像解译的研究现状和发展趋势[J]. 国土资源遥感, 60(2): 7-10.
杨文府, 崔玉柱. 2008. GPS-RTK 的技术方法探讨与对策[J]. 测绘工程, 17(4): 50-53.
雍会, 潘旭东. 2008. 新疆绿洲水资源高效节水配置机制研究[J]. 石河子大学学报, 26(4): 419-422.
臧广鹏. 2008. 石羊河流域节水农业建设探讨[J]. 现代农业科技, (14): 340-343.
张林源, 王乃昂. 1995. 绿洲的发生类型及时空演变[J]. 干旱区资源与环境, 9(3): 32-43.
张明铁, 史生胜, 张巍, 等. 2003. 额济纳绿洲生态环境变化及原因分析[J]. 中国水土保持科学, 1(4): 56-60.
张永民, 宋孝玉, 沈冰, 等. 2006. 石羊河流域水资源与生态环境变化及其对策研究[J]. 干旱区地理, 29(6): 838-843.
钟华平, 刘恒. 2002. 石羊河下游民勤水资源与生态环境治理对策[J]. 水资源调查与水利规划, 13(1): 10-13.

第 6 章　石羊河流域重点治理背景下生态效度分析

6.1　石羊河流域水资源管理研究现状

目前流入民勤绿洲的唯一内陆河流是石羊河。但是由于石羊河流域特殊的地理位置，降水非常少，蒸发却很强烈，而且少量的降水分布也不均匀。所以在石羊河流域内，水资源的利用和分配一直是各用水利益者关注的问题，并且由水资源引起的矛盾日益剧烈。如果不能合理地调配水资源，长期下去，石羊河绿洲内部将会出现两个地下水位漏斗，而且漏斗中心地下水埋深将达 47-52 m（马兴旺等，2003）。同时地下水的矿化度上升速度非常快，每年上升速度约为 0.12 g/L。近年来，一部分依赖地下水生长的植物，尤其是一些沙生植物由于大规模的地下水持续超采而枯萎和死亡，固沙的灌木林等也由于严重缺水，防沙固沙能力被削弱，它们对绿洲的保护能力持续降低，从而出现了沙随风移动的现象，出现了大片土地沙漠化、人畜饮水困难等生态问题，长此以往，势必会使得自然灾害更加严重。民勤地区如此严重的生态问题，造成石羊河流域出现了严重的生态危机（李宗礼等，1995；刘恒和顾颖，2001；孙雪涛，2004；李世明等，2002）。生态危机的出现严重威胁着石羊河流域整个绿洲人们的生产生活，甚至对整个中国的生态环境也会产生极其严重的影响（臧广鹏，2008）。

6.2　石羊河流域农业发展概况

我国作为一个农业大国，在大多数西北地区，农业都是支柱产业，但是近年来，随着经济的发展，工业的发展极其迅速，同时，城镇化的进程也在不断的加快，使得工业方面的用水和城市居民的用水大幅度增加，但水资源总量又在不断下降，因此，农业水资源的分配会相对减少，因此如何在保证区域农业生产持续稳定发展的同时，又合理地促进工业发展和城镇化进程，是区域农业发展需要解决的问题（段爱旺和信乃诠，2002）。一些自然灾害如霜冻、风沙、干旱等都威胁着石羊河流域生态系统的稳定性和流域经济的发展（王让会和刘培君，1998）。近年来对逐渐退化的西北地区的研究越来越多，如对甘肃石羊河流域民勤盆地绿洲和新疆塔里木河流域绿洲带等典型绿洲生态系统的研究（表 5.1）。绿洲农业的开发主要靠水资源的量来决定，因此其开发的程度主要由水资源的丰富度决定。这些荒漠绿洲的自然条件非常有利于作物有机物质的积累，但是由于常年干旱，这些绿洲周边大多数是比较脆弱的生态系统，因此在气候变化较小的情况下，绿洲却在不断退化，造成这一状况发生的另一主要原因就是人类活动（徐海量和陈亚宁，2003；张明铁等，2003；雍会和潘旭东，2008；汪杰等，2006；曼尼萨汗·吐尔逊等，2009）。

6.2.1　农业种植业的变迁

过去 50 年来，石羊河流域（武威市凉州区和民勤县）主要种植粮食作物，有少量的经济作物，其中主要是棉花、部分油料作物和一些药材等，另外由于流域内特殊的地理环境，比较适宜种植一些蔬菜和瓜果，而且这些瓜果的含糖量比较高，口感较好，近年来，社会经济的发展促使流域内整体农业模式在种植面积和种植结构上发生了很大的变化。在石羊河流域，所有产业的结构调整都是以节水为目标的，在保证经济收益最优的前提下，种植节水并且能获得良好收益的作物。因此传统的作物种植呈现下滑的趋势。20 世纪 90 年代后期关注到绿洲退化尤其是西北绿洲退化现象的人越来越多，因此相关部门相继出台了高效节水政策、退耕还林及《石羊河流域重点治理规划》等一系列政策措施。这些政策的出台，尤其是关井压田政策的实施，使得人们盲目通过增加种植面积来增加收入这一现象减少了，耕地总面积有了明显的下降，生态压力得到了缓解（表 6.1，图 6.1）。

表 6.1　石羊河中下游地区种植面积分布概况　（单位：hm^2）

作物种类	1979 年	1989 年	2000 年	2006 年
粮食作物	141 201	172 601	103 068	101 501
经济作物	9 834	29 934	28 954	29 934
其他作物	11 748	11 068	30 068	32 341

数据来源：《武威统计年鉴》

6.2.2　农业耗水量变化与生态效应

水资源问题是石羊河流域生态环境问题的核心问题，要使石羊河流域可持续长久发展，首先必须建立新的水量分配制度，创造良好的水资源分配制度，才能为流域的可持续发展奠定基础。现在社会发展中，人类活动体现得越来越充分，因此大量的人工水库出现，流域内水的循环模式转变为以人为主的模式，而不是以自然为主的循环模式，这样的循环模式更加有利于人为的控制和水资源的节约。

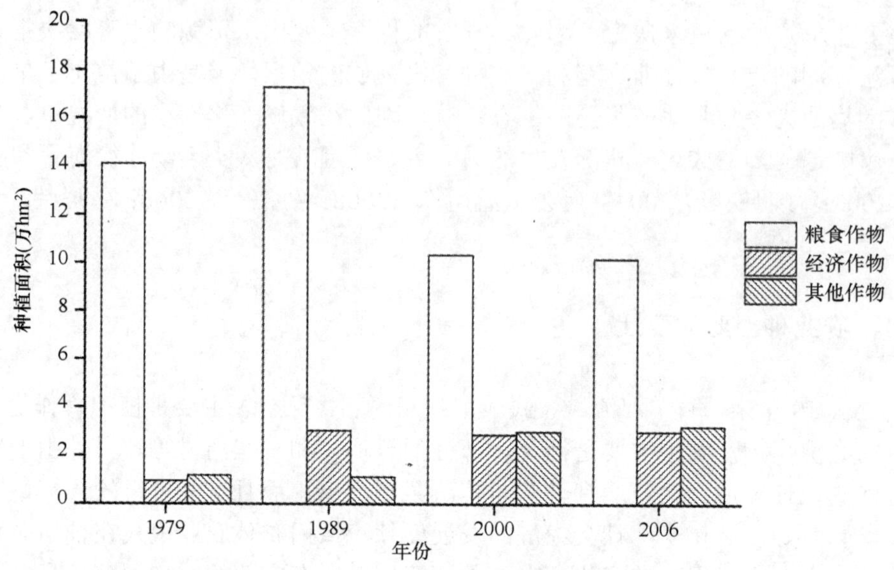

图 6.1　石羊河中下游地区种植业情况（《武威统计年鉴》）

2003 年以来，石羊河流域下游地区（包括凉州区和民勤县）总配水量、农业配水量呈现持续下降的趋势，并且农业水资源的占比也在持续下降（表 6.2，图 6.2）。

表 6.2　凉州区、民勤县农业耗水量

年份	凉州区			民勤县		
	总配水量（亿 m^3）	农业配水量（亿 m^3）	比例（%）	总配水量（亿 m^3）	农业配水量（亿 m^3）	比例（%）
2003	13.72	12.12	88.34	7.82	6.87	87.85
2008	11.55	10.01	86.67	6.15	5.21	84.72
2010	9.25	7.17	77.51	3.37	2.77	82.20
2020	9.25	6.75	72.97	3.40	2.72	80.00

6.2.3　流域设施农业的发展与布局

设施农业的发展是石羊河流域内主要的农业发展模式，日光温室成为设施农业的主要形式。自 20 世纪 90 年代以来，日光温室在整个绿洲开始大范围实施，其在节水和作物产出方面表现出了比较大的优势（表 6.3，表 6.4）。因此武威市将日光温室发展为本地区重要的发展和治理举措，经过多年的不懈努力，武威市日光温室的规模以比较快的速度扩大，同时其标准化生产进程不断推进，进一步完善了服务保障体系及“户均一座棚”的目标。

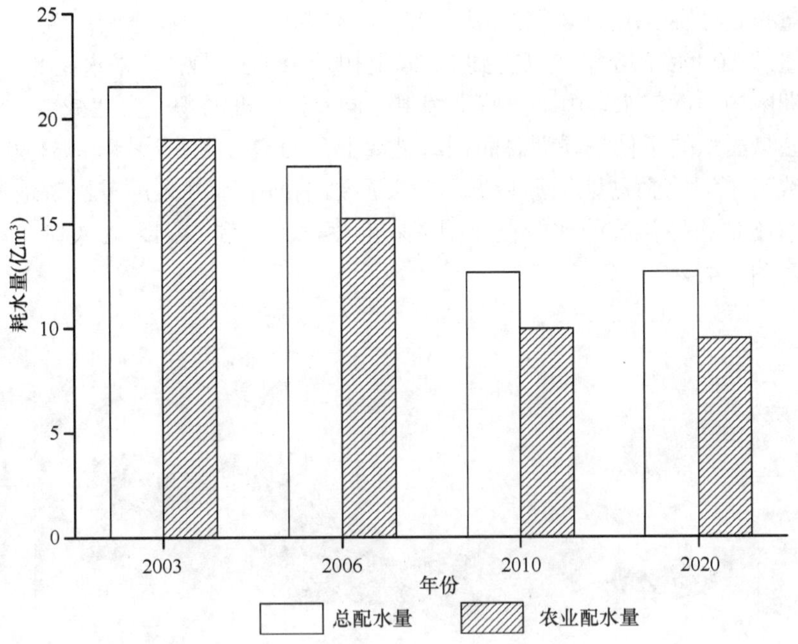

图 6.2　石羊河中下游地区农业耗水量

表 6.3　日光温室生产投入、效益调查表

年份	亩产值（元）	生产成本（元）											亩纯收入（元）
		种子	农肥	化肥	农药	棚膜	地膜	水费	折旧费用	草帘更新	其他	合计	
2000-2006	11 200	150	500	470	260	1 020	50	42	1 020	300	282	4 094	7 106
2006-2007	12 100	180	500	510	280	1 100	50	60	1 120	370	320	4 490	7 610

表 6.4　大田主要作物与日光温室主要作物用水效益的比较

作物	蔬菜类		食用菌类		瓜类		果类		平均值	
	亩节水量（m^3）	单方水效益比（倍）	亩节水量（m^3）	单方水效益比（倍）	亩节水量（m^3）	单方水效益比（倍）	亩节水量（m^3）	单方水效益比（倍）	亩节水量（m^3）	单方水效益比（倍）
大田小麦	110	33.81	280.1	63.02	—	46.22	240.1	75.82	140.01	37.02
大田玉米	270.01	32.72	440.02	61.01	360.01	44.72	400.02	73.35	300.01	35.82
小麦玉米带田	410.01	30.33	580.02	56.41	500.02	41.33	540.03	67.82	440.01	33.12
露地蔬菜	327.05	9.34	497.12	17.33	417.12	12.73	457.14	20.83	357.15	10.26

6.2.4　流域水资源供需与农业发展的博弈

随着人口的增加，人类对资源的需求不断增大，所以不断地开垦土地，灌溉量也不断地增大，同时工业需水量也不断增加，而水资源总量又在不断减少，所以就大量挤占了生态用水，造成用水相关利益者之间的矛盾不断尖锐。进入民勤的总水量从 20 世纪 70 年代以前到 21 世纪初减少了约 81%（张永民等，2006）。

绿洲区内，近年来，由于一些土壤退化问题，绿洲面积一直在减少。但是在压减耕地灌溉面积的条件下绿洲总面积却呈现上升的趋势（矫树春和颉耀文，2004）。

导致石羊河民勤盆地绿洲衰退的主要原因是地下水开采严重，耕地沙漠化，究其根本还是这种传统的比较粗放型的农业生产方式和绿洲区内人口的不断扩张（图 6.3，图 6.4）。

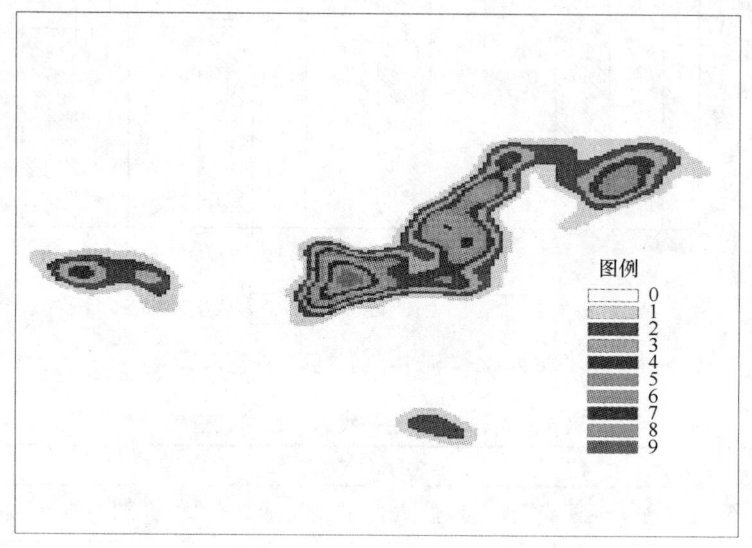

图 6.3 民勤绿洲机井密度（彩图见文后图版）

图例中各数据是重分类的结果，无单位，属于标准化数据

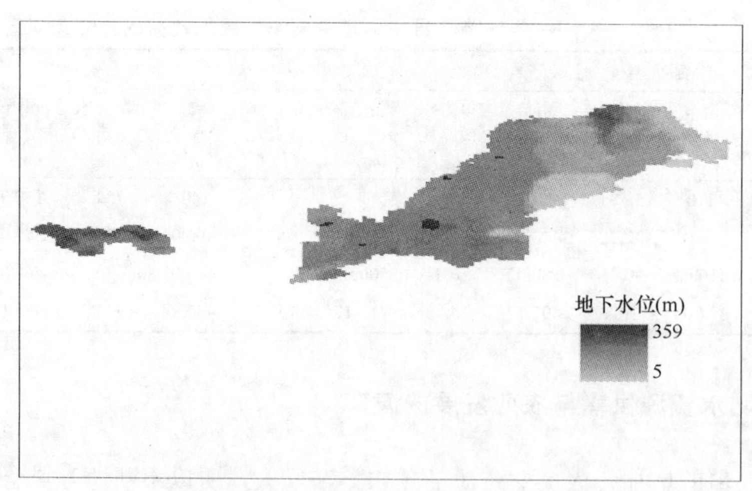

图 6.4 民勤绿洲地下水位（彩图见文后图版）

为了解决绿洲内部已经非常严重的水资源短缺和农业生态经济用水的矛盾，政府出台了一系列的政策措施，来调整在耕地规模不变的情况下，还能最大限度地保证生态和农业用水。

6.3　石羊河流域关井压田背景下的生态效度特征

6.3.1　生态效度评估研究方法

此次选择的这个研究区域（即石羊河流域）基本上位于以全农业为主的干旱绿洲内，这个干旱的农业生态系统除可以为人们提供供给服务（如食物和水）外，还提供了一些在市场上无法观察到的服务，如调节气候等。由于这些服务功能是不能直接被人观察到的，很容易被人们忽略其存在的价值，出现大量的生态用水被挤占、砍伐森林等不良行为，威胁绿洲内人们的可持续发展。因此，科学、准确地评估农业生态系统的服务价值是非常有必要的（可直接观察的和不可直接观察的），正确地引导人们的生态行为和决策已成为生态学学者的重要任务（杨正勇等，2009）。

6.3.2　基于 Costanza 模型

6.3.2.1　指标选取和模型建立

对该地区土地政策的评价，首先要根据生态服务价值来定量判断。科学、合理的评价对制定土地政策具有非常重要的指导意义（汪小平，2009；申海建，2009；吴大千，2009；黄青，2007）。

石羊河具有特殊的地理环境，所以我们的研究针对这一特殊性进行采样，选取了耕地、林地、草地、园地 4 种土地类型作为研究对象。

表 6.5 中不同土地利用类型的面积数值来源于由武威市统计局编写的 1989 年、2000 年、2006 年和 2008 年的《武威统计年鉴》。

表 6.5　石羊河中下游地区 4 种土地利用类型变化　（单位：hm^2）

土地利用类型	1989 年面积	2000 年面积	2006 年面积	2008 年面积
耕地	159 800.5	161 373.2	160 480.2	156 513.3
园地	4 133.2	12 947.1	9 573.4	11 807.2
林地	99 267.4	59 600.4	63 447.6	72 000.2
草地	23 000.2	386 613.6	385 480.3	385 880.3

6.3.2.2　数据处理方法

Costanza 曾依据生态系统服务功能，将其归纳划分为 17 种类型，分别按 16 种不同的生物群区，对生态系统服务功能的价值进行测算，计算出了整个生物圈每年的生态系统服务价值为 1.6×10^{13}-5.4×10^{13} 美元/（$hm^2\cdot a$），平均为 3.3×10^{13} 美元/（$hm^2\cdot a$）（图 6.5）。

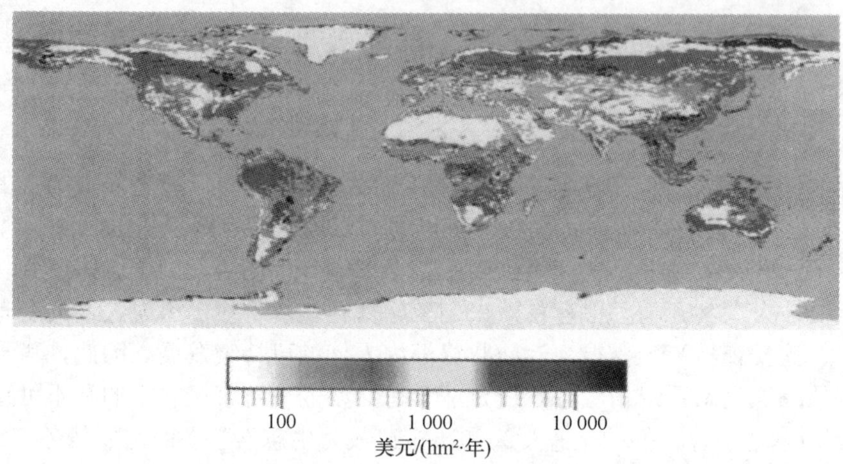

图 6.5 全球生态系统服务价值（Costanza，1997）（彩图见文后图版）

谢高地等（2003）在 Costanza 等研究的基础上，针对其研究的不足，制定出了适合我国的不同陆地生态系统服务价值表（表 6.6），推动了生态系统服务价值评估性研究在我国的发展。

表 6.6 中国不同陆地生态系统服务价值表（谢高地等，2003）［单位：美元/（$hm^2\cdot a$）］

生态系统类型	森林	草地	农田	湿地	水体	荒漠
气体调节	3 097.1	707.8	442.3	1 592.6	0	0
气候调节	2 389.2	796.3	787.4	15 130.8	407.1	0
水源涵养	2 831.6	707.8	530.8	13 715.1	18 033.3	26.6
废物处理	3 450.8	1 725.5	1 291.9	1 513.2	8.8	17.7
土壤形成与保护	1 159.1	1 159.2	1 451.3	16 086.7	16 086.6	8.8
生物多样性保护	2 884.5	964.5	628.3	2 212.3	2 203.4	300.8
食物生产	88.6	265.5	884.9	265.5	88.6	8.8
原材料	2 300.5	44.2	88.6	61.9	8.8	0
娱乐文化	1 132.5	135.4	8.8	4 910.9	3 840.3	8.8
合计	19 333.9	6 506.2	6 114.3	55 489	40 676.9	371.5

粟晓玲等（2006）对内陆河流域生态系统服务价值数据进行了一定的修正，根据干旱绿洲脆弱复杂的环境特点，制定了石羊河流域下游民勤绿洲不同生态系统类型单位生态系统服务价值表（表 6.7）。

表 6.7　民勤绿洲不同生态系统类型单位生态系统服务价值
（杨春利和白永平，2009；粟晓玲等，2006）

生态系统类型	描述	价值［元/（hm^2·年）］
耕地	旱作农田、种植粮食和经济作物	8 447.3
林地	乔木林地、灌木林地、人工林地	19 334.1
草地	天然草地、牧草地、固沙类草地	6 406.6
园地	果园、果园菜园间种、果园牧草间种	12 870.26

参照中国陆地生态系统服务价值的计算方法，以 Costanza 等对全球生态系统服务价值评估的部分成果为参考，以生态系统服务价值为评价指标定量评价石羊河下游 2006-2008 年不同土地利用类型对生态系统的影响，探讨关井压田等政策实施的合理性，为土地利用规划和资源优化配置提供支持。

其计算公式为

$$\mathrm{ESV}=\sum_{i=1}^{n}P_i\times A_i$$

式中，ESV 为生态系统服务功能的价值（元）；A_i 为研究区第 i 种土地利用类型的分布面积（hm^2）；P_i 为生态价值系数，即单位面积生态系统服务价值［美元/（hm^2·年）］；n 为要计算的土地利用类型的数目。

我们计算出了石羊河中下游地区 1989 年、2000 年、2006 年和 2008 年的生态系统服务功能的总价值（表 6.8），主要依据的是谢高地等（2003）确定的不同陆地生态系统单位面积生态服务价值表，以及粟晓玲等（2006）修正过的适用于干旱绿洲的生态单位价值表和各土地利用类型面积（白晓飞和陈焕伟，2003）。

表 6.8　1989 年、2000 年、2006 年和 2008 年石羊河中下游生态系统服务价值变化

土地利用类型	1989 年		2000 年		2006 年		2008 年	
	生态价值（$\times10^8$ 元/年）	价值比率（%）	生态价值（$\times10^8$ 元/年）	价值比率（%）	生态价值（$\times10^8$ 元/年）	价值比率（%）	生态价值（$\times10^8$ 元/年）	价值比率（%）
耕地	13.498	38.90	13.631	26.42	13.555	26.20	13.221	24.82
林地	19.201	55.34	11.522	22.34	12.266	23.71	13.921	26.14
草地	1.5	4.32	24.768	48.01	24.696	47.74	24.721	46.41
园地	0.5	1.44	1.666	3.23	1.216	2.35	1.402	2.63
合计	34.699		51.587		51.733		53.265	

6.3.2.3　结果与分析

石羊河中下游土地利用类型的变化如图 6.6 所示。从图 6.6 可以看出，1989-2008 年石羊河中下游（凉州区和民勤县）的耕地面积有所下降，但总体基本保持稳定，这基本符合了国家粮食安全和稳定策略。1989-2008 年草地面积大量增加，2000-2008 年，草地面积基本维持稳定。林地面积 2000 年比 1989 年下降，2006-2008 年有所回升，这一变化与我国自 1999 年以来在甘肃等西北省份开始试点实施的退耕还林还草政策有很大关系，对林地和草地进行保护，草地面积基本维持稳定，同时林地面积持续增加。园地等经济林作物种植面积 2008 年也比 1989 年增长了 65%，且最近 10 年基本保持稳定。

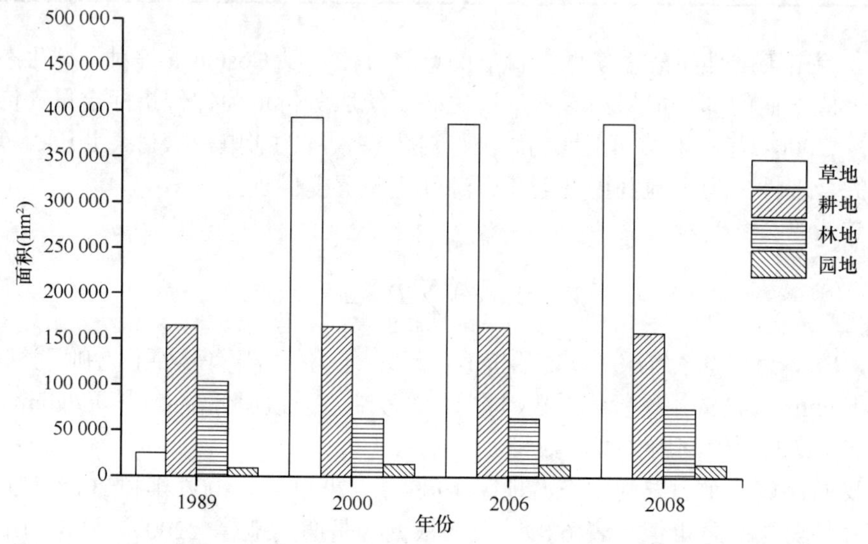

图 6.6　1989-2008 年石羊河中下游生态系统类型变化

石羊河中下游流域各生态系统服务价值及比率变化（图 6.7）：1989 年耕地占总价值的 38.90%、林地占总价值的 55.34%、草地占总价值的 4.32%、园地占总价值的 1.44%。2008 年以来，土地利用类型发生了不同程度的变化，4 种类型分别是：耕地占总价值的 24.82%、林地占总价值的 26.14%、草地占总价值的 46.41%、园地占总价值的 2.63%。2008 年与 1989 年相比，林地的比例下降很大，草地的比例上升幅度很大。林地由 1989 年的 55.34%下降到了 2008 年的 26.14%。但是，鼓舞人心的是，在有关政策和资金的帮助下，1989-2008 年林地面积有所回升。

园地一般用来种植经济作物。1989-2008 年，园地的生态价值增加了 1 倍多。园地作为经济型的土地利用类型，在优化产业结构、大力发展新型农业的背景下，其面积一直都在平稳的增加。

综合分析压减耕地灌溉面积政策与 2006-2008 年生态系统服务价值变化，2006-2008 年，4 种土地利用类型中除了耕地的生态系统服务价值降低之外，其他三种土地利用类型的生态系统服务价值都有相应的提高。因此，我们得出结论，压减耕地灌溉面积政策的实施有利于生态可持续发展和高效节水农业的发展。

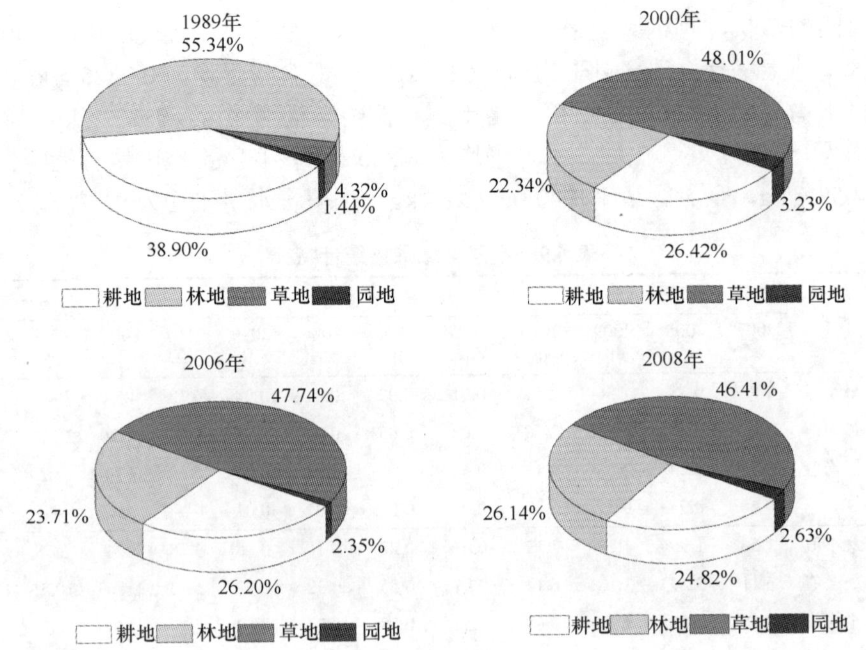

图 6.7　1989 年、2000 年、2006 年、2008 年 4 种生态系统服务价值占总价值的比例

6.3.3　关井压田土壤质量分析法

6.3.3.1　实验材料与方法

我们选择武威市凉州区为实验探究地，根据距离沙漠的远近，将武威市凉州区人为平均分为三个区，即边缘区、缓冲区和核心区。在每个区根据撂荒土地的时间分别进行采样，采集 2007 年、2008 年、2009 年和 2010 年撂荒的土样，每个土样取三个重复点，每个点取三个重复土样。对每个土样测定其含水量、土壤粒径、有机碳含量和全氮含量。

6.3.3.2　数据处理方法

原始数据采用 Microsoft Excel 软件录入，计算整理汇总。数据的统计分析应用 SPSS 统计分析软件。处理完成的数据采用 Origin 8.5 作图软件作图。

6.3.3.3　结果与分析

不同区域中不同年份的各指标数据统计特征如下。

由表 6.9 可以看出，随着从边缘区到缓冲区再到核心区的渐进，有机碳含量、全氮含量和含水量大多呈现不同程度的递增趋势。在相同区域压减的土地，随着压减时间的增长，有机碳含量、全氮含量和含水量呈现不同程度的递减。其中，边缘区土地土壤有机碳含量平均为 2.62 g/kg，全氮含量平均为 0.0325 g/kg，土壤含水量平均为 8.7575%。缓冲区土地土壤有机碳含量平均为 3.0825 g/kg，全氮含量平均为 0.445 g/kg，土壤含水量平均为 8.845%。核心区土地土壤有机碳含量平均为 4.59 g/kg，全氮含量平均为 0.6225 g/kg，土壤含水量平均为 9.77%。

表 6.9　不同区域数据统计特征

区域	数据	有机碳（g/kg）				全氮（g/kg）				含水量（%）			
		2007年	2008年	2009年	2010年	2007年	2008年	2009年	2010年	2007年	2008年	2009年	2010年
边缘区	最小值	1.88	0.78	1.56	2.51	0.01	0.02	0.01	0.04	6.13	4.33	7.42	5.27
	最大值	3.82	3.26	4.03	3.70	0.08	0.05	0.04	0.07	6.64	11.20	20.08	7.35
	平均值	2.75	2.24	2.38	3.11	0.03	0.03	0.02	0.05	6.39	7.79	14.29	6.56
	SD 值	0.68	0.93	0.85	0.39	0.02	0.01	0.01	0.01	—	—	—	—
缓冲区	最小值	1.56	1.99	1.28	2.12	0.09	0.28	0.16	0.18	3.75	3.21	5.18	10.14
	最大值	6.11	3.29	2.18	6.14	0.91	0.55	0.32	0.97	6.63	11.56	10.55	21.03
	平均值	4.15	2.59	1.71	3.88	0.53	0.38	0.24	0.63	4.97	6.61	8.65	15.15
	SD 值	1.97	0.42	0.34	1.28	0.37	0.09	0.07	0.29	—	—	—	—
核心区	最小值	3.14	2.46	3.17	3.57	0.04	0.29	0.63	0.47	6.97	4.94	6.94	12.06
	最大值	4.28	5.30	7.10	6.75	0.70	0.75	1.27	0.94	9.36	9.58	9.68	18.06
	平均值	3.86	4.10	4.65	5.75	0.42	0.45	0.87	0.75	8.01	7.29	8.00	15.78
	SD 值	0.44	1.08	1.06	0.92	0.26	0.14	0.24	0.14	—	—	—	—

1. 土壤含水量测定结果与分析

土壤含水量是土壤环境因子中的一个重要组成部分，其关系到作物能否正常健康生长、作物的收成、生态环境的健康度等。本实验对武威市凉州区三个不同区域压减土地的土壤进行了含水量的测定，结果如下。

（1）边缘区不同深度不同压减年份土壤含水量的结果及分析

由图 6.8 可以看出，2007 年、2008 年和 2010 年压减的土地土壤含水量随着土层深度的增加都呈现不同程度的下降趋势，2009 年压减的土地土壤含水量随着土层深度的增加呈现上升的趋势，土层深度达到 60 cm 左右时土壤含水量基本达到了 20%，远高于同一深度其他年份压减的土地，出现这种情况可能是因为采样时有降雨，而且距离沙漠比较近的边缘区，土壤质地以砂质为主，不利于储水。

（2）缓冲区不同深度不同压减年份土壤含水量的结果及分析

由图 6.9 可以看出，2010 年的土地（即耕地）土壤含水量明显要高于同一深度（20 cm 和 40 cm 深度除外）其他年份压减的土地土壤含水量。随着土层深度的增加，2007 年、2008 年、2009 年土壤含水量都有不同程度的下降趋势。在同一深度的土层，压减时间越久，土壤含水量越低。

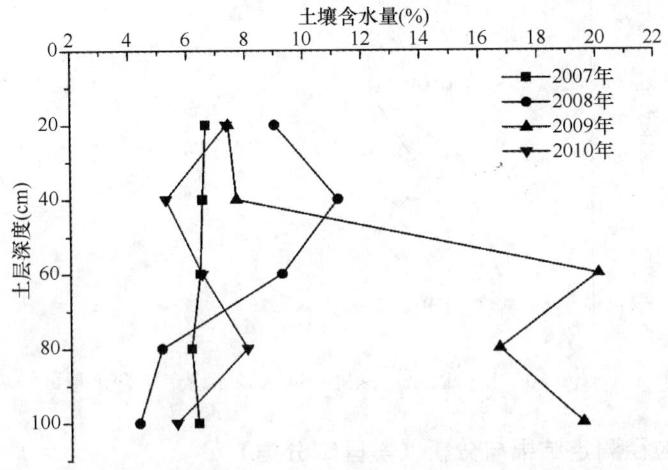

图 6.8　边缘区不同深度不同压减年份土壤含水量

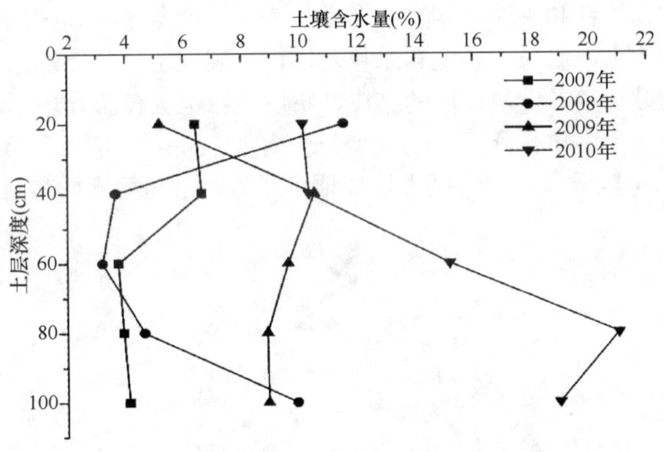

图 6.9　缓冲区不同深度不同压减年份土壤含水量

（3）核心区不同深度不同压减年份土壤含水量的结果及分析

由图 6.10 可以看出，2010 年的土地（即耕地）各个土层的含水量均远远高于其他年份压减的土地，说明灌溉对土壤含水量的影响非常大，并且每个年份压减的土地土壤含水量都不同程度地随着土层的加深而呈降低趋势。

综上，由土样土壤不同深度含水量的结果图可以看出，随着取样深度的增加，土地土壤含水量呈现下降趋势，随着压减年限的增加，土地土壤含水量也呈现下降趋势。但是耕地的土壤含水量要普遍高于其他年份压减的土地土壤含水量。

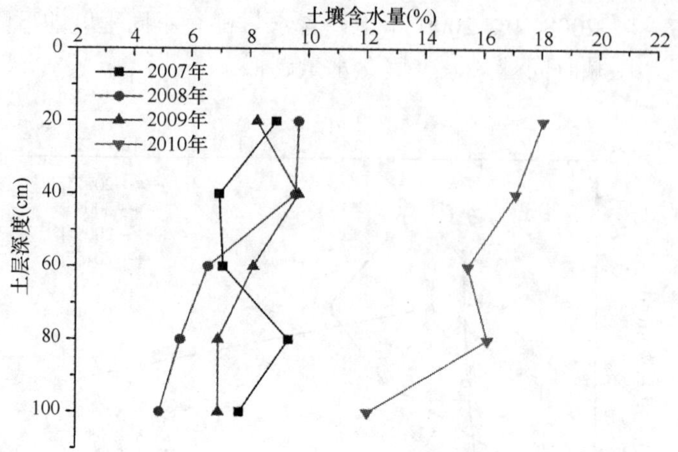

图 6.10 核心区不同深度不同压减年份土壤含水量

2. 土壤粒径测定结果与分析（美国制分类）

土壤基质由不同比例、粒径大小不一、形状和组成各异的土粒组成，一般分为砾粒、砂粒、粉粒和黏粒 4 级。实验结果表明，武威市凉州区的整体土壤质地以黏粒和粉粒为主，黏粒在一定含水量范围内，表现出极强的黏结性和可塑性，湿润干燥后的黏土容易出现较厚的结皮，所以黏粒土壤较难管理。

（1）边缘区土壤粒径分析

由图 6.11 可以看出，边缘区土壤质地主要为黏土和粉砂质黏土。

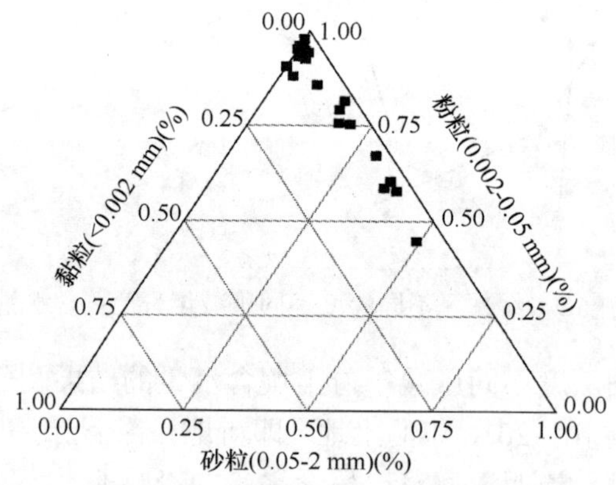

图 6.11 边缘区土壤粒径分析

（2）缓冲区土壤粒径分析

由图 6.12 可以看出，缓冲区土壤质地主要为黏土、粉砂质黏土、粉砂质黏壤土。

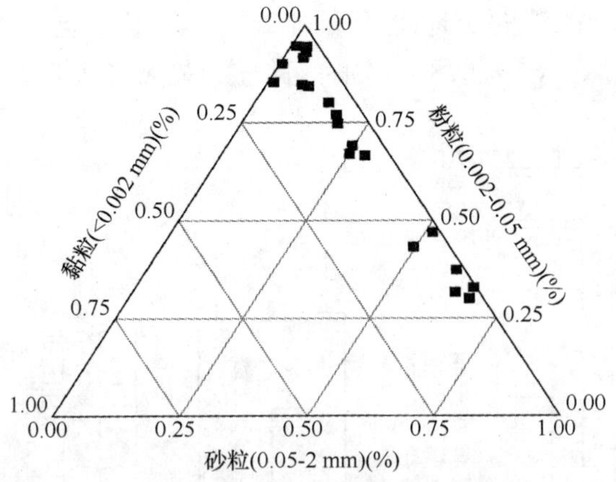

图 6.12　缓冲区土壤粒径分析

（3）核心区土壤粒径分析

由图 6.13 可以得出，核心区的土壤质地主要是黏土和黏壤土。

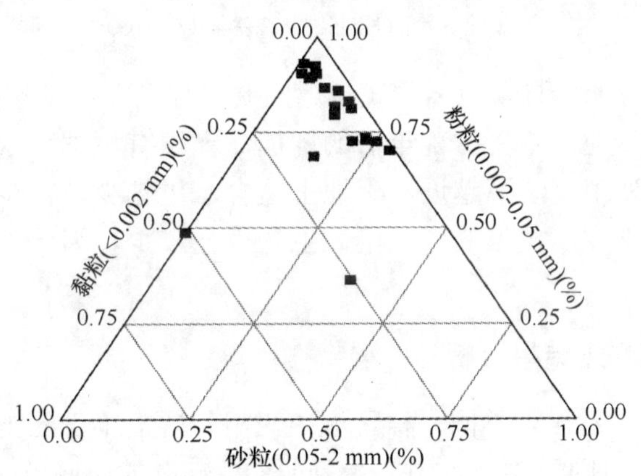

图 6.13　核心区土壤粒径分析

3. 土壤有机碳含量的测定结果与分析

由图 6.14 可以看出，不同采样区域中，相同撂荒年份的土样有机碳含量分布规律较一致。对不同区域之间相同年份撂荒的土地土样进行显著性检验分析得出，2007 年撂荒的土地土壤有机碳含量，边缘区与缓冲区差异显著（$P<0.05$），但是核心区与边缘区和缓冲区差异都不显著（$P>0.05$）；2008 年撂荒的土地土壤有机碳含量，边缘区和缓冲区含量差异不显著（$P>0.05$），但是边缘区、缓冲区这两个区域与核心区差异显著（$P<0.05$）；2009 年撂荒的土地土壤有机碳含量，边缘区与缓冲区差异不显著（$P>0.05$），但是边缘区、缓冲区与核心区的差异显著

（P<0.05）；2010 年撂荒的土地土壤有机碳含量，边缘区与缓冲区差异不显著（P>0.05），但是边缘区、缓冲区与核心区的差异显著（P<0.05）。

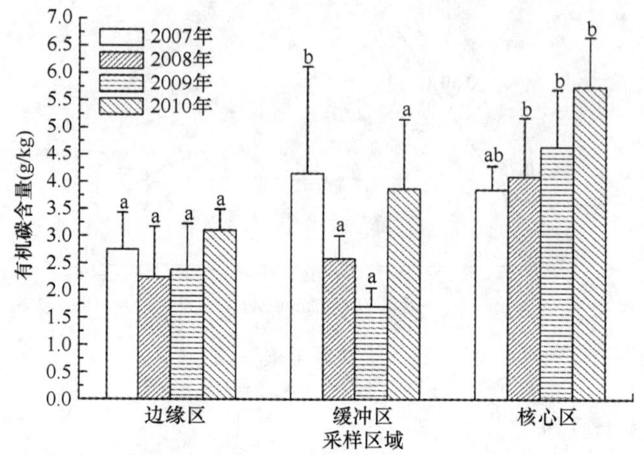

图 6.14　不同区域不同撂荒年份下土壤有机碳的测定

不同小写字母表示有显著差异（P<0.05）

相同撂荒年份的土样，距离沙漠越远，土壤有机碳含量越高；在相同区域中，不同撂荒年份的土地，随着撂荒年份的增加，土壤有机碳含量呈现下降的趋势。这可能主要是因为距离沙漠越近，土地土壤含水量越少，很少有动植物活动，作物残枝落叶等也较少，相应的，土壤微生物也会较少，因此，其土壤有机碳含量会比较低。

4. 土壤全氮测定结果分析

由图 6.15 可以看出，不同采样区域中，相同撂荒年份的土壤全氮含量有一定的差异显著性，相同采样区域中，不同撂荒年份的土壤全氮含量差异不显著（P>0.05）（核心区除外）。2007 年撂荒的土地土壤全氮含量，边缘区与缓冲区、核心区差异显著（P<0.05），但是缓冲区和核心区差异不显著（P>0.05）。2008 年撂荒的土地，缓冲区和核心区的土地土壤全氮含量差异不显著（P>0.05），但是缓冲区、核心区与边缘区的差异显著（P<0.05）。2009 年撂荒的土地土壤全氮含量，边缘区、缓冲区与核心区三者之间差异均显著（P<0.05）。

缓冲区和核心区的土壤全氮含量总体要高于边缘区，边缘区土地质地以砂质为主，含水量也较低，生长的作物较少，固定的氮素较少，并且由于耕地常年受到沙漠的侵袭，耕地变少，补充的氮肥也就比较少。因此，边缘区的土地土壤全氮含量远远低于缓冲区和核心区。

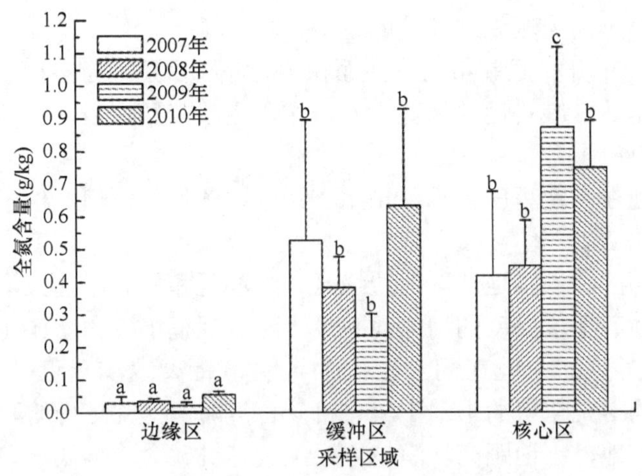

图 6.15　不同区域不同撂荒年份下土壤全氮的测定

不同小写字母表示有显著差异（$P<0.05$）

6.4　本 章 小 结

6.4.1　石羊河流域生态变化

关井压田后土地耕地的分布数据主要是通过计算 ArcMap 9.0 资源二号影像和 RTK-GPS 实地测量得到的。

第一，绿洲沿沙带远离居民区，土壤质地贫瘠，灌溉技术落后，长期使用大水漫灌等措施，使得土壤生产效率很低。

第二，绿洲外围会有一些类似于岛状一样的绿洲，一般下游的水分很难到达这些地方，因此完全依靠地下水，这些地方的水资源利用效率非常低，环境不利于任何农作物的生存，农产品质量差。

第三，这一部分耕地都距离比较远，交通运输和农产品的运输很不方便，并且农资的投入也不方便，即使有产品，其销售过程也比较困难。

基于 Costanza 模型，结合 1989-2008 年武威市 4 种土地利用类型面积变化数值的计算，可以得出以下结论。

第一，1989-2006 年，耕地价值占 4 种生态类型总价值的比例降低了很多，但是其本身总量不变。国家在合理生产粮食的同时，对生态系统总的服务价值进行了合理规划。

第二，林地贡献的价值 1989-2006 年呈现先降低后回升的趋势，植树造林工作很难进行，并且进展很慢，但是防沙林对沙漠的迁移起到了很好的阻碍作用。

第三，草地面积大幅度增加，是因为从 1999 年开始实行退耕还林还草政策，草地成为改善石羊河流域生态环境的主要贡献力量。

第四，2006 年开始武威市的耕地面积逐渐减少，是因为实行了压减耕地灌溉面积政策，但是从压减耕地的情况来看，在压减政策结束后，该地区草地和林地面积还可能会有所上升。

第五，园地在一定程度上反映了生态系统服务价值，但是由于规模较小，还没有形成商业化的生产。

武威市凉州区绿洲耕地选取的边缘区、缓冲区和核心区这三个不同区域的土样土壤含水量随着土层深度的增加而减少，随着撂荒年份的增加而减少；不同区域，同一年份撂荒的土地在同一深度的土层，距离沙漠越近，含水量越低。同一区域，不同撂荒年份的土地土壤有机碳含量随着撂荒年份的增加而降低；同一年份撂荒的土地，土地距离沙漠越近，土壤有机碳含量越低。同一区域，不同撂荒年份的土地土壤全氮含量随着年份的增加而降低；同一年份撂荒的土地，土地距离沙漠越近，土壤全氮含量越少。

综上，生态型耕地撂荒政策的实施虽然有效地节约了水资源，在一定程度上缓解了下游水资源短缺问题，对生态环境的恢复和保持都有积极的作用，但是此政策的实施对当地耕地土壤质量的良好保持和改善起到了负面作用，土壤质量开始退化，沙漠化迹象出现，很可能会出现新的沙尘源，并且沙尘源进一步向人类集聚地前进。

6.4.2 石羊河流域相关政策措施对生态变化的影响

本研究通过利用 RTK 的方法和遥感影像的方法得到了石羊河下游配水灌溉面积的数据，同时满足压减耕地在面积和空间上的准确性，为流域内各因子的协调发展提供了最基础的数据支持。基于 Costanza 模型计算出了石羊河中下游绿洲（主要是武威市的凉州区和民勤县）耕地、草地、林地、园地 4 种主要土地利用类型分别在 1989 年、2000 年、2006 年和 2008 年跨度 18 年的生态系统服务价值及其比率，分别分析了这 4 种土地利用类型在 18 年间发生的变化，结果表明，国家出台的一系列宏观调控政策是很有效的。1999 年退耕还林还草政策实施之后，为了改善石羊河流域严重的生态问题，政府又推出了《石羊河流域重点治理规划》，其中压减耕地灌溉面积的规划使该地区的生态环境恶化情况得到了很好的改善。

虽然采取了一系列的政策，石羊河流域的环境也得到了改善，但我们更应该自觉地认识到，目前已经初见成效的“退耕还林”“压减耕地灌溉面积”等政策是一种亡羊补牢的办法。由于这两个政策的实施都和农民的土地有关系，如果政策的实施过程中规划不当，则有可能会引发农民产生抵触情绪和国家粮食危机，甚至可能会引起社会治安动荡。生态系统的恶化是一个缓慢的过程，因此对其修复也应该是缓慢的、有规划的。《石羊河流域重点治理规划》已经实施了 3 年，其中最主要的政策——关井压田政策，自实施以来，虽然遇到了很多的问题，但是也取得了很好的效果。

通过一系列的实验测定，在不同地区，不同年份撂荒的土地土壤有机碳含量、全氮含量和含水量这三项指标都随着撂荒年份的增加而降低，距离沙漠越近，含量越低。同一年份撂荒的土地，不同地区的土地土壤有机碳含量有很大的差别。距离沙漠越近，土壤有机碳含量越低，土壤全氮含量也越低，土壤含水量同样较低。这主要是因为距离沙漠越近，土壤质地越接近砂质，土地储水能力降低，土地土壤含水量越少，很少有动植物活动，相应的，土壤微生物也会较少，因此，其土壤有机碳含量、全氮含量都会比较低。相反，距离沙漠越远，土地土壤有机碳含量越高，土壤全氮含量也越高，土壤含水量同样较高。因为距离沙漠越远，土壤质地越接近黏土和壤土，土地土壤储水能力较强，土地土壤含水量会比较多。并且在核心区人类活动较集中，活动在该区域的动植物较多，相应的，该地区土壤中的微生物含量也就较多，因此，土壤有机碳含量和全氮含量较高。

通过数据分析，土样有机碳含量和全氮含量在同一区域内，不同年份撂荒的土地土壤有机碳含量和全氮含量差异不显著，而同一年份撂荒的土地，在不同区域中其有机碳含量和全氮含量差异显著。但是整体有机碳含量和全氮含量比较低，因此，生态型耕地撂荒政策的实施对土壤质量的改善和保持起到了负面的作用。但是，杜峰等（2005）在对陕北黄土丘陵区撂荒草地群落土壤质量的研究中得出如下结论，撂荒地的土壤有机质含量会随着撂荒年份的增加有一个先下降后上升的趋势。而我们对于武威市凉州区撂荒土样的测定得出，其养分含量呈现下降的趋势，这可能是因为撂荒年限较短，土壤还在处于演变过程中，另外，凉州区处于沙漠边缘，撂荒后植被稀少，很容易受到沙漠的侵袭，和黄土高原区草地撂荒后的演变有一定的差距。

因此，关井压田政策虽然有效地节约了水资源，改善了水资源的严重亏缺问题，在一定程度上有利于改善生态环境，但是其对土壤的管理是不合理的。初步建议实施生态型耕地撂荒政策的同时，考虑天然种植取代人工灌溉，这样虽然作物产量较低，但是可以在一定程度上改善土壤质量，并且可以考虑每年轮流在不同区域撂荒部分耕地，让土壤有一个恢复的过程。

经过实验测定可以得出，土样土壤有机碳含量和含水量具有一定的规律，土壤有机碳含量直接影响土壤含水量的高低。

综上，虽然有很多的理论支持适当的撂荒耕地或者草地，让其自然恢复，但是这种恢复是一个非常漫长的过程。土地撂荒后短期内其土壤养分含量会快速下降，因为没有人为的加入，植被覆盖度较差，腐殖质输入较少，但是有关研究表明，经过一个长期的演变恢复过程，土壤有机质的含量会上升。但是在武威市凉州区，其距离沙漠比较近，植被比较稀少，很容易受风沙的干扰，因而土地易沙化。

参 考 文 献

白晓飞, 陈焕伟. 2003. 土地利用的生态服务价值——以北京市平谷区为例[J]. 北京农学院学报, 18(2): 109-111.

杜峰, 山仑, 梁宗锁. 2005. 陕北黄土丘陵区撂荒演替研究-群落组成与结构分析[J]. 草地学报, 13(2): 140-143, 158.

段爱旺, 信乃诠. 2002. 西北地区灌溉农业的节水潜力及其开发[J]. 中国农业科技导报, 4(4): 50-55.

黄青. 2007. 干旱区典型山地-绿洲-荒漠系统中绿洲土地利用/覆盖变化对生态系统服务价值的影响[J]. 中国沙漠, 27(1): 76-81.

矫树春, 颉耀文. 2004. 近 40 年来民勤绿洲空间变化研究[J]. 干旱区资源与环境, 18(8): 92-96.

李世明, 程国栋, 李元红. 2002. 河西走廊水资源合理利用与生态环境保护[M]. 郑州: 黄河水利出版社.

李宗礼, 苏中原, 沈清林, 等. 1995. 干旱内陆河流域下游地区生态用水量及水资源承载能力分析[M]. 北京: 水利水电出版社.

刘恒, 顾颖. 2001. 西北干旱内陆河区水资源利用与绿洲演变规律研究[J]. 水科学进展, 12(3): 378-384.

马兴旺, 李保国, 吴春荣, 等. 2003. 民勤绿洲现状土地利用模式影响下地下水位时空变化的预测[J]. 水科学进展, 14(1): 86-90.

曼尼萨汗・吐尔逊, 吐尔逊・哈斯木, 韩桂红, 等. 2009. 塔里木河下游绿洲的沙漠化灾害现状及其原因探讨[J]. 新疆农业科学, 46(2): 380-387.

申海建. 2009. 长株潭区域生态系统服务价值对土地利用变化的响应[J]. 江西农业学报, 21(10): 199-201.

粟晓玲, 康绍忠, 佟玲. 2006. 内陆河流域生态系统服务价值的动态估算方法与应用——以甘肃河西走廊石羊河流域为例[J]. 生态学报, 26(6): 2011-2019.

孙雪涛. 2004. 民勤绿洲水资源利用的历史 现状和未来[J]. 中国工程科学, 6(11): 1-9.

汪杰, 王耀琳, 李昌龙, 等. 2006. 民勤绿洲水资源利用中的问题与节水途径[J]. 中国沙漠, 26(1): 103-107.

汪小平. 2009. 重庆市土地利用变化及其生态系统服务价值响应[J]. 西南师范大学学报(自然科学版), 35(5): 225-229.

王让会, 刘培君. 1998. 绿洲生态环境研究的支持系统[J]. 干旱区研究, 15(3): 52-55.

吴大千. 2009. 基于土地利用变化的黄河三角洲生态服务价值损益分析[J]. 农业工程学报, 25(8): 256-261.

谢高地, 鲁春霞, 冷允法, 等. 2003. 青藏高原生态资产的价值评估[J]. 自然资源学报, (2): 189-196.

徐海量, 陈亚宁. 2003. 塔里木河下游环境因子与沙漠化关系多元回归分析[J]. 干旱区研究, 20(1): 39-43.

杨春利, 白永平. 2009. 干旱地区绿洲生态系统服务价值功能的评估——以石羊河下游民勤绿洲为例[J]. 干旱地区农业研究, 27(5): 230-234.

杨正勇, 杨怀宇, 郭宗香, 等. 2009. 农业生态系统服务价值评估研究进展[J]. 中国生态农业学报, 17(5): 1045-1050.

雍会, 潘旭东. 2008. 新疆绿洲水资源高效节水配置机制研究[J]. 石河子大学学报, 26(4): 419-422.

臧广鹏. 2008. 石羊河流域节水农业建设探讨[J]. 现代农业科技, 14: 340-343.

张明铁, 史生胜, 张巍, 等. 2003. 额济纳绿洲生态环境变化及原因分析[J]. 中国水土保持科学, 1(4): 56-60.

张永民, 宋孝玉, 沈冰, 等. 2006. 石羊河流域水资源与生态环境变化及其对策研究[J]. 干旱区地理, 29(6): 838-843.

Costanza B. 1997. On Hyers-Ulam stability for a class of functional equations[J]. Aequationes Mathematicae, 54(1-2): 74-86.

第 7 章　石羊河流域典型区产业转型与设施农业

7.1　农业产业结构转型研究现状

7.1.1　气候变化对农业转型的影响

全球气候变暖是人类目前面临的最迫切的生态环境问题。IPCC 第五次评估报告结果显示，1880-2012 年，全球平均地表温度升高了 0.85℃，预计未来全球变暖仍将继续。20 世纪 50 年代以来全球气候变暖的原因一半以上是人类活动造成的，科学家还得出了人为排放温室气体导致气候变暖的结论（秦大河等，2014）。

农业生产是国民经济的基础产业，是主要的温室气体来源之一，农业系统排放的温室气体占总排放量的 10%-20%，并且预计到 2030 年农业系统的排放量将上升到 50%（廖媛红，2011）。同时农业也是受气候变化影响最大、对气候变化反应最为敏感的产业，任何程度的气候变化都会给农业生产及其相关过程带来潜在或显著的影响。

关于气候变化对农业生产、农业种植、农业转型升级等方面的影响，国内已有许多专家学者做了深入的研究。王平（2014）研究表明，作为农业气候中最重要的自然资源，热量、水分条件的变化对农业生产有重要影响。对黑龙江省鹤山农场气象站历年粮豆亩产与生长季降水量进行方差分析，结果表明，生长季降水量每增减 100 mm，粮豆亩产相应增减 12 kg。邓振镛等（2008）发现，受西北地区现代气候变化的影响，甘肃黄土高原 200 cm 深处土壤储水量呈降低趋势，适宜农作物生长的时段减少 2-3 个月，黄土高原作物气候生产力呈下降趋势，年递减率为 10.45 kg/hm^2，暖干型和冷干型气候对作物生长均非常不利，分别减产约 44.3%、27.1%。王向辉和雷玲（2011）认为，气候变暖影响我国的农作物种植制度，若温度上升 1.40℃，降水增加 4.2%，我国一熟制作物种植面积将由现在的 62.3%下降为 39.2%，而二熟制作物种植面积将由 24.2%上升到 24.9%，三熟制作物种植面积由当前的 13.5%提高到 35.9%。李万希等（2012）研究发现，随着气候的变化，石羊河流域凉州地区喜温作物玉米 1990-2009 年较 1970-1989 年种植面积增加了 83.9%，经济类作物增加了 32.5%，而以春小麦为代表的喜凉作物种植面积则减少了 30.3%。翟晓慧等（2011）指出，要大力推广旱作农业技术，培育选用抗逆品种，改善农业基础设施和条件，加大科技投入，提高农业应对气候变化影响的能力和水平，积极进行农业转型，推动农业内涵式发展。

可见，气候变化对农业的影响是直接的，而提高产业适应能力是农业领域应对气候变化的主要对策。对农业产业结构进行调整，不仅要增加农业效益和农民收入，还要依据气候的变化，有目的、有针对性地提高农业生产技术，合理规划农业生产布局，优化农业产业结构，减缓或消除气候变化对农业产生的不利影响，大力增强农业产业适应气候变化的能力，促进农业转型升级，形成一套与气候类型相适应的制度、措施和技术，提高农业生产效益。

7.1.2　民勤绿洲水资源管理和产业结构的关系

自汉代开垦以来，民勤绿洲就是一个“十地九沙、非灌不植”和“地尽水耕”的灌溉绿洲，有水即为良田，无水便成荒漠，是典型的绿洲灌溉农业区（马金珠和魏红，2003；徐先英等，2006）。民勤绿洲年降水量在 100 mm 左右，无自产径流，石羊河为唯一地表水源。该地区自 20 世纪 70 年代开始大规模开采地下水，年提水量为 4.5 亿～5.0 亿 m^3，年约超采地下水 2.4 亿 m^3。1980 年以来，随着人口数量的持续增加和工农业的不断发展，民勤绿洲脆弱的生态环境，特别是水环境遭到了严重的破坏（马金珠和魏红，2003；赵翠莲等，2006）。目前，民勤绿洲已成为全国沙尘暴源区和特级告急的生态危机区，土地荒漠化是这一广袤地区生态退化的主要表征，形成了“局部治理、整体恶化”和“反复治理、长期恶化”的恶性循环。

植被是民勤绿洲的生态支撑屏障，对绿洲土壤形成和生态系统功能维持的作用显著（李有斌和王刚，2006）。民勤县有天然草场 1275 万亩，其中荒漠草场占 2/3 以上，半荒漠草场覆盖度由 20 世纪 50 年代的 30%下降到目前的不足 10%，有 85.01 万 km^2 荒漠草场处于沙化状态（高新才，2008）。

该地区一直以来采取区域内轮流供水和农田大水漫灌的灌溉方式，水资源浪费严重（贡小虎，1995；徐先英等，2006）。民勤绿洲缺水，一直以来受到上游来水量逐年递减的影响，同时绿洲区域内人类对自然过度、无节制的索取也超出了自然的承载能力，在很大程度上加快了水资源枯竭的步伐（丁宏伟等，2003；杨秀英等，2006）。

我国历史上“向沙漠进军，建立新绿洲”的指导思想对当前的沙漠化防治和生态修复影响深远，历史上曾经采用过连片治沙的“三角城治沙造林模式”和“宋和模式”。然而在上游水资源和流域总水资源锐减的新历史条件下，急需发展新的荒漠化治理思路和基本理论作为指导。

从历史的角度来看，与节水相关的政策、法律体系和市场机制呈现从无到有、从少到多、由松及紧的演变趋势。民勤绿洲生态系统水资源管理和生态恢复的关系问题是对人类认识自然和改造自然能力的一个极端考验，需要从理论上科学阐述人类改造极度脆弱生态系统能力的阈值。当前的理论研究应改变以前的自然生态系统和社会生态系统分离研究的思路，而是通过案例研究、示范推广和整体推进等步骤开展实施。在实践中寻找解决方法应坚持三个“效益”并举。

1）生态效益：减少沙化和荒漠化，提高植被覆盖和促进环境可持续发展。

2）经济效益：提高农业生态系统生产力和促进产业转型。

3）社会效益：全面落实“科学发展观”，构建“社会和谐”。

上述三个效益必须以产业转型为突破口，并与其他治理措施紧密结合，方能实现水资源管理和产业转型的互动优化。在今后的治理实践中应该遵循以下两个原则。

1）“有所为”原则：在尊重生态系统自身演替规律的条件下最大限度地遏制或者延缓该地区生态系统退化，包括发展节水系统、推进土壤改良工程、推进生态防护屏障建设、实施有限调水、开展生态移民、调整当地产业结构、转变经济发展模式等措施。

2）“有所不为”原则：减少或者停止违背生态系统演变规律，以及超出人类对生态系统干预能力最高阈值的各种恢复措施和治理工程。

民勤绿洲经济因素促进社会因素的变化，而社会因素的变化又将导致自然环境的变迁。从人类-自然复合生态系统的角度来看，在民勤绿洲的社会、经济和自然复合系统的发展过程中，产业结构转型是重要的驱动力。民勤绿洲的情况不可能在短时间内获得改善，突破瓶颈问题的关键还在于通过产业转型来解决民生和发展的问题。

7.1.3 石羊河流域典型区——民勤地区日光温室技术响应模型与分析

民勤地区是我国典型的沙漠化旱作农业区之一。受自然气候影响，民勤地区具有日照时间长、光辐射强、昼夜温差大、自然条件优厚、非常适于农作物尤其是瓜果类糖分积累的特点。20 世纪六七十年代，民勤地区曾是全国重要的商品粮基地，为甘肃乃至全国的粮食生产做出了巨大贡献。随着人口的增加和技术的进步，大量的荒地被开垦，仅 1977-1993 年，民勤地区就开垦了 2 万多公顷农田，挖出机井 1 万多眼。大面积垦荒种粮和大肆打井造成地下水位严重下降，平均每年下降 0.4-1.0 m。再加上民勤的农业生产一直使用的是漫灌方式，水资源利用粗放，用水效率偏低，更加剧了水资源的供需矛盾，最终造成严重的生态问题。

为拯救民勤，保护生态，从 20 世纪 80 年代起，民勤地区逐渐开始调整农村产业结构，改变农业发展方式，从高耗水的传统农业向高效节水的现代型农业转型。民勤日光温室起步于 1993 年，1999 年以来，县上出台了一系列政策和配套措施，开始推进日光温室发展，积极推动传统农业向现代农业的转型升级。

2003 年开始实行“关井压田”之后，为化解节水与增收之间的矛盾，提高农民收入，民勤政府把日光温室建设作为节水增收、农业产业结构调整、加快节水型社会建设和推进石羊河流域民勤地区综合治理的重要举措，积极引导农民以“节水型、高效型、生态型”为目标，科学调整种植业结构，建立高效节水型生态农业种植结构。压缩小麦、玉米带田等超高耗水的带状种植模式，大力推广日光温室等高效节水种植模式。

2007 年底《石羊河流域重点治理规划》出台，提出到 2010 年，使民勤蔡旗断面下泄水量由现在的 0.98 亿 m^3 增加到 2.5 亿 m^3，民勤盆地地下水开采量由现在的 5.17 亿 m^3 减少到 0.89 亿 m^3，同时还明确提出 2010 年以前，在凉州区和民勤县以 2003 年农业人口为基数，户均安排一座日光温室的建设目标。为确保流域重点治理目标的实现，民勤县制定了详细的《民勤县日光温室产业发展规划》，按照“总量确定、分乡控制、逐年推进、确保完成”的日光温室发展总要求，把完成日光温室落实到户、确定到地，强力推进日光温室建设。

2010 年 9 月民勤县明确了农业结构大调整的总体思路，开始全面实施“2311 计划”，并将其作为民勤县“十二五”期间推进农业经济发展的总体规划。力争利用 5 年时间，调整农业结构，实现农民户均 2 座棚、3 亩特色经济林，人均 1 亩高效节水大田，农民人均年收入达到 1 万元。

根据“2311 计划”，围绕农业结构调整，民勤县坚持把发展设施农业作为农业结构调整的主攻方向，把发展日光温室产业作为促农增收的主导产业，按照结构层次更加合理、定位和目标更加明确的原则，分层次、分梯度推进日光温室产业示范园区（点）建设。“户均 2 座棚”的发展思路进一步推动了民勤地区日光温室的建设。

7.2　研究目标及主要内容

农业是受气候变化影响最大、对气候变化反应最为敏感的产业，根据气候的变化和规律，提高农业适应能力是目前农业领域应对气候变化的主要对策。气候的干湿状况对水资源平衡和农牧业发展有着重要影响，尤其是在水资源相对缺乏的干旱地区，其干湿程度往往对农业的发展有极为重要的影响（孙小舟等，2009）。气候的干湿状况决定了农作物的水分条件优劣，直接影响作物布局和农业生产类型，对区域性工农业生产和人民生活产生了巨大的影响（杨建平等，2002）。那么，在整个中国西北乃至世界干旱区具有典型性和代表性的民勤地区，长期以来的气候变化特征是什么？气候的干湿变化有什么规律？对民勤农业转型有什么影响？

另外，我们在民勤地区调研时还发现，政府在推行《石羊河流域重点治理规划》中日光温室建设这个保障农民节水增收的关键措施时遇到了很大困难，这一点和胡小军博士 2009 年初的调查结果相一致：只有 10.7%的农户持赞成态度，78.1%的农户持反对态度（表 7.1）。

表 7.1 民勤农户对政府节水政策的支持度 (%)

政策内容	非常赞成	赞成	不好说	不赞成	非常不赞成
灌溉用水向低耗水高效益作物倾斜	21.9	54.1	9.2	13	1.8
发展日光温室	1.8	8.9	11.2	33.2	44.9
推广滴灌等高效节水技术	20.9	38.8	21.2	12.8	6.4
调整农业结构，发展低耗水作物	26	56.6	9.9	6.6	0.8
对灌渠进行节水改造	44.6	51	2.3	1.5	0.5

民勤政府力推的农业转型措施是否适应于民勤地区的气候干湿变化特征？它对气候干湿变化有什么影响？

农户不愿意接受日光温室的根本原因是什么？政府的政策措施该如何进行调整？

针对以上问题，本研究立足于以下三个主要内容。

1）以民勤和武威气象站 1956-2012 年 57 年的逐日温度、水汽压、风速、日照时数及降水观测资料数据为依据，采用联合国粮食及农业组织推荐的 Penman-Moteith 修正公式对石羊河流域民勤地区长期以来的气候变化特征和干湿变化特征进行分析，并且对比研究同一流域下的武威地区干湿变化，深入探讨近 60 年来民勤地区长期、短期和周期性气候变化规律及干湿气候变化特征。

2）通过对民勤地区 6 个乡镇 550 户农户的实地走访调查，参阅民勤地区统计年鉴等数据资料，利用 SPSS 社会统计软件、logistic 回归分析等方法，结合社会学、心理学、组织行为、计划行为等相关学科理论对民勤地区农户在环境变化和产业结构调整过程中的行为状态进行分析。

3）在研究中，将自然科学的研究方法引入社会科学研究，采用定量分析和定性分析相结合，民勤干湿状况的定量分析和社会学、心理学等角度的定性分析相结合，希望能破解民勤地区日光温室推广过程中碰到的难题，为民勤地区生态环境的改善尽自己的绵薄之力。

7.3 民勤县日光温室技术响应模型与分析

7.3.1 民勤县干湿各要素特征分析

图 7.1-图 7.3 是民勤县的年降水量、年潜在蒸发量及年地表湿润指数变化曲线

图。由图 7.1-图 7.3 可见，民勤县近 57 年来的降水量呈现不规则的波动变化，其年降水量的平均值为 115 mm，气候倾向率约为 4.6 mm/10 年，呈现增加趋势，但未通过 95%的显著性检验，其中 1972 年降水量为 200 mm，达到最大，1958 年降水量为 40 mm，达到最小。民勤县年潜在蒸发量的平均值为 878 mm，气候倾向率约为 4.5 mm/10 年，呈现增加趋势，通过 95%的显著性检验，其中 1998 年潜在蒸发量为 947 mm，达到最大，1983 年潜在蒸发量为 840 mm，达到最小。民勤县

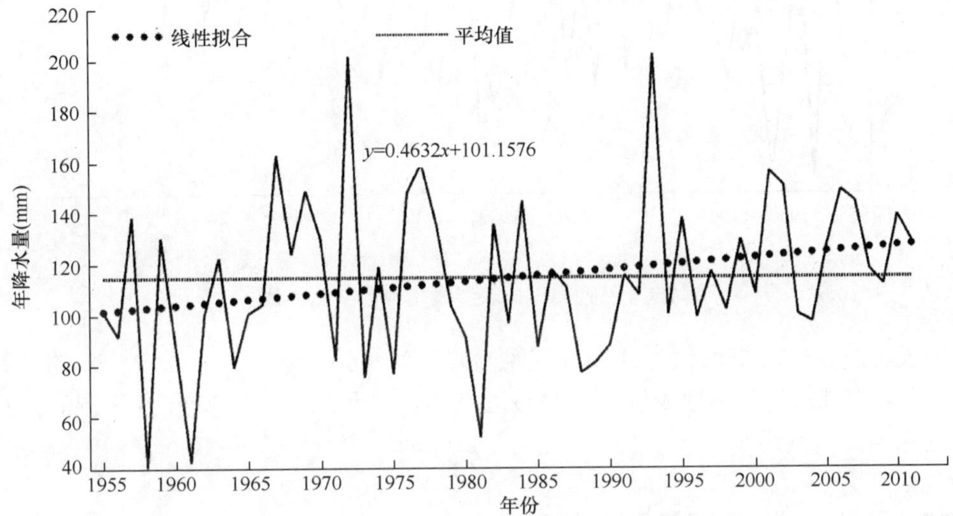

图 7.1　民勤县年降水量的变化曲线

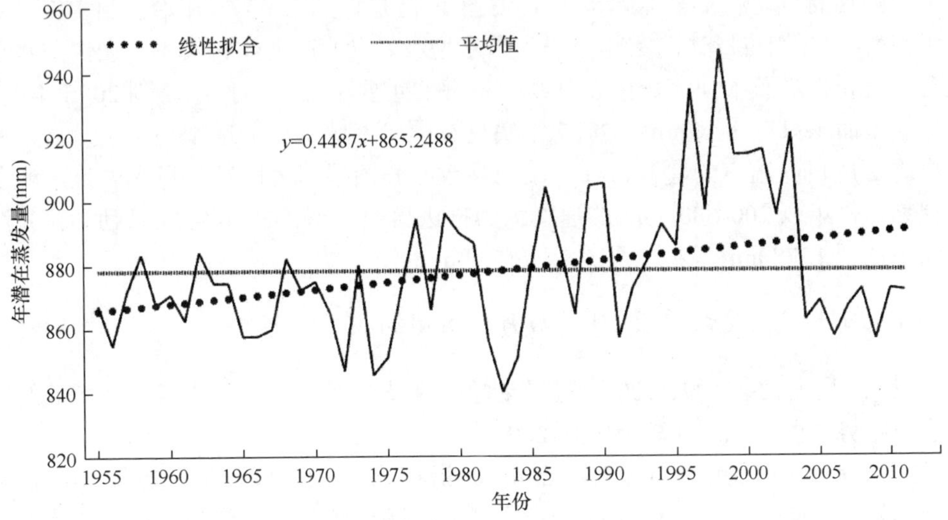

图 7.2　民勤县年潜在蒸发量的变化曲线

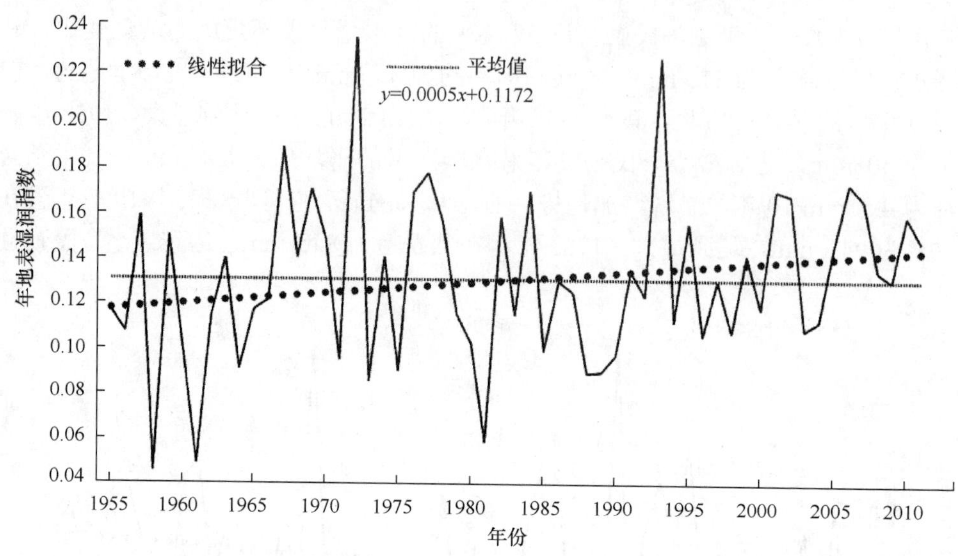

图 7.3 民勤县年地表湿润指数的变化曲线

年地表湿润指数的平均值为 0.13，气候倾向率为 0.005/10 年，未通过 95%的显著性检验，其中 1972 年地表湿润指数接近 0.24，达到最大，1958 年地表湿润指数接近 0.04，达到最小。

7.3.2 民勤县日光温室与气候特征分析

民勤县的日光温室虽然起步于 1993 年，但是直到 2003 年开始强制实施"关井压田"，才开始将日光温室建设作为节水增收、农业产业结构调整、加快节水型社会建设和推进石羊河流域民勤县综合治理的重要举措大力推广。到 2005 年底，日光温室面积只有 30.4 hm^2，2007 年底《石羊河流域重点治理规划》出台后，根据户均 2 座日光温室的建设目标，民勤县政府开始根据《民勤县日光温室产业发展规划》每年以 200-600 hm^2 的速度大力推进日光温室，2010 年底民勤县日光温室面积达到 1578 hm^2，2012 年达到 2453 hm^2。

7.3.2.1 日光温室建设前后 10 年与月地表湿润指数分析

表 7.2 是民勤县 1991-2001 年月降水量、月潜在蒸发量和月地表湿润指数的平均值与趋势。由表 7.2 可知，1991-2001 年，月降水量的平均值为 10.45 mm，呈现增加的趋势，增加幅度为 0.234 mm；月潜在蒸发量的平均值为 75.02 mm，呈现增加趋势，增加幅度为 0.045 mm；月地表湿润指数的平均值为 0.11，整体上呈现增大的趋势，增大幅度为 0.0002。

表 7.2　1991-2001 年民勤县月降水量、月潜在蒸发量和月地表湿润指数的平均值与趋势

	变化幅度	平均值
月降水量（mm）	0.234	10.45
月潜在蒸发量（mm）	0.045	75.02
月地表湿润指数	0.0002	0.11

表 7.3 是民勤县 2002-2012 年月降水量、月潜在蒸发量和月地表湿润指数的平均值与趋势。由表 7.3 可知，2002-2012 年，民勤县月降水量的平均值为 11.27 mm，呈现增加的趋势，增加幅度为 0.0055 mm；月潜在蒸发量的平均值为 73.19 mm，呈现减小趋势，减小幅度为 0.0247 mm；月地表湿润指数的平均值为 0.12，整体上呈现增大的趋势，增大幅度为 0.0002。

表 7.3　2002-2012 年民勤县月降水量、月潜在蒸发量和月地表湿润指数的平均值与趋势

	变化幅度	平均值
月降水量（mm）	0.0055	11.27
月潜在蒸发量（mm）	–0.0247	73.19
月地表湿润指数	0.0002	0.12

由表 7.2 和表 7.3 可知，1991-2001 年月潜在蒸发量呈现增加趋势，增加幅度为 0.045 mm，月地表湿润指数的平均值为 0.11，而 2002-2012 年月潜在蒸发量呈现减小趋势，减小幅度为 0.0247 mm，月地表湿润指数的平均值为 0.12，说明日光温室经过十年建设，月潜在蒸发量呈现减小趋势，而月地表湿润指数整体上呈现增大的趋势，增大幅度为 0.0002。

7.3.2.2　日光温室与长期气候干湿特征分析

由图 7.1-图 7.3 可知，民勤县近 57 年的降水量呈现不规则的波动变化，其年降水量的平均值为 115 mm，气候倾向率约为 4.6 mm/10 年，呈现增加趋势，但未通过 95%的显著性检验。民勤县年潜在蒸发量的平均值为 878 mm，气候倾向率约为 4.5 mm/10 年，呈现增加趋势，通过 95%的显著性检验。民勤县年地表湿润指数的平均值为 0.13，气候倾向率为 0.005/10 年，呈现增加趋势，未通过 95%的显著性检验。

通过图 7.3 可以看出，民勤县年地表湿润指数的主要变化特征为：20 世纪 50 年代中期到 70 年代中期，年地表湿润指数呈现缓慢上升趋势，70 年代中期到 80 年代中期呈现缓慢下降趋势，之后又呈现缓慢上升趋势。这也与施雅风（1995）研究发现的自 1987 年以来西北地区的气候从暖干向暖湿转型相一致。

从民勤县建设发展角度来分析，由于20世纪70年代左右的大肆开发，从1977年到1993年，民勤县开垦了2万多公顷农田，并且大部分采用传统的漫灌种植方式，这种违背气候变化规律的乱垦行为和对民勤县地下水资源的严重超采，最终导致了民勤县生态恶化的严峻形势。

把民勤县的日光温室和图7.2民勤县年潜在蒸发量的变化曲线结合来看，民勤县从1999年出台政策开始推行日光温室，到2003年开始强制实施关井压田大力推广日光温室，再到2007年每年以200-600 hm^2 的速度强力推进日光温室，2012年民勤县累计日光温室面积达到2453 hm^2，我们可以明显地看到推行日光温室以来年潜在蒸发量的下降趋势，说明民勤县的日光温室政策是与当地的气候干湿特征相适应的。

2010年10月，石羊河民勤蔡旗断面过水量达到2.5亿 m^3，石羊河流域重点治理工程近期目标顺利实现；2010年11月，已经干涸了51年的民勤县青土湖重现碧波，这是民勤县调整产业结构和农业转型取得的一定成绩，也是民勤县生态治理成果的见证。

民勤县以日光温室为主要措施进行的农业产业结构调整，是依据当地气候的变化和规律，对农业生产布局进行的合理规划，有利于优化农业产业结构，提高农业生产效益，促进农业转型升级，服务当地社会经济发展和生态环境改善。

7.3.3 社会调查问卷的分析

7.3.3.1 社会调查问卷的初步结果

采用SPSS16.0对调查样本的年龄、受教育水平、家庭人口数量、劳动力数量、家庭耕地数量等进行数据分析，初步结果如下（表7.4，表7.5）。

表7.4 调查农户基本情况表1

	有效样本		频数	百分比（%）
性别	499	男	396	79.4
		女	103	20.6
文化程度	499	没上过学	10	2.0
		小学	82	16.4
		初中	292	58.5
		高中（中专）	105	21.0
		大专	10	2.0

1. 性别构成

此次调查的农户中，除去一个缺失值，有效的499份问卷中，男性为396人次，占总数的 79.4%，女性为 103 人次，占总数的 20.6%。

表 7.5　调查农户基本情况表 2

	有效样本	平均值	标准误
年龄（岁）	499	43.98	7.563
家庭人口（人）	499	4.33	1.303
劳动力数量（人）	499	2.02	0.533
几人外出务工	499	0.49	1.291
耕地数目（亩）	499	12.024 9	13.115 65
水井水位（m）	499	35.918 1	22.020 47
人均纯收入（元）	499	3 464.517 5	6 661.233
一年总支出（元）	499	19 978.578 2	13 935.07

2. 年龄构成

本次调查的 499 份有效问卷中，年龄最大的为 64 岁，年龄最小的为 18 岁，平均年龄为 43.98 岁，其中 40 岁以上的农民占 75.5%，是民勤县农业种植的主体人群。这反映出农村普遍存在青壮年劳动力和有知识、懂技术、会管理的新型农民不足的现象。农村劳动力的缺乏在一定程度上制约了向现代农业转型的进程，农村青壮年劳动力大多选择外出务工，在家从事农业生产的主要是中老年人群，劳动力明显不足。

3. 文化程度

调查数据显示，民勤县农户的受教育水平普遍偏低，高中（中专）以下的农户占被访总人数的 98%，农民文化水平亟待提高。

4. 家庭构成

调查数据显示，每户平均 4.33 人，每户劳动力平均 2.02 人，每户外出务工人员平均 0.49 人，可见民勤县农户对土地的依赖比较严重，土地对于当地农户的生活具有重要的意义。

5. 耕地数目及水井水位

本次调查中，农户所拥有的耕地数目平均值为 0.8 hm^2/户，水井水位平均深度约为 35.92 m。

6. 对当地生态环境的总体认识

调查数据表明（图 7.4），民勤县农户普遍认为本县的生态问题较为严重，现状不容乐观。在“民勤生态问题严重性如何”的问题上，选择“非常严峻”或“比较严峻”的农户占所有回答总数的94.0%，在对其所在村生态环境变化的回答中，接近一半（48.2%）的农户认为所在村的生态环境正愈加恶化。

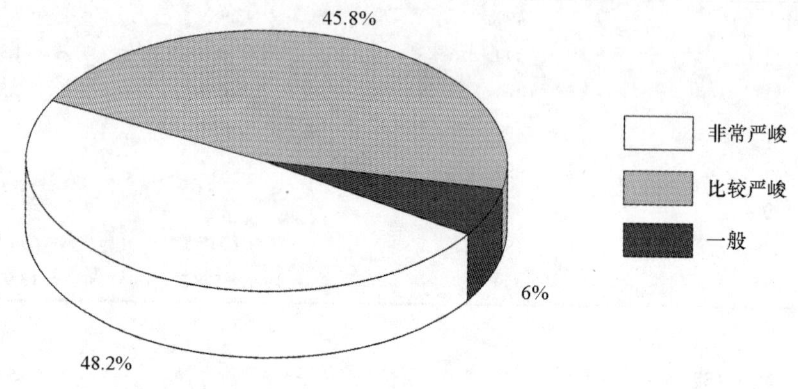

图7.4　民勤生态问题严重性如何（n=499）

7. 对政府政策的认知情况

对于政府制定的一系列政策，农户的反应态度也不尽相同。对于退耕还林政策，选择“赞成”和“非常赞成”的农户分别占到了回答总人数的28.8%和42.4%；对于禁牧政策，选择“不好说”的农户占了22.2%，选择“赞成”和“非常赞成”的农户占 59.4%；在对生态移民政策、压沙造林政策和发展暖棚养殖的态度上，农户的态度和对待禁牧政策的态度类似，一半以上的农户表示赞成。对于“关井压田”政策和“建造日光大棚”问题的回答，农户的选项分布较为平均。可见，农户对于这两项政策的接受程度和其他政策有一定的差异。在对于民勤县所制定的一系列政策是否能够解决民勤生态问题的回答中，53.0%的农户选择了“说不上”的选项，可见大多数农户对政策效果的信心不是很足。对于如何解决民勤的生态问题，被访农户的回答主要集中于“外部调水”和“治理沙漠”的选项上，分别占总数的45.4%和36.0%。

7.3.3.2　农户对日光温室的认识现状

1. 农户对日光温室的认识

日光温室是一种适合中国家庭联产承包经营体制下一家一户经营的生产形式（李天来，2003）。它的主要特点是劳动力密集，因此群众参与是提高建棚质量、种植水平、生产效益的根本保障，没有群众参与就谈不上高起点规划、高质量建棚、高效益发展。农户对于日光温室的认识程度直接影响到农户对于种植模式的选择（付少平，2004）。调查数据显示，在对于日光温室政策了解程度的问题中，较多的农户选择了“一般”，占全部回答人数的 43.6%，选择“比较了解”和“不太了解”选项的农户分布比较均匀，比例分别为 24.2%和 20.7%（图 7.5）。在此影响下，农户在选择日光温室政策的意愿和对日光温室政策是否会长久执行的态度上相对保守，77.4%的农户选择了“说不上”“不会长久执行”或“很快就会结束”（图 7.6）。可见，农户对于日光温室相关政策的认识有待提高，政府对于相关政策的宣传力度有待加强。

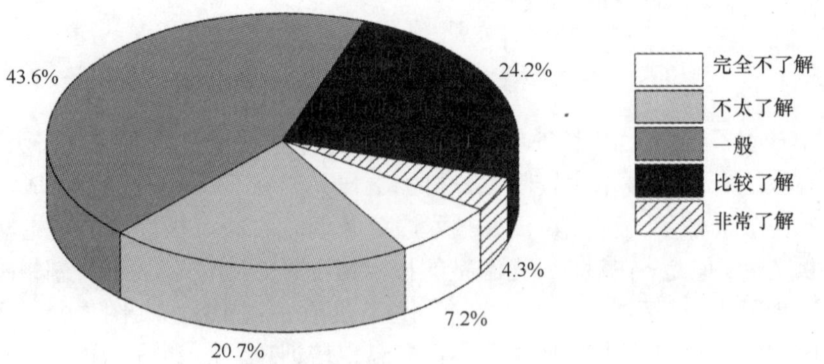

图 7.5　对民勤县日光温室政策了解程度（n=499）

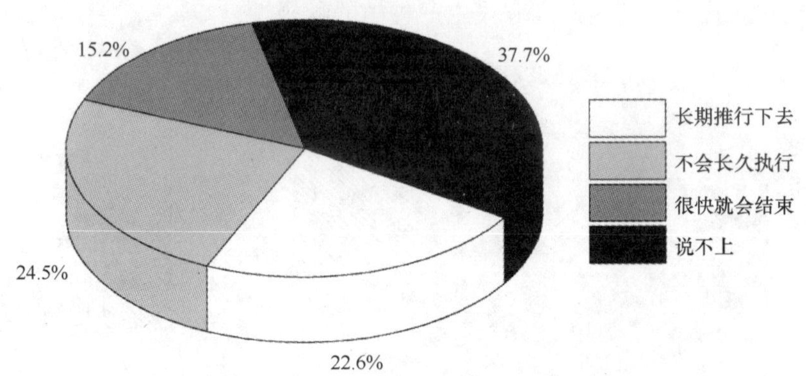

图 7.6　对日光温室政策的态度（n=499）

2. 种植日光温室现状

调查数据显示，在“是否有日光温室”的问题中，57.5%的农户选择了有日光温室。在拥有日光温室的农户中，种植番茄、黄瓜-番茄和韭菜的农户相对较多，分别占总数的 33.9%、24.0%和 11.1%（图 7.7）。

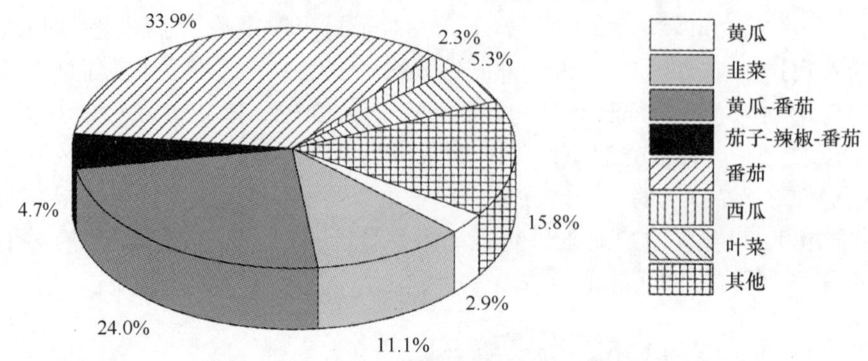

图 7.7　大棚主要种植作物（n=499）

日光温室不同于大田生产，技术要求相对较高，民勤县农民习惯于大田生产，对日光温室这一新型技术比较陌生，再加上日光温室一次性投入大、成本高，让大多数农民望而却步。因此，搞好技术服务是调动农民积极性、提高生产效益的重要因素之一。但是，在对“日光温室的技术指导是否到位”的回答统计中，61.0%的农户选择了“一般”，选择“非常不到位”的农户占 16.0%（图 7.8），因此，政府部门应积极邀请专家来民勤县举办日光温室培训班，对参与全县日光温室建设工作的所有人员进行培训，更新技术知识，提高技术服务水平，从而积极推进日光温室技术的普及，切实提高农民生产种植的积极性。

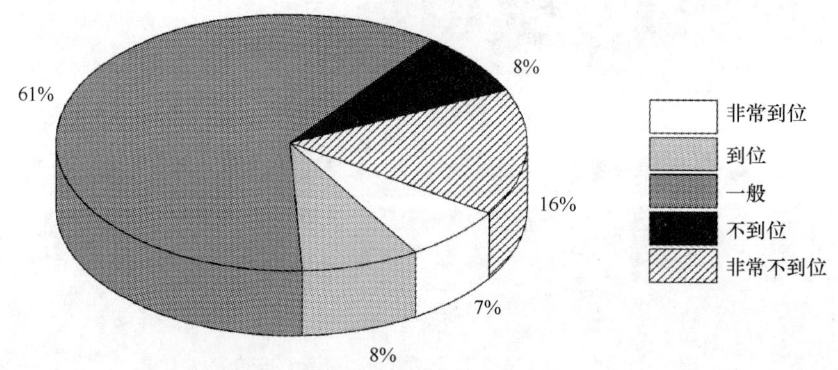

图 7.8　日光温室的技术指导是否到位（n=499）

3. 大棚作物销售情况

农户在进行种植作物选择的过程中，技术人员指导的影响力还不是很大，选择“技术人员和政府指导安排”的农户只占 36%，农户更多的是根据“往年作物收入”和“凭自己对市场的判断”来进行主观选择，而在“获得农产品市场价格等市场信息的主要渠道”的问题回答上，大部分农户集中在“小商贩”的选项上，占全部回答数的 75.5%，可见农户在选择农业作物及了解市场信息的渠道方面，具有一定的盲目性，缺乏科学的依据和指导。

4. 存在问题

在“对影响日光温室存在的主要问题”数据统计中，农户给出的选项依次为“销路不好”“技术人员指导不到位”和“农产品价格太低”。对于这些存在的问题，农户认为，急需政府帮助的是“解决销路问题”和“解决日光温室搭建费用”，分别占回答总数的 66.4%和 21.5%（图 7.9），这也是民勤县农户最关注、最希望政府帮助解决的问题。

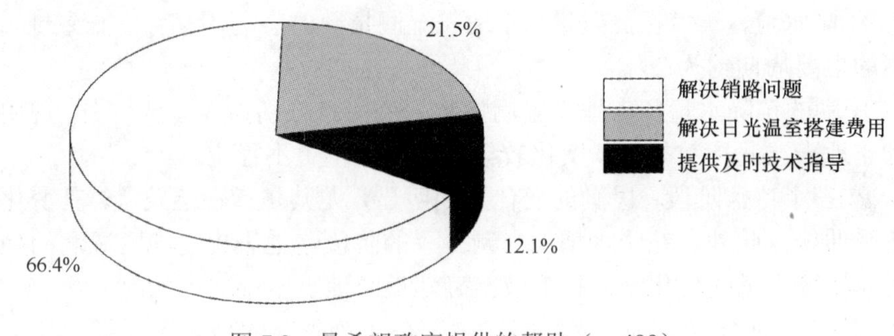

图 7.9 最希望政府提供的帮助（n=499）

7.4 讨　　论

7.4.1 地表干湿变化趋势与同一流域其他地区的一致性

民勤县西北干旱区的石羊河流域下游，年降水量为 40-200 mm，年平均降水量为 115 mm（常兆丰等，2005）；年潜在蒸发量为 840-947 mm，年平均潜在蒸发量为 878 mm；年地表湿润指数为 0.04-0.24，平均年地表湿润指数为 0.13（姚玉璧等，2011）。近 57 年来，民勤县年降水量、年潜在蒸发量及年地表湿润指数均呈现出增加趋势，气候倾向率约分别为 4.6 mm/10 年、4.5 mm/10 年、0.005 mm/10 年，并且上述三要素的主要变化周期呈现出一致性，约为 2 年。气候突变的结果表明，民勤县的年降水量和年地表湿润指数的突变点数量相同，为 3 个，年潜在蒸发量的突变点则为 1 个。民勤县年地表湿润指数的主要变化特征为：20 世纪 50 年代中期到 70 年代中期，年地表湿润指数呈现缓慢上升趋势，70 年代中期到 80 年代中期呈现缓慢下降趋势，之后呈现缓慢上升趋势。短期变化分析表明，在三个阶段，民勤各要素的变化周期明显，尤其是潜在蒸发量变化，基本呈现正弦曲线；降水变化和地表湿润指数变化的位相基本一致，极值出现的时间基本一致，并且两者的趋势总呈现同正或同负的状态，说明地表湿润指数的变化和降水量的变化密切相关。民勤总降水次数中降小雨的次数最多，所占比例为 94%左右，其次是中雨和大雨，所占比例分别为 5%和 1%左右，暴雨则没有发生；干湿年份降水次数均呈现出增大趋势，这是导致民勤降水增加、地表变湿润的主要原因。

经过前文和石羊河流域武威地区地表干湿情况的对比分析，得出以下结果。

1）1956-2012 年，民勤和武威两地的各要素在各季节和年变化的波动相关性均通过 99%显著性检验，民勤和武威各要素的波动位相基本一致；年降水量和年地表湿润指数的总体变化趋势一致，即均呈现增加趋势，年潜在蒸发量则呈现相反的变化。

2）年降水量、年潜在蒸发量、年地表湿润指数的震荡周期存在一致性，民勤各要素的主要周期约为 2 年。

3）民勤的年降水量和年地表湿润指数的突变点分别为 3 个和 1 个，说明年降水量和年地表湿润指数的气候变化较年潜在蒸发量更不稳定。

4）在三个特殊阶段，民勤的变化周期明显，尤其是潜在蒸发量，其变化基本呈现正弦曲线；此外，在降水增加（减少）的阶段，地表也呈现变湿润的趋势，说明可以用降水量的变化来间接地较准确地反映地表干湿变化状况。

5）各要素的季节年际变化表明，民勤在 4 个季节的地表湿润指数均呈现增长趋势，其中冬季呈现显著性增长，增长率为 0.012，其他季节均呈现不显著增长趋势。

综上所述，民勤县地表干湿的气候变化特征和石羊河流域武威地区的特征相似，地表干湿的月序列变化特征和石羊河流域武威地区也相似，民勤地表干湿的变化趋势和石羊河流域其他地区一致，即呈现总体变湿趋势，且其变湿润主要是由降水量的增加所造成的。

7.4.2 民勤县日光温室建设与当地气候特征的适应性

从长期气候干湿特征来看，民勤县年地表湿润指数的主要变化特征为：20 世纪 50 年代中期到 70 年代中期，年地表湿润指数呈现缓慢上升趋势，70 年代中期到 80 年代中期呈现缓慢下降趋势，之后呈现缓慢上升趋势。民勤县从 1999 年出台政策开始推行日光温室，到 2003 年开始强制实施“关井压田”大力推广日光温室，再到 2007 年每年以 200-600 hm^2 的速度强力推进日光温室，2012 年底累计日光温室面积达到 2453 hm^2，我们可以明显地看到，推行日光温室以来，年潜在蒸发量的下降趋势，是与当地气候干湿特征相适应的，符合气候干湿变化特征。

从日光温室的十年建设来看，2002-2012 年较 1991-2001 年月地表湿润指数整体上呈现增大的趋势，说明日光温室十年的建设对环境改善具有一定的作用。年潜在蒸发量的突变趋势（MK 检验）也显示从 1995 年开始民勤县年潜在蒸发量的上升趋势十分显著，2003 年达到峰值并开始回落。1995 年的显著上升是 1978 年以后国家大力建设和发展的延续，2003 年后年潜在蒸发量峰值的回落，也正与当时实行的“关井压田”、从高耗水的传统农业向高效节水的现代型农业转型、开始大力推广日光温室等高效节水农业技术措施相适应。

从实效来看，2011-2012 年度民勤县日光温室（按 60 m 标准棚计算）平均产值达 15 659 元，棚均纯收入 11 840 元；全县农民人均纯收入从 1991 年的 500 元增长到了 2012 年的 7035 元。2010 年 10 月和 11 月，石羊河民勤蔡旗断面过水量达到 2.5 亿 m^3，已经干涸了 51 年的民勤青土湖重现碧波，这是民勤县调整产业结构和农业转型取得的成绩，也是民勤县生态治理成果的见证。

7.4.3　调查问卷分析结果与讨论

根据日光温室种植行为与自变量的 logistic 回归模型分析可知，男性比女性更加愿意接受日光温室种植行为；农户是否接受日光温室的行为与农户的受教育水平、农户家庭劳动力人口数量、农户对政策与自身关系的认知水平呈正相关关系，即农户受教育水平越高、家庭劳动力人口数量越多、对政策与自身关系认知水平越高的农户越乐意接受日光温室种植行为。

农户是否接受日光温室种植的行为与农户对民勤目前生态问题严重性的认知、对未来家乡生态问题严重性的认知、对政府政策的认知，以及对距离农贸市场的远近和对订单农业的认同度呈负相关关系，即认为民勤生态环境严峻、民勤生态未来会得到很好的恢复、政府政策重视民勤问题、农贸市场距离农户村庄越近、愿意接受订单农业的农户更有可能采取日光温室种植行为。对市场远近的重视和订单农业的接受态度反映出农户对日光温室产品销路的关心程度。

而农户家庭人口数量、家庭耕地数量、农户对于政府政策有效性的认识、农户之间的相互影响、农产品销售方式等与农户是否采取日光温室种植行为的关系不大。

从政府角度来说，政府管理层缺乏系统管理及各地方政府管理层之间的不协调、政策的配套措施缺失或者不到位（如技术指导）、一些地方领导行为目标短期化、工作方式粗暴单一等，都极大地影响了政府的公信力（朱光磊，2011），进而引起了农户对政府政策的怀疑，导致政府公信力降低。农户对政府政策的持久性表示怀疑，对政府的长远计划和设计缺乏信心，自然不会积极接受政府推行的政策。政府公信力的丧失，使农户采取观望态度对待日光温室建设。

从农户角度来分析，要把农户看成一个理性的经济人。在市场经济条件下，追求经济利益最大化仍然是绝大多数农户的目标，担心日光温室不能获得理想的经济利益，这是农户不愿意选择日光温室的根本原因。只有在保证农户经济利益的前提下，才能够让他们稳下心来考虑生态环境方面的问题，因为只有把农户的利益作为出发点来考虑，才能够真正将切实有效的措施推广开来，这也是让农户主动接受的最好保证。

7.5 本章小结

7.5.1 主要结论

通过对民勤县1956-2012年57年的年降水量、年潜在蒸发量和年地表湿润指数等观测资料的分析，以及6个乡镇499个农户的实地走访调查，可以得出如下主要结论。

1. 民勤县地表整体有逐渐变湿润的趋势

57年来，民勤县年降水量的平均值为115 mm，气候倾向率约为4.6 mm/10年；年潜在蒸发量的平均值为878 mm，气候倾向率约为4.5 mm/10年，年地表湿润指数的平均值为0.13 mm，气候倾向率为0.005/10年。民勤县年降水量、年潜在蒸发量及年地表湿润指数的震荡周期存在一致性，均呈现上升趋势。

2. 民勤县地表湿润指数的变化和降水量的变化密切相关

通过短期变化分析可知，在三个阶段，民勤县各要素的变化周期明显，尤其是年潜在蒸发量，其变化基本呈现正弦曲线；降水量变化和地表湿润指数变化的位相基本一致，极值出现的时间基本一致，并且两者的趋势总呈现同正或同负的状态，说明二者密切相关。

3. 民勤县年地表湿润指数的主要变化特征

20世纪50年代中期到70年代中期，年地表湿润指数呈现缓慢上升趋势，70年代中期到80年代中期呈现缓慢下降趋势，之后呈现缓慢上升趋势。而这正好与民勤县新中国成立初的初步开发、20世纪七八十年代的大力发展及20世纪末的保护发展相吻合。

4. 民勤县日光温室建设是与当地气候特征相适应性的

从长期气候干湿特征来看，民勤县日光温室建设与自1987年以来西北地区的气候从暖干向暖湿转型的特征相适应，也与20世纪80年代中后期民勤县年地表湿润指数缓慢上升的趋势相符合。日光温室起到了节水增收的效果，也与年潜在蒸发量的下降趋势和当地的气候干湿特征相适应。

从日光温室建设实际情况来看，2002-2012 年较 1991-2001 年月地表湿润指数整体上呈现增大的趋势，说明日光温室十年的建设对环境改善具有一定的作用。2003 年开始年潜在蒸发量峰值的回落，也正与当时实行的“关井压田”、大力推广日光温室等技术措施相适应。并且，日光温室确实起到了节水增收之实效，取得了青土湖重现碧波和蔡旗断面过水量达 2.5 亿 m^3 的石羊河流域重点治理阶段性成果。

民勤县以日光温室为主要措施进行的农业产业结构调整，依据当地气候的变化和规律，对农业生产布局进行合理规划，应该继续坚持下去。

5. 农户不愿意接受日光温室的原因是多方面的

农户不愿意接受日光温室最根本的原因是收益问题。首先，虽然知道日光温室是关井压田后节水增收的主要途径和关键措施，但是收益永远是农户作为理性经济人的首选，农户担心日后不能获得理想的经济利益；其次是市场流通环节，农户主要是担心农产品销路问题，产品的无差异化和信息渠道的不畅，再加上市场服务体系的不健全，使得销路无法打开；再次，基层工作人员工作方式粗暴单一、政策的配套措施缺失等引起政府公信力丧失，农户对政策的持久性表示怀疑，对政府的长远计划和设计缺乏信心。

7.5.2 政策建议

1. 坚持推行日光温室

从研究结果来看，日光温室的推行对改善民勤县生态环境和地表湿润状况是起了一定作用的，也是符合自然变化趋势和规律的。作为民勤县产业转型的关键性措施和节水增收的重要举措，日光温室建设一定要坚持推行下去。

2. 充分考虑农户的经济利益

在“差序格局”文化的中国社会，农户追求的是个人利益最大化，只有在保证农户经济利益的前提下（何芳和温修春，2010），才能够让他们稳下心来考虑生态环境方面的问题，这对推广日光温室政策、提升农户主动接受程度将起到根本保证的作用。

3. 保持政策的连续性

政策的制定和执行要有长期性和规划性，防止朝令夕改，这样才能够给当地的农户吃下定心丸，使其放心大胆地从事节水农业。各个相关部门要制定出明确的政策措施，保证农户在各个环节上都能够有制度上的保障。

4. 努力提高农民素质，培育新型企业和农民

抓好日光温室示范园区建设，以此培训农民，带动新技术、新品种、新模式的辐射和普及。同时在典型示范过程中要充分尊重农民的生产实际心理，在指导结构调整，特别是在推广新技术、新产品过程中充分发挥示范户、村、园区的引路作用，由点到面有序展开（金宝辰，2006；赵强，1998）。

5. 发挥地方产业特色

发展日光温室应在重视经济效益、社会效益、生态效益的前提下，因地制宜地发展特色生产。要突出区域特色化，努力形成合理高效、适应市场需求的区域布局。树立品牌意识，着力提高产品品质（黄劲松，2002），政府、工商部门和相关产业协会要加强市场监管力度，共同打造统一品牌。

参 考 文 献

常兆丰, 韩福贵, 仲生年, 等. 2005. 石羊河下游沙漠化的自然因素和人为因素及其位移[J]. 干旱区地理, 28(2): 150-155.

邓振镛, 张强, 徐金芳, 等. 2008. 西北地区农林牧业生产及农业结构调整对全球气候变暖响应的研究进展[J]. 冰川冻土, 30(5): 835-842.

丁宏伟, 王贵玲, 黄晓辉. 2003. 红崖山水库径流量减少与民勤绿洲水资源危机分析[J]. 中国沙漠, 23(1): 84-89.

付少平. 2004. 农民采用农业技术制约于哪些因素[J]. 经济论坛, (1): 104-105.

高新才. 2008. 石羊河流域区域可持续发展: 本质属性、核心问题、关键和任务[J]. 社科纵横, 23(2): 5-6.

贡小虎. 1995. 民勤湖区水资源与农业发展浅析[J]. 中国沙漠, 15(1): 84-87.

何芳, 温修春. 2010. 我国农村土地银行与农户间存地利益博弈分析[J]. 农业技术经济, 10: 8-9.

黄劲松. 2002. 浅谈农产品品牌的创建[J]. 安徽农业大学学报(社会科学版), 11(6): 13-14.

金宝辰. 2006. 客观认识当前农村形势构建农民增收长效机制[J]. 中国农学通报, 22(1): 429-431.

李天来. 2003. 论我国日光温室生产发展的制约因素与战略性调整[J]. 农业工程学报, 19(z1): 75-78.

李万希, 陈雷, 王润元, 等. 2012. 石羊河流域 1970-2009 年气候变化对农业生产结构的影响[J]. 农学学报, 2(3): 25-30.

李有斌, 王刚. 2006. 民勤荒漠绿洲植被的生态服务功能价值化研究[J]. 兰州大学学报(自然科学版), 42(1): 44-49.

廖媛红. 2011. 低碳农业的发展模式研究[J]. 世界农业, 383(3): 87-90.

马金珠, 魏红. 2003. 民勤地下水资源开发引起的生态与环境问题[J]. 干旱区研究, 20(4): 261-265.

秦大河, Stocker T, 等. 2014. IPCC 第五次评估报告第一工作组报告的亮点结论[J]. 气候变化进展研究, 10(1): 1-6.

施雅风. 1995. 气候变化对西北华北水资源的影响[M]. 济南: 山东科学技术出版社.

孙小舟, 封志明, 杨艳昭. 2009. 西辽河流域 1952 年～2007 年参考作物蒸散量的变化趋势[J].资源科学, 31(3): 479-484.

王平. 2014. 简析气候变化对农业生产的影响[J]. 农业气象, 5: 274.

王向辉, 雷玲. 2011. 气候变化对农业可持续发展的影响及适应对策[J]. 云南师范大学学报(哲学社会科学版), 43(4): 18-24.

徐先英, 丁国栋, 高志海, 等. 2006. 近 50 年民勤绿洲生态环境演变及综合治理对策[J]. 中国水土保持科学, 4(1): 40-48.

杨建平, 丁永建, 陈仁升, 等. 2002. 近 50 年来中国干湿气候界线的 10 年际波动[J]. 地理学报, 57(6): 655-661.

杨秀英, 张鑫, 蔡焕杰. 2006. 石羊河流域下游民勤县生态需水量研究[J]. 干旱地区农业研究, 24(1): 169-173.

姚玉璧, 杨金虎, 岳平, 等. 2011. 近 50 年三江源地表湿润指数变化特征及其影响因素[J]. 生态环境学报[J]. 20(11): 1585-1593.

翟晓慧, 刘孝勇, 宋乃平. 2011. 气候变化对农业产生的影响及农业适应对策综述[J]. 甘肃农业, 300(7): 20-22.

赵翠莲, 杨自辉, 刘虎俊, 等. 2006. 民勤绿洲水资源利用与生态系统退化分析[J]. 中国沙漠, 26(1): 90-95.

赵强. 1998. 民勤绿洲地区土地资源结构及其合理利用[J]. 中国沙漠, 18(2): 160-163.

钟华平, 刘恒, 顾颖. 2002. 石羊河下游民勤水资源与生态环境治理对策[J]. 西北水资源与水工程, 13(1): 11-13.

朱光磊. 2011. 关于对加快和切实转变政府职能问题的几点认识[J]. 中国机构改革与管理, (3): 25-29.

第 8 章　基于 DEA 方法的石羊河流域水资源管理有效性评价

8.1　石羊河流域水资源管理有效性评价的理论基础

8.1.1　管理有效性评价的研究综述

流域水资源管理的有效性研究可以体现人的经营、管理及创新能力，明显提高管理效率。流域水资源管理的有效性评价则是对管理主体中的各管理要素进行有效整合所进行的客观评价。

现如今，西方发达国家对于管理有效性的评价主要采用两种分析方式，即定性分析法和定量分析法。定量分析法是监测数据，通过数学经济模型来分析管理的有效性。定性分析法则是采取管理人员填写调查问卷的方式进行的，根据他们在调查问卷上的打分结果来确定其有效性。

二次相对效益法多用来判断诸多公司的管理有效性，这种方法可以最大限度地减少一些客观现实条件对评价结果的影响（王嘉诚和冯英浚，2000）。在相关研究中，利用数据包络分析（data envelopment analysis，DEA）模型法综合分析了湖南省 12 个市政府的实际公共管理绩效，来评估具有类似职能的部门之间管理结果的有效性（彭国甫，2005）。在姜立军（2005）的研究中，确切评估了二十多项评价指标，利用在经济学中常用的主成分分析法，得出共有 6 个主要指标在影响管理方面具有有效性。通过分析时间序列在结果评估中所起的不同作用，给出了管理有效性的计算方式（王大伟，2010）。利用二次相对效益法及管理可能集，再结合 DEA 模型法，高伟正和冯英浚（2007）得出了合理评价管理有效性的方法。温薇和杨建华（2008）在平衡计分卡（BSC）的管理问题上，从经济状况、消费者和专业知识的角度，建立了模型，以期对管理有效性进行评价。彭友华（2009）对我国大部分自然保护区进行了调查问卷研究，以此为基础，评价了各种管理模式的有效性，通过对管理的效果、切实可行性、投入产出比等不同角度的研究，进而确定了管理有效性问题的意义所在。宋凯和尹永强（2009）在平衡记分卡理论的基础上及供应链管理环境下，从财务管理项目、客户服务内容、内部管理流程、发展基础条件的相互联系方面构建了物流有效性评价指标体系。栾晓峰（2010）对我国东北地区自然保护区的管理进行了迅速评价，深入评估了对其管理的有效性和亟需改进的地方。鲁柳利和谢祥俊（2009）利用一定的数据处理方法对油藏经营的管理有效性评价理论模型进行了分析，结果表明，DEA 模型能够高效地对油藏管理有效性进行评价。

从流域水资源管理所涉及的多个管理部门和诸多的评估目标来看，对有效性评价的理论和实证研究有待进一步深入。实际上，综合定性分析和定量分析模型，将其应用于流域水资源管理的有效性评价中，得出的结论较为可靠。

8.1.2　指标体系的构建与评估

1. 确定指导思想

流域水资源管理是一项复杂的系统工程，应该具有简洁、清晰的指导思想：一是通过深入细致的调查，以及与水资源管理有关的各个部门统计结果，进行全面完整的评估；二是从诸多方面对水资源管理工作进行评估，如从生态、经济、民生等各方面综合考虑。

2. 建立指标体系评估标准

（1）指标体系的全面性

所选择的指标应该具有最大程度的全面性，对于指标体系的建立而言，应该避免先入为主的观念，构建一个完整的社会经济总体模型。

（2）指标体系的科学性与指导性

科学性是基于全面和科学的方法来筛选、组合、量化指标科学的选择和应用程序的基础上，建立科学的指标体系。指导性是通过对指标体系的建立和使用，发现问题的根本，有效指导的政策评估和进一步实施推广等相对活动。

（3）指标体系的动态修正性

当评价对象随时间而变化时，评价指标体系能动态自我矫正，从而进一步优化指标体系。

（4）指标体系的可操作性

在综合评价过程中，我们经常会遇到一些问题，某些指标在理论上或许是科学合理的，但是没有可操作性，因此在强调科学性和合理性的同时，也要强调评价体系的可操作性，使二者相互支持。

8.1.3　因子分析理论

因子分析理论是将变量分成几个独立的或相关性非常低的综合变量指标，并包含原指标体系的大部分信息（综合指数 80%），是一种多元统计方法。优点是，综合变量指标会被当作数据而标准化，效果显著，通过相关性分析和各个运算，减少系统误差，达到相对的真实，体现了该方法的优越性。

降维过程中的因子分析法：假设有多个样本，可用 n 来表示，而每一个样本由 k 个指标 $x_1,x_2,\cdots,x_k$ 表示，原始数据可表示为矩阵 $X=(x_{ij})_{n\times k}$ 形式。

1. 原始数据标准化

为了避免指标尺度和大小差异，进行加工或无量纲化处理，SPSS13.0 软件中一般采用 Zscore 进行处理。

$$Z_{ij}=\frac{x_{ij}-\overline{x_j}}{S_j} \tag{8-1}$$

式中，Z_{ij} 为 Z 分数；i 为第 i 行；j 为第 j 列；x 为观测的样本个体指标量；

$$\overline{x_j}=\frac{1}{n}\sum_{i=1}^{n}x_{ij},S_j=\frac{1}{n-1}\sum_{i=1}^{n}(x_{ij}-\overline{x_j})^2,j=1,2,\cdots,k \tag{8-2}$$

2. 建立规范的相关系数矩阵 *R*

$$R=(r_{ij})_{k\times k},\ r_{ij}=\frac{S_{ij}}{\sqrt{S_{ii}}\sqrt{S_{jj}}} \tag{8-3}$$

式中，

$$S_{jj}=\frac{1}{n-1}\sum_{t=1}^{n}(x_{it}-\overline{x_i})(x_{tj}-\overline{x_j}) \tag{8-4}$$

3. 计算相关系数矩阵 *R* 的特征值

计算对应的特征向量和指标特征根并使常规变量 (λ) 按大小排列 $\lambda_1\geqslant\lambda_2\geqslant\cdots\geqslant\lambda_t>0$，对应标准化特征向量为 $a_i=(a_{1i},a_{2i},\cdots,a_{ti})^{\mathrm{T}},i=1,2,\cdots,t$。

4. 计算方差贡献率及主成分的累计方差贡献率

方差贡献率

$$a_t=\lambda_t\Big/\sum_{i=1}^{k}\lambda_i \tag{8-5}$$

累计方差贡献率

$$a(t)=\sum_{i=1}^{t}\lambda_t\Big/\sum_{i=1}^{k}\lambda_i \tag{8-6}$$

方差贡献率 a_t 表示第 t 个因子提取原始 k 个指标的信息量，累计方差贡献率

$a(t)$ 表示前 t 个因子累计保留原始指标的信息量。

5. 确定因子数目

我们研究的整体原则就是利用最少量的因子来得到较多的原始信息。也就是说，在上述公式中，在使得因子尽可能少的同时，使得累计方差贡献率尽可能大。取 $a(t) \geqslant 80\%$ 。

8.1.4　DEA 相关效率评价理论

数据包络分析（data envelopment analysis，DEA）是一个多学科交叉的研究领域，主要利用数学规划模型（digital mock-up，DMU）和决策单元的相对有效性，它的特点是不考虑输入和输出之间的函数关系，且不需要任何预见性的权重参数。在不影响输入和输出变量的维数，只影响输出与输入之间的和的假定下，计算投入产出比。

1. C^2R 模型的理论基础

假定一个生产系统中有 n 个相互独立的单元，称为决策单元 $\text{DMU}_i (i=1,2,\cdots,n)$，每个决策单元有 m 种资源（投入）生产 s 种产品（产出）（图 8.1）。

x_{ij}=第 j 个 DMU 对第 i 种类型投入的输入总量，$x_{ij}>0$；y_{rj}=第 j 个 DMU 对第 r 种类型产出的输出总量，$y_{rj}>0$；v_i=对第 i 种类型投入或输入的度量（权）；u_r=对第 r 种类型产出或输出的度量（权）；$i=1,2,\cdots,m$；$r=1,2,\cdots,s$；$j=1,2,\cdots,n$。

对应权系数 $v=(v_1,v_2,\cdots,v_m)^{\mathrm{T}}$, $u=(u_1,u_2,\cdots,u_s)^{\mathrm{T}}$ 。

对应效率评价系数为

$$h_i = \frac{\sum_{r=1}^{s} u_r y_{rj}}{\sum_{i=1}^{m} v_i x_{ij}}, j=1,2,\cdots,n \tag{8-7}$$

显然，所有决策单元的效率评价系数 $h_i \leqslant 1$ 。

令 $x_j=(x_{1j},x_{2j},\cdots,x_{mj})^{\mathrm{T}}$, $y_j=(y_{1j},y_{2j},\cdots,y_{sj})^{\mathrm{T}}$，通过 Charnes-Cooper 变换，$t=\dfrac{1}{v^t x_0}>0,\ \omega=tv,\ \mu=tu$，得 C^2R 线性规划及其对偶形式：

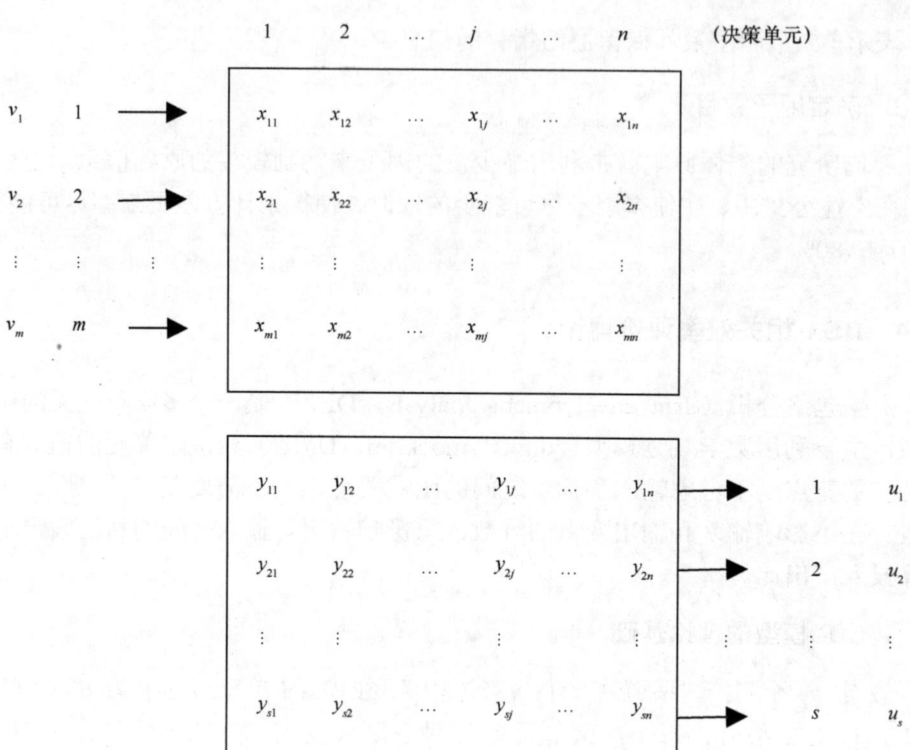

图 8.1 投入与产出系统图

$$(P_{\mathrm{C^2R}})\begin{cases}\max\ \mu^{\mathrm{T}} y_0 = h^0 \\ \omega^{\mathrm{T}} x_j - \mu^{\mathrm{T}} y_j \geqslant 0,\ j=1,2,\cdots,n \\ \omega^{\mathrm{T}} x_0 = 1 \\ \omega \geqslant 0,\ \mu \geqslant 0\end{cases}$$

$$(P_{\mathrm{C^2R}})\begin{cases}\min\theta \\ \sum_{j=1}^{n} x_j\lambda_j + s^- = \theta x_0 \\ \sum_{j=1}^{n} x_j\lambda_j - s^+ = y_0 \\ \lambda_j \geqslant 0,\ s^- \geqslant 0,\ s^+ \geqslant 0,\ j=1,2,\cdots,n\end{cases}$$

定义 1：若 $(P_{\mathrm{C^2R}})$ 的最优目标值 $h^0=1$，则称 DMU_{j_0} 为弱 DEA 有效。

定义 2：若 $(P_{\mathrm{C^2R}})$ 存在最优解 $\omega>0,\ \mu>0,\ h^0=1$，则称 DMU_{j_0} 为 DEA 有效。

2. 具备非阿基米德无穷小的 C^2R 模型

在评价决策单元是否有效时，如果采用 (P_{C^2R}) 模型，需要判断是否存在当 $\omega>0$、$\mu>0$、$h^0=1$ 时的最优解 ω^0、μ^0；若采用 (D_{C^2R}) 模型，需判断是否存在当 $s^-=0$、$s^+=1$、$\theta^0=1$ 时的最优解 λ^0。对于上述计算过程，由于极其复杂，较难得出有意义的结论，因此，我们改进了算法：

$$
(D_{C^2R}^{\varepsilon})\begin{cases}\min\left[\theta-\varepsilon(\hat{e}^{\mathrm{T}}s^-+e^{\mathrm{T}}s^+)\right]\\ \sum\limits_{j=1}^{n}x_j\lambda_j+s^-=\theta x_0\\ \sum\limits_{j=1}^{n}y_j\lambda_j-s^+=y_0\\ \lambda\geqslant 0,\ s^-\geqslant 0,\ s^+\geqslant 0,\ j=1,2,\cdots,n\end{cases}
$$

式中，$\hat{e}=(1,1,\cdots,1)^{\mathrm{T}}\in E^m$，$e=(1,1,\cdots,1)^{\mathrm{T}}\in E^s$。

定义 3：若 $(D_{C^2R}^{\varepsilon})$ 得最优解 θ^0，λ_j^0，$j=1,2,\cdots,n$，满足 $\theta^0=1$，则称 DMU_{j_0} 为弱 DEA 有效。

定义 4：若 $(D_{C^2R}^{\varepsilon})$ 得最优解 θ^0，λ_j^0，$j=1,2,\cdots,n$，满足 $\theta^0=1$，$s^-=0$，$s^+=0$，则称 DMU_{j_0} 为 DEA 有效。

3. DEA 有效性的经济作用

若将具备相同类型的决策单元视为某种经济活动，则 DEA 有效性具有一定的经济含义。

如果 $\theta<1$，表明可以使用比决策单元更少的投入来达到一定的产出，说明该决策单元既非技术有效，也非规模有效。

如果 $\theta=1$，表明当前的决策单元是技术有效，但不是规模有效。

如果 $\theta>1$，表明当前的决策单元既是技术有效，也是规模有效。

4. DEA 模型优点和缺点

优点：DEA 模型评价法，在 DMU 同一单元中设置的目标函数不受输入和输出计量单位限制时，可以处理多个输入和多个输出，不需要事先估计、测量功能和参数，将线性规划数学模型自身的输入、输出作为指标权重，建立 DEA 模型，可以最大限度地满足客观公平的原则；DEA 可以弹性处理数据，但在同一时间的数据处理速度和比率恒定：DEA 可衡量客观数据的相对效率，并且可以公平地衡量各种分析对象的使用情况。

缺点：DEA 模型评价法特别容易受极端情况的影响，如果对象就是极值，则该测量结果会产生一定的偏差，这个问题可以用灵敏度分析方法解决。使用不同的样品与输入、输出方法来测量项目，其结果是客观的；DEA 模型与 DMU 结构相同，但 DMU 分辨力更高，所测结果可靠度更高；由于 DEA 是一种参数数据的方法，不允许随机误差的存在，因此任何一个 DMU 数据都要求具有最大程度的精确性，否则会产生效率上的较大误差，使得效率本身失去意义。

石羊河流域的水资源管理有效性囊括了诸多方面和诸多指标，各个指标之间的差异很大，而 DEA 可以较好地解决大多外部因素的影响，使得结论更可信。

8.2 数 据 来 源

8.2.1 流域社会经济概况

石羊河流经古浪县、凉州区、民勤县、永昌县、金川区的全部和天祝藏族自治县（简称天祝县）的部分地区，张掖市南部自治县和山丹县，白银市景泰县。武威市、金昌市主要进行农业发展，是全国著名的有色金属产地。2003-2008 年石羊河流域经济状况如表 8.1 所示。

表 8.1 石羊河流域主要社会经济指标

年份	人口（万人）			国内生产总值（亿元）			
	非农业	农业	合计	第一产业	第二产业	第三产业	合计
2003	53.94	186.35	240.29	—	—	—	—
2004	57.98	169.01	226.99	40.89	105.76	46.9	193.55
2005	59.24	165.63	224.87	45.91	135	76.77	257.68
2006	57.17	166.73	223.9	48.86	179.46	85.91	314.23
2007	67.39	156.64	223.03	56.98	246.54	97.35	400.87
2008	89.4	136.64	226.04	58.69	232.87	110.81	402.37

石羊河流域内的各行政区不断向城市转变，城市化水平不断提高，这样的大幅增长无疑给整个社会和自然生态系统带来了巨大压力；石羊河流域行政区内创造了越来越多的国内生产总值（GDP），经济的增长速度达到顶峰，2008 年之后受到全球金融危机的影响，国内生产总值大幅下降，但是在该流域内，第二产业仍起到支柱作用。

8.2.2 流域水资源利用概况

我们对石羊河流域的水资源利用状况进行了分析。

就水源而言，石羊河流域的水源主要是地下水和地表水（表 8.2），但是 2006-2008 年，雨水的利用效率得到了很大提升。

表 8.2　2003-2008 年供水情况

年份	供水量（亿 m^3）			
	地表水	地下水	其他（雨水利用）等	合计
2003	14.1910	13.9913	0.0195	28.2018
2004	14.3528	11.7737	0.0003	26.1268
2005	15.3988	12.4579	0.0600	27.9167
2006	16.1193	11.6124	0.0560	27.7877
2007	14.2469	11.2599	0.1144	27.6212
2008	16.3993	10.3471	0.1136	26.8600

数据来源：2003-2008 年《石羊河流域水资源公报》

就水资源的使用途径而言，绝大部分的水资源用于农业灌溉（表 8.3）。但是从图 8.2 又可以得出农业生产并没有提供与水分利用成比例的经济价值，说明该流域的水资源配置仍有待改善。

表 8.3　2003-2008 年用水情况

年份	用水量（亿 m^3）					
	农业灌溉用水	林牧渔用水	工业用水	生活用水	生态环境用水	合计
2003	25.8508	—	1.5716	0.7793	—	28.2017
2004	24.1848	—	1.2752	0.6668	—	26.1268
2005	24.002	0.3315	1.5489	1.2037	0.8306	27.9167
2006	24.1146	0.3738	1.513	1.2314	0.5549	27.7877
2007	23.9526	0.3852	1.4249	1.2585	0.6	27.6212
2008	23.2138	0.3878	1.3781	1.2733	0.607	26.86

数据来源：2003-2008 年《石羊河流域水资源公报》

第一产业用水包括农业灌溉用水与林牧渔用水，从图 8.2 可以看出，单方水一、二产产值有巨大差距，改变传统的农业发展方式，单方面提高对水的利用，可以极大地提高单方水产值。此外，工业用水作为另一用水大户，它的合理配置也是整体水资源优化配置的方式之一。

耗水量是指通过多种形式对水资源的利用、消耗，导致不能再回归到地表或地下，再次被直接利用的水量。从表 8.4 可以看出，水资源的主要利用途径即农业灌溉和工业用水基本一直保持不变，这两项水分利用效率的提高无疑是整体水资源利用效率提高的关键；同时，居民公共生活用水在 2005 年得到提高之后，就基本保持不变，这一部分水分利用效率的提高无疑也是一个难点。总之，各种水资源利用效率的提高都面临着极大的困难。

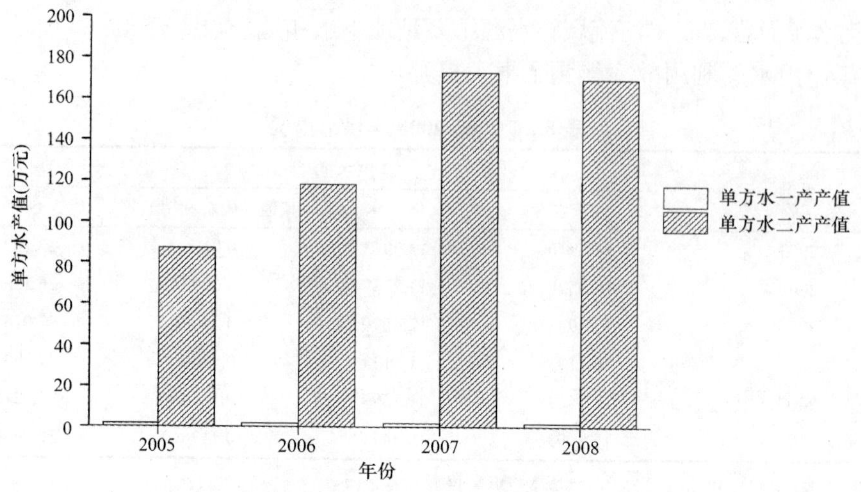

图 8.2 一、二产业单方水产值

数据来源：2003-2008 年《石羊河流域水资源公报》

表 8.4 2004-2008 年耗水情况

年份	农业灌溉（亿 m^3）	林牧渔（亿 m^3）	耗水率[a]（%）	牲畜（亿 m^3）	工业（亿 m^3）	城镇公共生活（亿 m^3）	耗水率[b]（%）	居民公共生活（亿 m^3）	耗水率[c]（%）	生态环境（亿 m^3）	合计（亿 m^3）	综合耗水率（%）
2004	16.5478	0.6182	67	0.1332	0.421	0.0849	61	0.3478	63	0.0089	18.1618	70
2005	17.1677	0.1623	67	0.0892	0.5115	0.0889	59	0.8582	67	0.3987	19.2765	69
2006	17.2461	0.1863	67	0.096	0.497	0.092	59	0.9133	67	0.2663	19.2970	69
2007	17.1303	0.1924	67	0.098	0.4682	0.0967	44	0.9316	67	0.2281	19.1453	70
2008	16.6277	0.1976	68	0.0972	0.4459	0.0982	59	0.9419	67	0.2914	18.6999	70

数据来源：2004-2008 年《石羊河流域水资源公报》

[a] 农业灌溉和林牧渔总耗水率

[b] 牲畜、工业和城镇公共生活总耗水率

[c] 居民公共生活耗水率

8.3 处理方法

对以上数据进行处理，步骤如下。

8.3.1 评估指标体系的构建

通过对 2003-2008 年的评估，石羊河流域水资源有着巨大的变化，我们对其进行了客观、有效的评价和分析。在输入和输出指标的选择上，本研究从社会、经济、生态等方面进行了合规性、综合性、科学性和可行性的选择，并建立了有效的评价指标体系。

1. 关于输入指标的一些准备工作

我们所做的水资源管理中，包括社会、经济和生态系统等方面。本研究涉及 24 个因素：水资源总量（X_{11}）、地下水供应量（X_{22}）、供水总量（X_{33}）、主要水库年末蓄水量（X_{44}）、农田灌溉用水量（X_{55}）、工业用水量（X_{66}）、城镇公共生活用水量（X_{77}）、居民生活用水量（X_{88}）、生态环境用水量（X_{99}）、农田灌溉耗水率（X_{100}）、工业耗水率（X_{110}）、城镇公共生活耗水率（X_{120}）、居民生活耗水率（X_{130}）、生态环境耗水率（X_{140}）、耕地面积（X_{150}）、农田有效灌溉面积（X_{160}）、农田实灌面积（X_{170}）、林草实灌面积（X_{180}）、总人口（X_{190}）、农业人口（X_{200}）、非农业人口（X_{210}）、城市化率（X_{220}）、污水排放量（X_{230}）、第二产业污水排放量（X_{240}）。

水资源总量、供水总量、主要水库年末蓄水量、耕地面积、城市化率、污水排放量是影响流域水资源质量的主要指标，这些指标对流域的影响非常重要，而其中污水排放量的影响在流域水资源管理有效性评价中显得尤为重要。

2. 关于输出指标的一些准备工作

我们所做的水资源管理中，包括社会、经济和生态系统等方面，本研究用 6 个输出指标来表示流域水资源的产出情况：单方水产出（Y_{11}）、单方水工业增加值（Y_{22}）、单方水粮食产量（Y_{33}）、人均国内生产总值（Y_{44}）、年均降水量（Y_{55}）、劣质水段比重（Y_{66}）。

从社会经济方面来看，流域水资源管理的有效性主要通过单方水产出、单方水工业增加值、单方水粮食产量、人均国内生产总值等几个指标来反映。劣质水段比重是流域水资源管理有效性评价的一项重要指标，反映流域水资源总体质量水平。年均降水量是生态系统的整体指标，因而本研究将年均降水量作为衡量流域水资源管理有效性的一项输出指标。

8.3.2　基于因子分析方法评价指标的选择

因子分析方法是通过降维处理，使一个复杂的问题简单化，以便于我们对该数据进行深入的分析与研究。

1. 输入指标的降维处理

可利用 SPSS13.0 对上述 24 个指标进行数据分析。

在统计年份没有变化的情况下，指标 X_{100}、X_{110}、X_{140} 在数据标准化处理之后将会失去意义，可以暂时不考虑。对缺省数据采用均值补缺，对剩下的标准化后的指标进行因子分析，得表 8.5、表 8.6。

表 8.5　21 种指标方差贡献情况

组件	总方差解释					
	初始特征值			累计平方载荷		
	总值	方差贡献率（%）	累计贡献率（%）	总值	方差贡献率（%）	累计贡献率（%）
1	9.24	43.995	43.995	9.24	43.995	43.995
2	4.514	21.496	65.491	4.514	21.496	65.491
3	3.414	16.243	81.734	3.414	16.243	81.734

注：组件 1、2、3 指贡献率最高的三组指标，即表 8.6 中的 3 个因子

表 8.6　21 种指标旋转后的载荷矩阵

	因子		
	1	2	3
Zscore（X_{11}）	0.695	0.754	0.174
Zscore（X_{22}）	0.893	0.426	0.058
Zscore（X_{33}）	0.399	0.357	0.806
Zscore（X_{44}）	0.476	0.173	0.154
Zscore（X_{55}）	0.984	0.117	0.036
Zscore（X_{66}）	0.391	0.488	0.672
Zscore（X_{77}）	0.128	0.97	0.049
Zscore（X_{88}）	0.662	0.006	0.736
Zscore（X_{99}）	0.015	0.801	–0.015
Zscore（X_{120}）	–0.098	0.354	–0.675
Zscore（X_{130}）	–0.246	0.061	0.914
Zscore（X_{150}）	–0.419	0.197	–0.557
Zscore（X_{160}）	0.877	–0.257	0.284
Zscore（X_{170}）	0.909	0.004	0.052
Zscore（X_{180}）	0.868	–0.292	0.166
Zscore（X_{190}）	0.895	–0.132	–0.027
Zscore（X_{200}）	0.872	0.403	–0.116
Zscore（X_{210}）	–0.656	–0.565	0.132
Zscore（X_{220}）	–0.723	–0.529	0.133
Zscore（X_{230}）	–0.057	0.965	0.11
Zscore（X_{240}）	0.09	0.956	0.001

注：提取方法为主成分分析法，旋转方法为 Kaiser 标准化最大方差法

上述三个因素可以解释 21 个指标 81.734%的信息，但从表 8.6 可以看出，由于每个主要组件负载许多指标，因此很难创建一个单独的主要组件的分类，以消除一些较小的负载指标的主要成分，为每个主要组件提供一个具有更大负载能力的指标。

Zscore 是对 x_i 进行标准化处理后的值，从表 8.6 中去除因子载荷低于 0.7 的部分指标，即 X_{44}、X_{66}、X_{120}、X_{150}、X_{210}，再次进行因子解析，得到表 8.7、表 8.8。

表 8.7 16 种指标方差贡献情况

组件	总方差解释					
	初始特征值			累计平方载荷		
	总值	方差贡献率（%）	累计贡献率（%）	总值	方差贡献率（%）	累计贡献率（%）
1	7.891	49.325	49.317	9.24	49.325	49.328
2	4.191	26.24	75.536	4.514	26.20	75.525
3	2.451	15.322	90.857	3.414	15.323	90.853

注：组件 1、2、3 指贡献率最高的三组指标，即表 8.8 中的 3 个因子

表 8.8 16 种指标旋转后的载荷矩阵

	因子		
	1	2	3
Zscore（X_{11}）	0.569	0.558	–0.155
Zscore（X_{22}）	0.867	0.488	–0.087
Zscore（X_{33}）	0.534	0.373	0.721
Zscore（X_{55}）	0.965	0.188	–0.154
Zscore（X_{77}）	–0.053	–0.959	0.037
Zscore（X_{88}）	–0.495	–0.054	0.854
Zscore（X_{99}）	–0.034	0.819	0.037
Zscore（X_{130}）	–0.026	0.018	0.994
Zscore（X_{160}）	0.954	–0.187	0.134
Zscore（X_{170}）	0.953	0.057	–0.033
Zscore（X_{180}）	0.951	–0.242	0.064
Zscore（X_{190}）	0.942	–0.086	–0.096
Zscore（X_{200}）	0.776	0.471	–0.323
Zscore（X_{220}）	–0.592	–0.593	0.354
Zscore（X_{230}）	–0.084	0.954	0.183
Zscore（X_{240}）	0.039	0.958	0.050

注：提取方法为主成分分析法，旋转方法为 Kaiser 标准化最大方差法

虽然从整体上来看，三个因子的累计方差贡献率由 81.734%增长到了 90.853%，三个因子对变量的解释能力得到了很大的提升，但其促进作用未影响

X_{44}、X_{66}、X_{120}、X_{150}、X_{210}等 5 个指标，在此方面，需要指出在选择变量、降维过程中将不可避免地有原始指标体系信息丢失的现象。

剔除表 8.8 中载荷低于 0.7 的 X_{11} 和 X_{220}，对剩下的变量指标进行因子解析，得到表 8.9。

表 8.9　14 种指标方差贡献情况

组件	总方差解释					
	初始特征值			累计平方载荷		
	总值	方差贡献率（%）	累计贡献率（%）	总值	方差贡献率（%）	累计贡献率（%）
1	6.777	48.405	48.405	6.777	48.405	48.405
2	4.041	28.861	77.266	4.041	28.861	77.266
3	2.367	16.908	94.174	2.367	16.908	94.174

注：组件 1、2、3 指贡献率最高的三组指标，即表 8.10 中的 3 个因子

由表 8.9 可以看出，三个因子的累计方差贡献率再次增加，方差贡献率略微增加。

由表 8.10 可知，每个指标变量都有自己的极限，第一个因素主要解释了 6 个指标 X_{22}、X_{55}、X_{160}、X_{170}、X_{180}、X_{190}；第二个因素的 4 项指标解释 X_{77}、X_{99}、X_{230}、X_{240}；第三个因素主要是解释 X_{88}、X_{130} 两个指标变量；X_{33} 和 X_{200} 包含的各因素信息差异不大，因此可以作为一个综合性指标，在此当异常值看待，不纳入具体的某一因子。

表 8.10　14 种指标旋转后的载荷矩阵

	因子		
	1	2	3
Zscore（X_{22}）	0.878	0.466	–0.059
Zscore（X_{33}）	0.508	0.327	0.764
Zscore（X_{55}）	0.963	0.149	–0.111
Zscore（X_{77}）	–0.066	–0.938	0.009
Zscore（X_{88}）	–0.524	–0.058	0.85
Zscore（X_{99}）	0.008	0.876	–0.014
Zscore（X_{130}）	–0.054	0.013	0.997
Zscore（X_{160}）	0.953	–0.197	0.144
Zscore（X_{170}）	0.972	0.072	–0.039
Zscore（X_{180}）	0.955	–0.239	0.068
Zscore（X_{190}）	0.962	–0.068	–0.104
Zscore（X_{200}）	0.774	0.412	–0.261
Zscore（X_{230}）	–0.057	0.978	0.166
Zscore（X_{240}）	0.072	0.986	0.031

注：提取方法为主成分分析法，旋转方法为 Kaiser 标准化最大方差法

2. 输出指标的降维处理

利用因子分析的方法对前述 6 个输出指标进行降维处理。

利用软件 SPSS13.0 进行计算，结果见表 8.11、表 8.12。

表 8.11　6 种指标方差贡献情况

组件	总方差解释					
	初始特征值			累计平方载荷		
	总值	方差贡献率（%）	累计贡献率（%）	总值	方差贡献率（%）	累计贡献率（%）
1	3.894	64.903	64.903	3.894	64.903	64.903
2	1.684	28.065	92.968	1.684	28.065	92.968

注：组件 1、2 指贡献率最高的两组指标，即表 8.12 中的两个因子

表 8.12　6 种指标旋转后的载荷矩阵

	因子	
	1	2
Zscore（Y_{11}）	0.981	–0.135
Zscore（Y_{22}）	0.949	0.293
Zscore（Y_{33}）	0.955	0.057
Zscore（Y_{44}）	0.983	–0.137
Zscore（Y_{55}）	0.305	0.875
Zscore（Y_{66}）	0.233	–0.894

注：提取方法为主成分分析法，旋转方法为 Kaiser 标准化最大方差法

两个因子累计方差贡献率为 92.968%，减少损失的原始变量的信息，使用因子分析降维效果更加理想。

在图 8.3 中，横坐标是因子数目，纵坐标是特征根，可以看到：第一、二两个因子的特征根很高，对解释原有变量的贡献很大；而第二个以后的因子特征根都很小，对解释原有变量的贡献很小，已经成为可被忽略的“高山脚下的碎石”，因此提取两个因子是合适的。

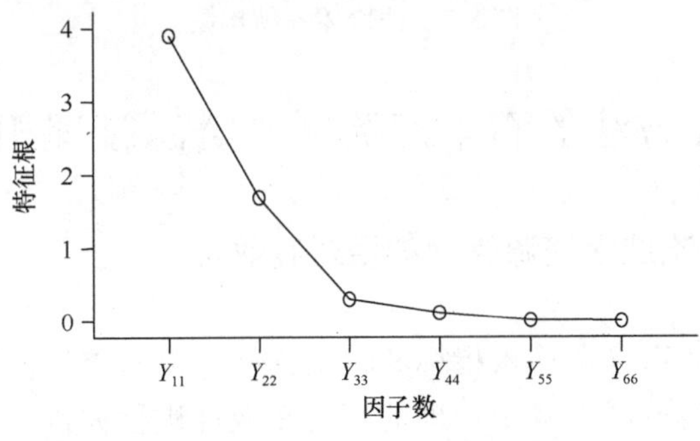

图 8.3　因子碎石图

从表 8.12 可以看到，第一个因子主要解释了 Y_{11}、Y_{22}、Y_{33}、Y_{44} 变量，第二个因子主要是解释了 Y_{55}、Y_{66} 两个变量。

3. DEA 输入、输出指标的确定

在输入指标和输出指标的降维处理中，首先，讨论输入指标。第一个因子解释地下水供应量、农田灌溉用水量、农田有效灌溉面积、农田实灌面积、林草实灌面积、总人口等情况，可用“单位农田灌溉用地下水量”（I_1）来表示，作为第一个输入指标；第二个因子解释城镇公共生活用水量、污水排放量、第二产业污水排放量，用“第二产业污水排放占总污水排放比重”（I_2）来表示，作为第二个输入指标；第三个因子主要解释居民生活用水量、居民生活耗水率，可直接用“居民生活耗水量”（I_3）来表示，作为第三个输入指标。

其次，讨论输出指标。第一个因子对解释单方水产出、单方水工业增加值、单方水粮食产量、人均国内生产总值等变量具有很强的可信度，可用“单方水人均国内生产总值”（O_1）表示；第二个因子在年均降水量、劣质水段比重等变量的信息提取上比较充分，本研究将采用“劣质水段比重”（O_2）来表示（图 8.4）。

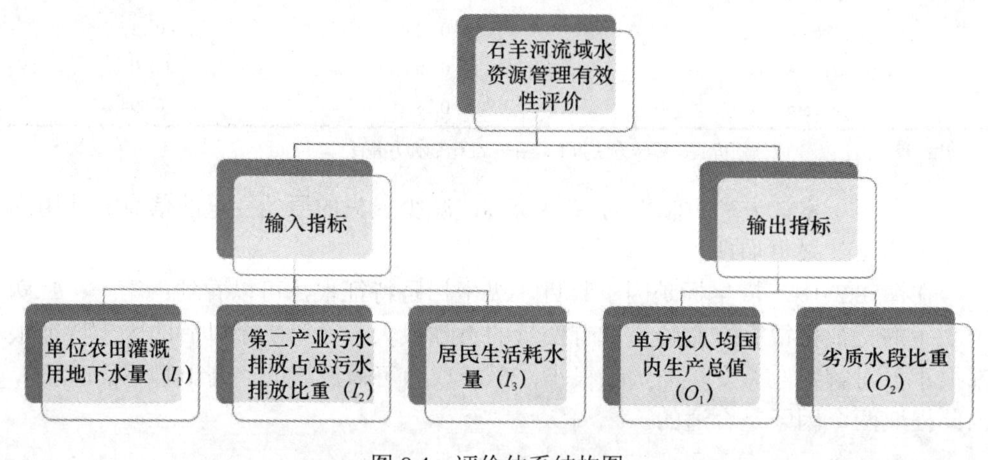

图 8.4　评价体系结构图

8.4　基于 DEA 方法的石羊河流域水资源管理相对有效性评价

8.4.1　评价石羊河流域水资源管理的相对有效性

根据上述评价体系确定输入指标和输出指标，以石羊河流域 2003-2006 年为决策单元，对石羊河流域水资源管理的相对有效性进行评价。

1. 对数据进行重整

$$\text{单位农田灌溉用地下水量}\ (I_1) = \frac{\text{农田灌溉用地下水量}}{\text{农田灌溉面积}}$$

$$\text{第二产业污水排放占总污水排放比重}\ (I_2) = \frac{\text{第二产业污水排放量}}{\text{总污水排放量}}$$

$$\text{单方水人均国内生产总值}\ (O_1) = \frac{\text{人均国内生产总值}}{\text{用水总量}}$$

2003 年居民生活耗水量通过 2003 年居民用水量与 2004 年居民耗水率乘积得到。2003 年、2004 年农田灌溉用地下水量通过地下水位变化进行计算。

2. 相对有效性计算

在这项研究中，C^2R 在相对有效性方面有巨大的优势，利用 DEA-SOLVER-LV 进行计算，结果详见表 8.13。

表 8.13　各年水资源管理相对有效性评价结果

DMU	θ	单位农田灌溉用地下水量（I_1）	第二产业污水排放占总污水排放比重（I_2）	居民生活耗水量（I_3）	单方水人均国内生产总值（O_1）	劣质水段比重（O_2）	相对有效性
2003 年	0.752 325 7	0	0.072 0	0.119 593 7	0	0	DEA 非有效
2004 年	1	0	0	0	0	0	DEA 有效
2005 年	0.691 072 6	0	0.054 361 3	0.030 2	0	0	DEA 非有效
2006 年	1	0	0	0	0	0	DEA 有效
2007 年	0.980 576 4	0.029 0	0	0	0	0.025 5	DEA 非有效
2008 年	1	0	0	0	0	0	DEA 有效

注：θ 为有效性参数

8.4.2　对石羊河流域水资源管理的客观评价

从表 8.13 的评价结果来看，2004 年、2006 年、2008 年水资源的管理比较有效，但 2003 年、2005 年、2007 年水资源管理的效率相对较低。

表 8.14 是非 DEA 有效评价，结果显示，2003 年、2005 年及 2007 年 DMU 有效性降低主要是由于过度使用地下水灌溉，第二产业污水排放占总污水排放比重高使整个水资源利用过程处于过度消费的状态。事实上，在保持单方水人均国内生产总值、劣质水段比重和单位农田灌溉用地下水量等的比例输出相同的前提下，各输入指标变量可通过减少不同比例的水资源消耗缓解水资源的过度消费来

得到满意。例如，2003 年，可以通过减少 24.77%的单位农田灌溉用地下水量、33.81%的第二产业污水排放占总污水排放比重、49.12%的居民生活耗水量，从而达到与 2003 年相匹配规模的年产；2005 年，第二产业污水排放占总污水排放比重下降到 50.89%左右时，在整体居民生活耗水量减少的前提下，可实现 2005 年相同规模的年产。

表 8.14 非 DEA 有效决策单元在相对有效面上投影及输入剩余和输出亏空

DMU	θ	相对有效投影值	输入剩余/输出亏空	百分比（%）
2003	0.752 325 7			
单位农田灌溉用地下水量（I_1）	0.303 6	0.228 406 1	–7.52E–02	–24.77
第二产业污水排放占总污水排放比重（I_2）	0.797	0.527 556 9	–0.269 443 1	–33.81
居民生活耗水量（I_3）	0.491	0.249 798 2	–0.241 201 8	–49.12
单方水人均国内生产总值（O_1）	0.194	0.194	0	0
劣质水段比重（O_2）	0.288	0.288	0	0
2005	0.691 072 6			
单位农田灌溉用地下水量（I_1）	0.349 4	0.241 460 8	–0.107 939 2	–30.89
第二产业污水排放占总污水排放比重（I_2）	0.815	0.508 862 8	–0.306 137 2	–37.56
居民生活耗水量（I_3）	0.858 2	0.562 869 1	–0.295 330 9	–34.41
单方水人均国内生产总值（O_1）	0.309	0.309	0	0
劣质水段比重（O_2）	0.286	0.286	0	0
2007	0.980 576 4			
单位农田灌溉用地下水量（I_1）	0.329 8	0.294 437 8	–3.54E–02	–10.72
第二产业污水排放占总污水排放比重（I_2）	0.75	0.735 432 3	–1.46E–02	–1.94
居民生活耗水量（I_3）	0.931 6	0.913 505	–1.81E–02	–1.94
单方水人均国内生产总值（O_1）	0.627	0.627	0	0
劣质水段比重（O_2）	0.286	0.288 545 4	0	0

8.5 石羊河流域水资源管理中存在的问题

8.5.1 地下水灌溉用量大

一些地区在漏斗区内显示出扩张的倾向，其表面供水需求并未得到有效改善，成为单位灌溉和地下水的使用继续居高不下甚至影响整体石羊河流域水资源有效管理的因素之一。

1）石羊河流域水资源分配的主要问题在于农业用水的结构优化进展缓慢，缺乏改善水资源和水权系统的配置方案，这也是灌溉供水成本高昂的主要原因。

2）农田节水改造项目的实施，由于缺乏公众意识，以及作物类型、种植技术、轮作等因素限制了土地管理和事后维护，因此很难全面促进节水改造项目的实施，导致农田灌溉用水需求难以下降。

3）引水工程建设的进展缓慢，运水过程中水分蒸发强烈，水分利用率低。

8.5.2　工业废水排放比重高

第二产业废水排放量占总污水排放的比例居高不下，工业废水无法得到有效处理，水重复利用率低，工业用水回收意识落后，导致石羊河流域水资源管理效率很低，限制了流域水资源管理有效性的提高。

1）石羊河流域地处祁连山内部，人类活动对地下水影响的增加逐渐加重了腾格里沙漠外缘对甘肃民勤地下水的冲击，且有增加的趋势。

2）石羊河流域内老龄化工业废水处理设备废水处理能力较低，且工业废水处理和水回收制度很难建立，导致工业废水排放量居高不下。

3）石羊河流域内工业废水排放监测系统建设并不完善，没有明确的经济发展目标，同时政府过度追求 GDP 的增长而忽略了对生态环境的保护，导致该流域水质进一步恶化。

8.5.3　居民用水持续增加

居民过度用水是水消费持续增长的主要因素，增强居民的节水意识具有重要意义；另外，住宅用水量逐年增加，同时生活持续用水效率较低，极大地影响了石羊河流域水资源管理，降低了流域水资源管理的效率。

1）生活水平提高的石羊河流域，水资源需求逐渐增加，生活用水的总量也呈现增加趋势。

2）生活节水设施和节水意识不足。首先，城市家庭储水设施不足；其次，居民在日常生活中缺乏节约用水的意识，不良的生活用水习惯导致住宅水的利用效率低下。

3）石羊河流域居民生活条件差，供水设施缺乏水资源配置普及率较低，供水方式落后，渗漏严重，生活用水在运输途中易损失，也引起石羊河流域生活用水的过度消费。

8.5.4　治理重复，反复恶化

从 DEA 分析发现一个非常奇怪的现象：石羊河流域水资源管理的相对有效性

逐年交替，这也表明，该流域水资源管理存在迟滞问题，严重影响了流域水资源管理的有效性及连续性，忽略了调整水资源管理的动态政策。

石羊河流域治理重复，反复恶化的原因包括：政府在石羊河流域水资源管理中处于重要地位，然而目前流域管理当局制定的政策面向目标的前期规划，但由于政策的迟滞性，政策制定总是滞后于前期规划，并且忽略了各种政策和动态调整的迟滞影响流域水资源管理，缺乏主动性，导致石羊河流域水资源管理的效率低下，治理重复，反复恶化。

8.6 石羊河流域水资源管理策略

石羊河流域水资源管理效率的提高是一项复杂的工程，不仅需要提高硬件设施，还需要加强流域居民的思想教育。因此政府现行政策的动态校正是必不可少的。

8.6.1 调整供给结构，减少地下水的供应

1）增加地表水的供应，发挥流域地表水在供水结构中的主导作用，使之成为流域供水的主要来源。调节水库区域水资源管理，提高雨水利用效率；在山区部分地表水水库的每一个计量井，安装计量控制设备，测量地下水总量，严格控制调度、严格配额管理，通过控制水使用指标，努力提高效率和有效性，达到节水目标。

2）压减耕地灌溉面积，以减少实际农田灌溉面积。压减地区包括 5 部分：第一是绿洲周边低水位地区，第二是人均耕地灌溉面积较大的国有农业、林业地区；第三是签订集体合同时保留的耕地；第四是生态移民耕作地区；第五是超过常规耕地用水的地区。以上地区通过减少灌溉面积、植树造林、自然恢复、防护林带建设、建造临时性农田农业和其他措施来防止土地沙漠化，同时减少用水量。

3）调整农业种植结构。利用滴灌管、温室和其他方法来促进节水灌溉，以降低单位灌溉用水量。调整石羊河流域灌溉规模，使其成为甘肃省粮食生产基地。

8.6.2 改善水环境，提高水分利用效率

1）加强对石羊河流域各种专用输水渠工程建设的可行性研究，并进行科学、合理安排。建立先进的设施和自动预测的水量灌溉系统，构建一个统一的全流域水资源配置和水资源管理信息系统，包括地下水监测系统、调度管理中心决策支持系统。

2）加大输水渠道衬砌工程建设力度，从而减少水分被吸收和蒸发，不断提高用水效率。灌溉盆地关键项目建于 20 世纪 60-70 年代，当时运河建筑并不完整，如今老化失修，导致了巨大的水损失。此外，粗放的田间灌溉技术，以及平整度差的耕地资源，导致严重的水资源浪费，水分利用效率和有效性低。因此必须全面实施节水灌溉措施节约水资源。分支运河衬砌工程视实际情况，除了严重变形、运行危险的运河将拆迁和重建外，其他部分主要进行衬里或部分翻新，并完善分支（斗）端口计量设施建设。

3）改善居民生活用水的供应方式，加快建立水资源使用制度和严格监控水资源利用的合理性，并完善基于地下水位的居民用水定价机制。

8.6.3　全面建设节水型社会

1）通过广播、宣传册、培训课程和其他形式的宣传，让居民了解、认识到石羊河流域水资源面临的危机，使人们自觉地加入到保护石羊河流域水资源的行动中去，让群众的节水思想意识融入生活，不断提高水分利用效率。充分调动用户参与节水型社会建设的积极性，加强水资源保护教育。

2）基层组织用水协会应坚持由一线基层对流域水资源进行管理的原则，并充分发挥基层组织用水协会的作用，提高水资源管理效率。

8.6.4　管理策略需与时俱进

1）相关政策应该根据实际情况不断调整，并根据调整计划来确保政策可持续性。甘肃省省级项目负责部门按照工程进展的各个阶段，协调政府部门及时审查施工进度，保证政策的落实。

2）进一步减小政策发挥作用的滞后性，密切关注政策实施情况。各施工方委托各自的项目勘察、设计单位进行可行性研究、初步设计报告和相关专题报告，严格落实项目法人责任制、招标系统、施工管理和合同管理系统，以确保这些工程的顺利进行，同时满足短期及长期效益最大化，防止出现各种新问题。

3）完善工程的总体质量管理体制，加大管理人员的培训力度。丰富和完善管理体系建设及工作职责评估制度，对项目经理进行长期分类培训，提高他们的专业技能，以提高流域水资源管理效率。

8.7　本 章 小 结

基于 DEA 方法对石羊河流域水资源管理有效性进行了量化评价。以 DEA 方法评价流域水资源管理有效性，构建流域管理效率的评价体系。研究表明，单位农田灌溉用地下水量、第二产业污水排放占总污水排放比重及居民生活耗水量偏高，是石羊河流域水资源管理相对有效性缺乏的主要原因。

本研究存在的问题及展望如下。

1）在本研究中，由于进行评价时研究范围广，调查的指标多，因此我们很难全面、综合地考虑到所有可能的影响因素；此外，由于各种非人力可调控的客观因素影响的存在，以及在确定指标时，受人力、物力、财力等因素的限制，我们很难切实对所有预定指标进行科学客观的调查研究。这就需要在以后的工作中，抓住主要矛盾，多层次、多角度地考虑问题，研究指标，尽可能确保科学性与实践性。

2）在我们的研究中，只对 2003-2008 年的相关数据进行了分析，而对于近几年的数据，由于来源有限，未能及时更新，做出进一步的分析，从而更有效地对石羊河流域水资源管理有效性进行科学合理的评价。这就需要我们在今后的研究中，能收集更多、更有时效性的数据来完善研究结果。

3）DEA 模型法只是一种理论上的评价相对有效性的研究方法，在实际应用过程中，其对研究对象进行有效性评价时的准确性有待继续研究，这无疑是 DEA 模型法自身的一大缺陷，数学统计分析方法的完善，将有利于我们对现有数据进行更合理、更能表征现实情况的有效性评价，从而得到具有更大现实意义的结论，更好地为流域水资源管理提供指导。

参 考 文 献

高伟正, 冯英浚. 2007. 矿产资源开采的管理有效性——探明储量、私有信息与过度开采[J]. 中国软科学, (11): 136-140.

姜立军. 2005. 自然保护区管理有效性评价指标分析[J]. 农村生态环境, (21): 72-74.

鲁柳利, 谢祥俊. 2009. 油藏经营管理综合评价的层次分析方法[J]. 西南石油大学学报, (31): 150-153.

栾晓峰. 2010. 国外发展与管理社科类社会组织的经验启示[J]. 滨州学院学报, 26 (1): 113-119.

彭国甫. 2005. 地方政府公共事业管理绩效模糊综合评价模型及实证分析[J]. 数量经济技术经济研究, (22): 129-136.

彭友华. 2009. 管理有效性新探[J]. 生产力研究, (18): 172-174.

权佳, 欧阳志云, 徐卫华. 2009. 自然保护区管理快速评价和优先性确定方法及应用[J]. 生态学杂志, (6): 1206-1212.

宋凯, 尹永强. 2009. 供应链管理的有效性评价体系[J]. 网络财富, (4): 41-42.

王大伟. 2010. 群体性事件影响因素的实证研究[J]. 南京人口管理干部学院学报, 26(3): 76-79.

王嘉诚, 冯英浚. 2000. 上市公司管理有效性的评价方法研究[J]. 数量经济技术经济研究, (17): 44-46.

温薇, 杨建华. 2008. 基于平衡记分卡的知识管理有效性评价模型的研究[J]. 物流技术, (5): 37-40.

张爱国, 贾小峰, 胡宝民. 2010. 地方政府科技计划绩效评价[J]. 科技管理研究, 30(3): 40-41.

第 9 章　基于 DEA 多子系统模型的石羊河流域水资源管理有效性评价

9.1　研究目的和意义

水资源不仅是生态环境中的控制性要素，还是社会经济发展不可或缺的基础性资源和战略性资源。对水资源的开发利用水平及其治理的成功与否标志着国家或区域的经济和科技发展程度（武吉华，2001）。近年来，随着社会经济的快速发展，包括水资源在内的自然资源遭到了人类的过度开发和掠夺，地下水严重超采、土地荒漠化急剧蔓延、水资源污染和短缺问题日益突出（徐振辞，2009）。牛津大学的威尔弗雷·贝克曼曾论述，占世界人口 75%、居住在发展中国家的居民，所面临的最严重的经济发展问题就是环境问题，尤其是如何在本地获得安全的水资源供其饮用和生产。目前，水资源有效利用及其可持续发展问题已成为世界各国专家学者研究和关注的重点（林洪孝，2003；周少华，2008；王媛等，2008）。

石羊河流域是河西走廊三大水系之一，由此形成的绿洲，是防止北部巴丹吉林和腾格里两大沙漠汇合的天然屏障，是拱卫河西走廊东部的重要生态区。所以，石羊河流域问题，不只是一个地区问题，而是关系国家生态安全的全局性问题。近年来，由于受自然、人为和历史等因素的影响，石羊河流域水资源被过度开发利用，上中游地区灌溉面积过大、下游过量开采地下水，生态用水被社会经济发展用水严重挤占，流域的生态环境遭到严重破坏，民勤湖区北部的部分群众丧失了基本生活条件而被迫离开家乡去往别地沦为生态难民，“罗布泊现象”局部呈现（武威市人民政府，2008）。因此，对石羊河流域实施水资源合理配置，实现生态系统的可持续发展，进行以民勤绿洲稳定为核心的综合治理具有十分重要的现实意义和深远的历史意义。

9.2　流域水资源管理有效性评价的 DEA 基本模型

数据包络分析（DEA）法以相对效率值为分析基础，以线性规划和凸分析为分析工具，综合运用数学模型测算出各决策单元的效率值，利用测算结果对分析对象做出评价。因为 DEA 法可以测算出决策单元最优化的投入产出规模，所以可以更准确地分析出所评价对象自身的特点，同时能够更好地对复杂系统的多投入多产出问题做出评价。

在提出 DEA 法中的 C^2R 模型以后，社会开始广泛关注这种通过建立生产前沿面来对决策单元（DMU）的相对效率进行评价的方法，DEA 法由此取得了较快发展，许多基本模型也相继出现，典型的主要有计算纯技术效率值的 BCC 模型、基于松弛变量的 SBM 模型、能够解决有效决策单元排序问题的超效率 SBM 模型，以及有锥比率限制的 C^2WH 模型等。本研究主要用到了 C^2R、BCC、SBM 和超效率 SBM 四个模型，下面将对它们进行详细介绍。

9.2.1 C^2R 模型

此处有 n 个部门，每个部门（DMU_j）有 m 种类型的输入和 s 种类型的输出。这里，用 x_{ij} 和 y_{rj} 分别表示第 j 个决策单元对第 i 种类型输入和第 r 种类型输出的总量（其中 $x_{ij}>0$，$y_{rj}>0$）；用 v_i 和 u_r 分别表示对第 i 种类型输入和第 r 种类型输出的一种度量（或权）。x_{ij} 和 y_{rj} 为已知数据，v_i 和 u_r 为变量，见表 9.1。

表 9.1 DMU 及其投入产出数据

投入与产出		DMU					
		1	2	…	j	…	n
投入 1	v_1	x_{11}	x_{12}	…	x_{1j}	…	x_{1n}
投入 2	v_2	x_{21}	x_{22}	…	x_{2j}	…	x_{2n}
⋮	⋮	⋮	⋮		⋮		⋮
投入 m	v_m	x_{m1}	x_{m2}	…	x_{mj}	…	x_{mn}
产出 1	u_1	y_{11}	y_{12}	…	y_{1j}	…	y_{1n}
产出 2	u_2	y_{21}	y_{22}	…	y_{2j}	…	y_{2n}
⋮	⋮	⋮	⋮		⋮		⋮
产出 s	u_s	y_{s1}	y_{s2}	…	y_{sj}	…	y_{sn}

对应的权系数为 $v=(v_1,v_2,\cdots,v_m)^{\mathrm{T}}$，$u=(u_1,u_2,\cdots,u_s)^{\mathrm{T}}$。

各决策单元都有相应的效率评价指数

$$h_j=\frac{\sum_{r=1}^{s}u_r y_{rj}}{\sum_{i=1}^{m}v_i x_{ij}},\quad j=1,2,\cdots,n \tag{9-1}$$

选取适当的权系数 v 和 u，使满足 $h_j\leqslant 1$，$j=1,2,\cdots,n$。

然后，将权系数当作变量，对所选择的部门进行效率评价（$1\leqslant j\leqslant n$）。

$$
(C^2R)\begin{cases} h_j \leqslant 1,\ j=1,2,\cdots,n \\ \max \dfrac{\sum\limits_{r=1}^{s} u_r y_{r0}}{\sum\limits_{i=1}^{m} v_i x_{i0}} \\ \text{s.t.} \dfrac{\sum\limits_{r=1}^{s} u_r y_{rj}}{\sum\limits_{i=1}^{m} v_i x_{ij}} \leqslant 1,\ j=1,2,\cdots,n \\ v=(v_1,v_2,\cdots,v_m)^{\mathrm{T}} \geqslant 0 \\ u=(u_1,u_2,\cdots,u_s)^{\mathrm{T}} \geqslant 0 \end{cases} \tag{9-2}
$$

不难看出，利用 C^2R 模型对 DMU_j 有效性的评价基于各决策单元的影响。利用矩阵形式表达如下：

$$
(\overline{P})\begin{cases} \max \dfrac{u^{\mathrm{T}} y_0}{v^{\mathrm{T}} x_0} = V_{\overline{P}} \\ \text{s.t.} \dfrac{u^{\mathrm{T}} y_j}{v^{\mathrm{T}} x_j} \leqslant 1,\ j=1,2,\cdots,n \\ v \geqslant 0 \\ u \geqslant 0 \end{cases} \tag{9-3}
$$

式中，x_j 用 $(x_{1j},x_{2j},\cdots,x_{nj})(j=1,2,\cdots,n)$ 表示，y_j 用 $(y_{1j},y_{2j},\cdots,y_{sj})\ (j=1,2,\cdots,n)$ 表示。

因为该问题是一个分式规划问题，所以可以运用 Charnes-Cooper 变换，将分式规划问题转化为等价的线性规划问题来求解。令

$$
t=\frac{1}{v^{\mathrm{T}} x_0},\quad \omega = tv,\quad \mu = tu
$$

则有

$$
\mu^{\mathrm{T}} y_0 = \frac{u^{\mathrm{T}} y_0}{v^{\mathrm{T}} x_0},\quad \frac{\mu^{\mathrm{T}} y_j}{\omega^{\mathrm{T}} x_j} = \frac{u^{\mathrm{T}} y_j}{v^{\mathrm{T}} x_j} \leqslant 1,\ j=1,2,\cdots,n
$$

$$
\omega^{\mathrm{T}} x_0 = 1,\quad \omega \geqslant 0,\quad \mu \geqslant 0。
$$

因此分式规划变为

$$(P)\begin{cases}\max \mu^{\mathrm{T}} y_0 = V_P \\ \text{s.t.}\,\omega^{\mathrm{T}} x_j - \mu^{\mathrm{T}} y_j \geqslant 0 \\ \omega^{\mathrm{T}} x_0 = 1 \\ \omega \geqslant 0, \mu \geqslant 0\end{cases} \quad j=1,2,\cdots,n \tag{9-4}$$

线性规划(P)的对偶线性规划为

$$(D)\begin{cases}\min \theta = V_D \\ \text{s.t.}\sum_{j=1}^{n} x_j\lambda_j + s^- = \theta x_0 \\ \sum_{j=1}^{n} y_j\lambda_j - s^+ = y_0 \\ \lambda_j \geqslant 0 \\ s^+ \geqslant 0, s^- \geqslant 0\end{cases} \quad j=1,2,\cdots,n \tag{9-5}$$

对于对偶线性规划(D)而言，如果其最优值V_D=1，那么决策单元j_0为弱 DEA 有效；如果其最优值V_D=1，并且每个最优解

$$\lambda^0 = \left(\lambda_1^0, \lambda_2^0, \cdots, \lambda_n^0\right)^{\mathrm{T}}, s^{0-}, s^{0+}, \theta^0,$$

都有s^{0-}=0，s^{0+}=0，则决策单元j_0为 DEA 有效。

对于对偶线性规划(*D*)的解进行有效性评定时比较困难，因为需要对每个最优解中的s^{0-}=0，s^{0+}=0进行判断。在实际计算中为了方便求解，可以通过引入非阿基米德无穷小量ε（其中$\varepsilon < 0$是比任何大于零的量都要小的量），得到具有非阿基米德无穷小参数的模型，如下：

$$(D_\varepsilon)\begin{cases}\max\left[\theta - \varepsilon\left(\hat{E}^{\mathrm{T}} s^- + E^{\mathrm{T}} s^+\right)\right] \\ \text{s.t.}\sum_{j=1}^{n} x_j\lambda_j + s^- = \theta x_{j0} \\ \sum_{j=1}^{n} y_j\lambda_j - s^+ = y_{j0} \\ \lambda_j \geqslant 0, \theta \leqslant 1 \\ s^+ \geqslant 0, s^- \geqslant 0\end{cases} \quad j=1,2,\cdots,n \tag{9-6}$$

式中，$\hat{E}^{\mathrm{T}} = (1,1,\cdots,1)^{\mathrm{T}}_{1\times m}$，$E^{\mathrm{T}} = (1,1,\cdots,1)^{\mathrm{T}}_{1\times s}$，$\varepsilon$为阿基米德无穷小量。

对于引入非阿基米德无穷小量的对偶线性规划(D_ε)，令其最优解为

$$\lambda^0=\left(\lambda_1^0,\lambda_2^0,\cdots,\lambda_n^0\right)^{\mathrm{T}},s^{0-},s^{0+},\theta^0,$$

如果θ^0=1，那么决策单元j_0为弱 DEA 有效；如果θ^0=1，并且每个最优解都有s^{0-}=0，s^{0+}=0，那么决策单元j_0为 DEA 有效。

X_j、Y_j分别为决策单元 DMU_j 的输入集合和输出集合，λ_j表示在利用已知的投入产出要素测算一个有效决策单元时，DMU_j 构成的组合比例。θ 标志着有效的决策单元距离生产性前沿面的径向优化量（即距离），本章是指石羊河流域水资源管理合理的程度，θ 值越接近 1，表示管理的效率越高。s^- 与 s^+ 是松弛变量，如果 s^- 与 s^+ 不等于零，那么就可以使无效 DMU_j 沿垂直或水平方向延伸以达到有效性前沿面（魏权龄，1988）。

9.2.2　BCC 模型

基于生产可能集 T 满足锥性、无效性、凸性和最小性等前提性假设，就可以构建 BCC 模型。假如 T 的锥性条件不满足，那么就可以得到 BCC 模型：

$$\min\left[\theta-\varepsilon\left(s^-+s^+\right)\right]$$

$$\text{s.t.}\begin{cases}\sum\limits_{j=1}^{n}\lambda_j x_j+s^-=\theta x_0\\ \sum\limits_{j=1}^{n}\lambda_j x_j-s^+=y_0\\ \sum\limits_{j=1}^{n}\lambda_j=1\end{cases}\qquad(9\text{-}7)$$

$$\lambda_j\geqslant 0,j=1,\cdots,n$$

$$s^+\geqslant 0,s^-\geqslant 0$$

运用 BCC 模型所计算出的效率值为纯技术效率值，那么相应决策单元的规模效率值就可以根据 BCC 模型的结果进一步求得（规模效率=$\dfrac{\text{技术效率}_{\mathrm{C^2R}}}{\text{纯技术效率}_{\mathrm{BCC}}}$），因而决策单元的效率值可以分解为技术效率值和纯技术效率值，进而可以找出无效决策单元效率较低的原因。如果测算出的θ=1，且松弛变量$s^+=0$，$s^-=0$，就可以称决策单元j为 DEA 有效，否则称决策单元j为 DEA 无效。

9.2.3 SBM 模型

假设有 n 个决策单元（即部门 DMU），每个部门都使用 m 种类型的输入 i（$i=1,2,\cdots,m$）用于生产 s 种类型的输出 r（$r=1,2,\cdots,s$），将要进行评估的DMU记为 DMU_j（$j=1,2,\cdots,n$），用 x_{ij} 表示第 j 个决策单元的第 i 种输入，用 y_{rj} 表示第 j 个决策单元的第 r 种输出。那么在允许规模收益变动（VRS）的条件下以投入为导向的 SBM 规划模型为

$$\theta_0=\min\left[1-\frac{1}{m}\sum_{i=1}^{m}s_i^-/x_{i0}\right]$$

$$\text{s.t.}\begin{cases}x_{i0}=\sum_{j=1}^{n}x_{ij}\lambda_j+S_i^-,i=1,2,\cdots,m\\ y_{r0}\leqslant\sum_{j=1}^{n}y_{rj},r=1,2,\cdots,s\\ \sum_{j=1}^{n}\lambda_j=1\\ \lambda\geqslant 0,S^-\geqslant 0\end{cases}\tag{9-8}$$

式中，λ 为权系数，s^- 为投入的松弛变量，θ_0 为所求效率值，则当 $\theta_0=1$ 时，SBM 模型效率值为 1 是有效的；当 $\theta_0<1$ 时，SBM 模型评价结果为无效。

9.2.4 超效率 SBM 模型

超效率 SBM 模型是在对 SBM 模型进行改进的基础上形成的，该模型相对较好地解决了相对有效决策单元的排序问题。

超效率 SBM 模型假设有 n 个决策单元（即部门 DMU），每个部门都使用 m 种类型的输入 i（$i=1,2,\cdots,m$）用来生产 s 种类型的输出 r（$r=1,2,\cdots,s$），将要进行评估的DMU 记为 DMU_j（$j=1,2,\cdots,n$），设 x_{ij} 为第 j 个决策单元的第 i 种投入，y_{rj} 为第 j 个决策单元的第 r 种产出。其形式见式（9-9）。

超效率 SBM 模型在对有效决策单元进行测算时，将效率值小于或等于 1 的约束条件排除在外，从而其计算出的效率值 θ 大于等于 1，将其结果称为超效率来对 SBM 模型计算的效率值进行区分。

$$\min\left[\theta-\varepsilon\left(\hat{e}^{\mathrm{T}}s^{-}+e^{\mathrm{T}}s^{+}\right)\right]$$
$$\text{s.t.}\begin{cases}\sum\limits_{\substack{j=1\\ j\neq j_0}}^{n}\lambda_j x_j+s^{-}=\theta x_{j0}\\ \sum\limits_{\substack{j=1\\ j\neq j_0}}^{n}\lambda_j x_j-s^{+}=y_{j0}\\ \lambda_j\geqslant 0, j=1,2,\cdots,n\\ s^{+}\geqslant 0, s^{-}\geqslant 0\end{cases}\tag{9-9}$$

9.3　DEA 多子系统评价指标体系构建

仅依据单一的指标或几个指标很难对流域水资源管理做出准确评价，因此流域水资源管理的评价指标体系应是一个构建在一定基础上的指标集合。在构建评价指标体系时应遵循以下几点原则：①全局性与层次性相结合；②完备性与概括性相结合；③动态与静态相结合；④可操作性与可行性相结合。

9.3.1　投入产出指标的确定

DEA 方法处理的是多变量问题，在实际的管理过程中可用来分析水资源管理的指标有很多，过多的指标容易导致分析过程复杂化。但一般情况下这些变量之间会存在着一定的相关关系，因此，可以从关系复杂的指标中提取少数几个主要指标，对水资源管理评价问题进行深入分析、合理解释和正确评价。本章使用主成分分析法的求解步骤，具体如下。

1）对评价指标的原始数据进行标准化，公式为

$$x_{ij}^{*}=\frac{x_{ij}-\overline{x}_j}{\sqrt{\mathrm{Var}(x_j)}}\quad i=1,2,\cdots,m; j=1,2,\cdots,n$$

式中，x_{ij} 表示第 j 个决策单元第 i 个指标值，x_{ij}^{*} 表示经过标准化以后的指标值，而第 j 个指标的样本均值和标准差可表示为 $\overline{x}_j$ 和 $\sqrt{\mathrm{Var}(x_j)}$。

2）测算标准化后的 $(x_{ij}^{*})_{m\times n}$ 的相关矩阵 R，同时计算相关矩阵 R 的特征值：$\lambda_1\geqslant\lambda_2\geqslant\cdots\geqslant\lambda_n\geqslant 0$，以及与特征值相对应的标准正交化特征向量 $\mu_1,\mu_2,\cdots,\mu_n$，其中 $\mu_j=(\mu_{j1},\mu_{j2},\cdots,\mu_{jn})$，$j=1,2,\cdots,n$，且 $\mu\mu^{\mathrm{T}}=1$。

求得输入指标的相关矩阵及输出指标的相关矩阵。

3）测算特征值的累计方差贡献率：$E=\sum_{K=1}^{t}\lambda_K \Big/ \sum_{n=1}^{n}\lambda_n$。将 $E\geqslant 85\%$ 时 t 的最小整数作为 t 的值，记主成分的个数为 $E\geqslant 85\%$ 时的 t。

4）提取前 t 个主成分：

$$y_K=\sum_{j=1}^{n}\mu_{Kj}x_j, K=1,2,\cdots,t$$

另外，还需要对因子载荷矩阵进行旋转，以便对因子进行分类命名。

对输入和输出指标旋转后的因子载荷矩阵数据进行分析，可以看出经过旋转后的载荷系数呈两极分化的趋势。

若输出指标中有较大载荷，说明这几个指标有较强的相关性，可以归为一类。

5）将方差贡献率作为权系数，对每个被评价对象的综合评价指标值进行求和计算 $F=\sum_{K=1}^{l}\alpha_K y_K$，式中，$\alpha_K$ 表示第 K 个主成分的方差贡献率，y_K 表示第 K 个主成分。

因此，根据主成分分析法对输入输出指标“降维”处理后，最终选取指标。

9.3.2 数据解释

由于运用 C^2R 模型测算所得到的是综合技术效率值，运用 BCC 模型测算得到的是纯技术效率值，而根据公式“规模效率=技术效率 $_{C^2R}$ /纯技术效率 $_{BCC}$”就可以求得各决策单元的规模效率值，进而就可以评价其规模报酬。

本章在计算过程中，通过对各决策单元所有的投入、产出指标进行综合比较来评价其是否达到了有效，然后对每个决策单元指标距有效性前沿面的距离进行测算，来分析不同决策单元的效率是达到了有效、弱有效还是无效。如图 9.1 所示，其中 A、B、C、D、E、F、G、Q、R、M、N 代表了不同的决策单元，横轴、纵轴分别表示各决策单元的输入、输出指标，生产前沿面是由 F、C、D、E 连接而成的曲线。

由图 9.1 可知，G、R、E、Q、A、D、B、C 及 F 九个点达到了 DEA 有效，M、N 两点为 DEA 无效。

通过对图 9.1 的仔细观察，还可以发现 G、A、B 三点存在投入量明显过多的现象，可以通过减少投入使得这三点更加有效，此时就可以说 A、B、G 是弱 DEA 有效。

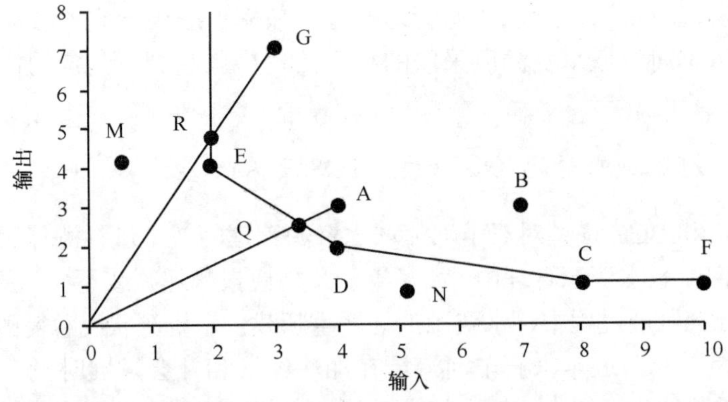

图 9.1　决策单元有效性示意图

为了考察不同年份的石羊河流域水资源管理有效性，本章首先运用 DEA 模型中的两个基本模型——C^2R 模型和 BCC 模型。SBM 模型是模拟产出松弛度的计量模型，能有效解决投入产出的松弛问题，从而避免了传统的 C^2R 及 BCC 模型的缺陷。运用 SBM 模型对指标数据进行测算，计算过程中利用 SBM 模型中输入偏好的规模报酬不变（SBM-I-C）和规模报酬可变（SBM-I-V），并对其结果进行比较。

9.4　有效性评价的结果与分析

9.4.1　对石羊河流域水资源管理有效性评价结果的比较

利用 DEA 方法中 C^2R、BCC、SBM 和超效率 SBM 四种模型测算石羊河流域水资源管理的效率值。

由于 SBM 模型充分解决了“松弛”问题，去除了更多“冗余”的投入，其计算的技术效率值稍小一些，而 C^2R 模型和 BCC 模型没能充分考虑这一点。所以，SBM 模型计算所得的技术效率值比使用 C^2R、BCC 模型计算所得的技术效率值显著偏小。

9.4.2　对石羊河流域水资源管理有效性评价结果的分析

本章采用数据包络分析方法，运用 DEA 方法中的 C^2R、BCC、SBM 及超效率 SBM 模型对 2003-2008 年石羊河流域水资源管理的有效性进行了评价，主要结果有以下几点。

9.4.2.1　石羊河流域水资源政策效果初显

通过运用DEA方法中的4种模型对石羊河流域水资源管理的效率值进行了测

算和比较，发现石羊河流域水资源管理的综合效率值呈现一定的波动性。评价结果表明，对石羊河流域水资源所采取的相关治理措施起到了一定的作用，水资源的状况有了改善。

9.4.2.2 石羊河流域水资源耗量超载，状况急需改善

运用 C^2R 和 BCC 模型对石羊河流域水资源管理的效率进行测算后发现，2003-2008 年石羊河流域水资源管理中，大多年份是规模报酬递减或不变，表明在石羊河流域经济和社会发展过程中，水资源消耗严重超载，水资源状况急需改善。

主要原因在于，近年来石羊河流域在加快经济和社会发展时没有考虑流域水资源的整体承载能力，用水、耗水偏大。并且中游地区耗水和用水量过大，致使下游民勤县可供消耗的水量不足 1.0 亿 m^3，中下游用水矛盾突出，用水短缺现象加剧。

9.4.2.3 石羊河流域用水结构不合理，水资源利用效率偏低

通过数据分析可知，近年来流域内用水结构极不合理，农田耗水极大。2003 年流域内用水总量为 28.77 亿 m^3，其中农田灌溉用水量为 24.98 亿 m^3，占用水总量的比例高达 86.83%，工业及居民生活用水量占比仅为 8.1%。

造成这种结果的原因在于，目前石羊河流域产业结构布局与流域水资源承载力不相适应，第一产业规模占比偏大，农田灌溉用水占用水总量比重过大，使得其他产业所需的水资源被挤占，水资源的利用效率和效益较低。

9.5 政策与建议

石羊河流域的产业结构布局与流域水资源承载能力不相适应，农业用水总量所占比例大，且水资源利用效率不高。石羊河流域需通过农业现代化与工业化同步推进，整体提高区域经济效益。

9.5.1 调整种植比例和耕作制度，发展节水农业

石羊河流域的经济结构是依靠灌溉农业过度垦殖而发展起来的，流域农业种植结构中粮经草比例失衡，这与流域水资源条件不相称，致使水资源超载。应以自给自足及保证区域粮食安全为原则适度调减农业规模，加大林、牧、副等各业发展规模，调减粮食种植面积，大力压缩用水量大、用水效益低的作物种植面积；积极推进覆膜种植，推广垄植沟灌、隔沟交替灌等高效节水的种植栽培模式，扩大耗水少、效益高的作物种植面积。整体提高农牧业产品的技术经济含量和用水效率（刘鹏举，2010）。

9.5.2　合理开发耕地及水资源

土地的过度开垦和林草资源的过度使用导致流域生态环境恶化。因为水资源是土地生态系统最主要的限制因素，所以使土地利用结构与水资源时空分布状况相吻合就显得尤为重要。为此，在对农业产业结构进行调整时，必须根据现有水资源的数量和生产水平，按照“量水种植”“以地定水”的原则来确定最适宜的耕地面积及种植结构。

9.5.3　政策体系创新

①立法并完善地方性水资源法规建设，严格执法，加强执法监督；②建立节水型生态社会；③建立科学合理的水权制度和水价体系；④减少水资源消耗，提高利用效率；⑤明确流域管理与区域管理的职能职责；⑥控制人口增长，实施生态移民工程；⑦引导公众参与到节水社会的建设中，提高公民节水意识。

总之，要提高石羊河流域水资源管理的有效性，必须综合采用行政、法律等措施；要随着时间的发展和认识的深化，进一步完善石羊河流域综合治理规划，使各种措施相互配合、补充，提高石羊河流域水资源的有效利用率。

9.6　本 章 小 结

本章运用 DEA 的多子系统评价模型对石羊河流域水资源管理的有效性进行了研究并得出了结论。利用 C^2R、BCC、SBM 和超效率 SBM 四个基本模型评价了石羊河流域水资源管理的有效性；集中对 DEA 多子系统模型进行介绍，强调本章研究方法的创新性和可行性，并对石羊河流域水资源管理的有效性进行实证研究。由 DEA 多子系统评价模型的结果得出，2003-2008 年石羊河流域水资源管理政策效果初显，但仍存在水资源严重负荷、流域内用水结构不合理、水资源利用效率低等问题。最后，本章从产业结构、政策措施和节水型社会建设等方面，给出了提高石羊河流域水资源管理效率的对策建议。

参 考 文 献

林洪孝. 2003. 水资源管理理论与实践[M]. 北京：中国水利水电出版社.

刘鹏举. 2010. 石羊河流域种植业结构调整与发展对策研究[J]. 甘肃水利水电技术, 46(2): 37-38.

王媛, 盛连喜, 李科, 等. 2008. 中国水资源现状分析与可持续发展对策研究[J]. 水资源与水工程学报, 19(3): 10-14.

魏权龄. 1988. 评价相对有效性的 DEA 方法——运筹学的新领域[M]. 北京：中国人民大学出

版社.
武吉华. 2001. 自然资源评价基础[M]. 北京: 北京师范大学出版社.
武威市人民政府. 2008. 武威市石羊河流域重点治理工作文件汇编[G].
徐振辞. 2009. 区域水资源管理与河北省水资源管理研究重点任务[J]. 水利发展研究, (1): 34-38.
周少华. 2008. 中国水资源安全现状及发展态势[J]. 广西经济管理干部学院学报, 20(4): 10-17.

第 10 章　民勤绿洲水资源管理政策的农户响应研究——政策认知

10.1　西北干旱区水资源管理简述

从全球范围来看，旱区占地球土地面积的 41%，有 20 多亿人口生活在这里。就全球旱区来说，目前已有 10%-20%的旱区退化（确定性中等）。相比于生活在其他生态系统中的人们，旱区生态系统中的人们的生活需要更多地依赖于生态系统服务，并且特殊的旱区气候导致其可供选择的生计方式有限（MA，2005）。值得注意的是，超过 10 亿人口的可持续生计正在被干旱与荒漠化威胁，其中，大多数发展中国家相对脆弱的农业生产者占主体（UNCCD，1994）。基于此，Reynolds 等（2007）对旱区社会生态系统进行研究，基于此提出了旱地发展范式（drylands development paradigm，DDP）。此模式将人类生计放在旱地生态系统管理的核心位置，以应对当前的管理实践及政策需求。

DDP 共包含 5 个原则：①旱区社会生态系统是一个动态、耦合、共适应的系统，其功能、结构及相互关系随时间而变；②“慢变量”（slow variable）是影响旱区社会生态系统动态变化的关键因素，包含生物物理因素与社会经济因素；③“慢变量”的阈值效益将社会生态系统分配于不同的状态，在不同的状态下有着不同的控制过程，并且阈值会随时间的改变而发生变化；④多方利益相关者参与形成的旱区社会生态系统呈现多层级性、相互嵌套的网络状特性；⑤地方生态知识与科学知识的有效综合是维持旱区社会生态系统共适应功能的关键因素（Reynolds et al.，2007）。Geist 和 Lambin（2004）通过大量的案例分析，进一步系统地识别了旱区退化，尤其是干旱区荒漠化的成因，同时为旱区的生态系统管理提供了很好的参考与借鉴依据（图 10.1）。

水资源是维持旱区可持续发展的关键因素。但是，全球气候变化将会进一步加剧淡水匮乏状况，增大旱区的压力（MA，2005；Bates et al.，2008）。因此，旱区生态系统管理必然成为水资源管理的关键环节。随着对旱区社会生态系统理解与研究的不断深入，水资源管理正在发生着一种范式的转变（Gleick，2003；Pahl-Wostl et al.，2007），从原来的带有较强的“命令-控制”特征的线性规划模式缓慢转变为适应性治理、参与式管理及水资源管理制度的改革（Dube and Swatuk，2002；Dewulf et al.，2007；Pahl-Wostl et al.，2007；Huitema et al.，2009）。

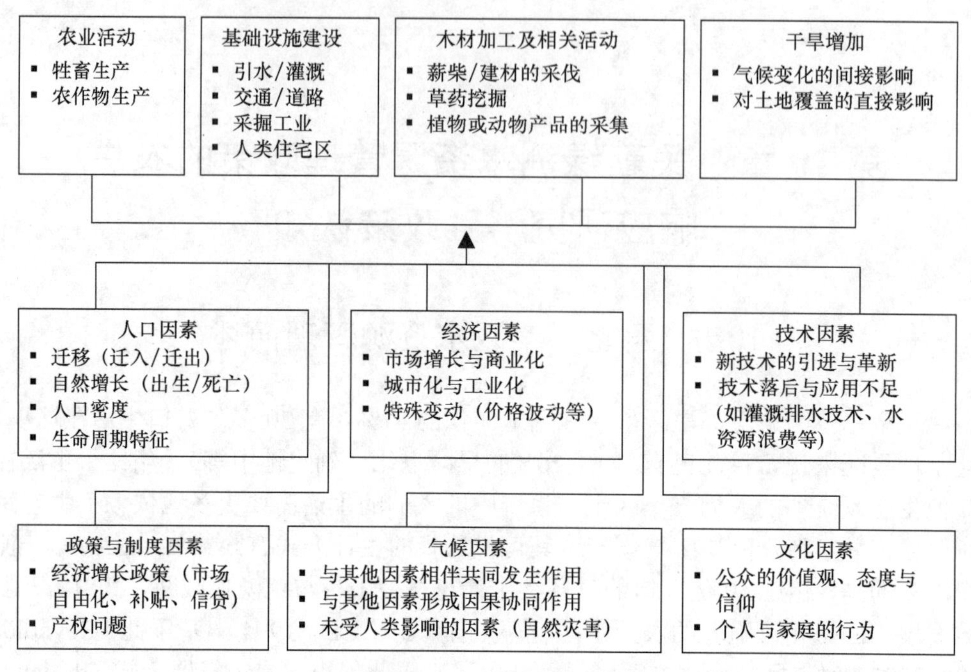

图 10.1　荒漠化的成因①

Gleick（2003）曾述，为满足人类的基本需求，20 世纪的水政策将更多依赖于“硬路径”（hard path）——大规模的基础设施建设，如水坝、渠道、管线、集中处理厂的建设等。人们虽然从这些设施中受益颇多，但是同时也为此付出了严重的、意想不到的社会、经济及生态代价。因此，“软路径”（soft path）成为我们进行水资源管理的重要途径，即在低成本的社区尺度的供水系统与较大规模的水利设施相互补充、决策公开化、水资源管理过程中的“赋权”、市场与技术手段的有效性及环境可持续性等方面加大比例。其中，近年来，水资源综合管理②（integrated water resource management，IWRM）逐渐得到越来越多的重视。

IWRM 是指“在不损害重要生态系统的可持续性、公平公正的基础上，促进水、土及相关资源的协调开发应用与管理，从而达到经济与社会财富最大化的过程”（GWP，2009）③。在此概念中，尤其强调社会的公平公正、生态的可持续性及经济的效率（图 10.2）。

中国西北干旱区占中国陆地面积的近 30%，位于欧亚大陆腹地（赵松乔，1985）。独特的地理位置导致降水稀少，蒸发强烈，也是世界上最为干旱的地区之一（Shi and Zhang，1995）。西北干旱区以深居内陆的地理位置、典型的大陆性气

① 该图转引自 Geist H J，Lambin E F. 2004. Dynamic causal patterns of desertification. BioScience，54（9）：819
② 在有的学术文献中，也将 integrated water resource management 译为“综合水资源管理”
③ 中文翻译引自中英合作水资源需求管理项目：水资源综合管理方法汇编，2010 年 5 月，p4

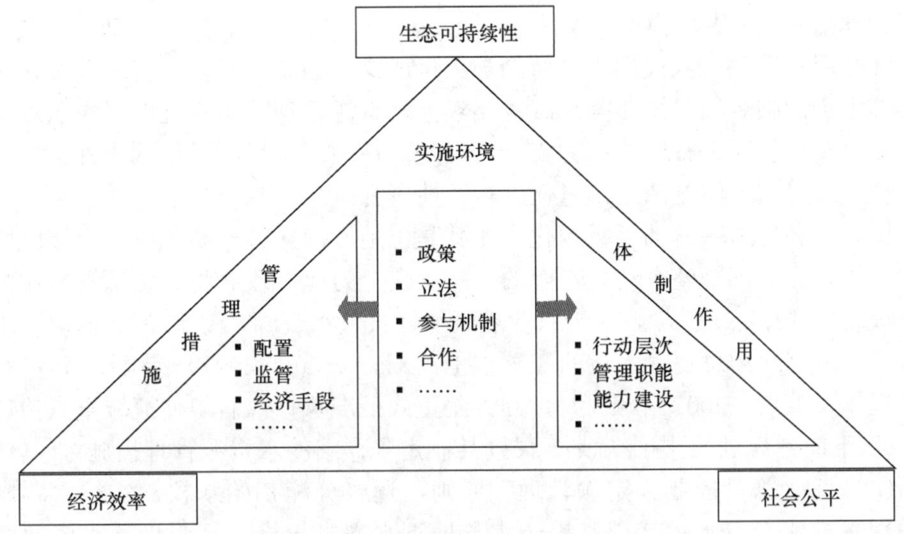

图 10.2　水资源综合管理框架[①]

候、丘陵沟壑的地貌格局、广泛发育的内陆流域、荒漠性的土壤植被类型与我国东部季风区和青藏高寒区形成明显的对比，在全球干旱区类型中也颇具特色。同时，该区巨型山盆体系下的山地生态系统形成的垂直分异明显，荒漠类型具有高度的复杂多样性，绿洲景观也具有非常鲜明的特色（潘晓玲等，2001；徐厚琴和方一平，2007；马媛等，2004；雷加强等，2005）。

近几十年来，由于人口的迅速增长、大规模农业活动的开展及不合理的水资源管理与利用等，西北干旱区正面临着水资源短缺、干旱及荒漠化加剧[②]等一系列问题（Zha and Gao，1997；Yang et al.，2005；Feng and Cheng，1998；Bao and Fang，2007；Wang and Cheng，1999；Zhou and Yang，2006；Wang et al.，2008；Fan and Zhou，2001）。预计到 2050 年，我国西北地区地表气温的上升会引起冰川面积减少 27%，恶性循环将会再次加重水资源短缺（秦大河，2002；《气候变化国家评估报告》编写委员会，2007）。

我国西北干旱区水资源短缺问题日趋严重，已被国家确立为“节水型社会建设”的重点地区之一（国家发展和改革委员会等，2006）。西北旱区的农业以灌溉为主，需要消耗大量水资源。因此，推进灌溉用水的有效管理同样成为一项最为符合成本效益的缓减水资源短缺状况的选择（Deng et al.，2006；Jiang，2009）。近年来，在我国西北干旱区，出台了水资源综合管理相关的各种类型的政策、规

①该图转引自中英合作水资源需求管理项目：水资源综合管理方法汇编，2010 年 5 月，p2

②根据 2011 年 1 月由国家林业局发布的《中国荒漠化和沙化状况公报》，荒漠化土地主要分布在新疆、内蒙古、西藏、甘肃、青海五省（自治区），面积分别为 107.12 万 km^2、61.77 万 km^2、43.27 万 km^2、19.21 万 km^2 与 19.14 万 km^2。五省（自治区）荒漠化土地面积占全国荒漠化土地总面积的 95.48%

划与管理措施，并大规模推广实施[①]。在地方政府的支持下，为了推动农民及社区参与灌溉用水管理，农民用水者协会被大量成立。但是，水资源管理政策在具体的实施中仍面临着很多困难与挑战。当然，水资源管理政策实施的最大困难在于缺乏农民及他们所在社区的有力支持。但是，在西北干旱区乃至国内外水资源管理研究中，对这一问题缺乏定量化、实证性研究。

民勤绿洲生态系统的严重退化，尤其是土地沙漠化的不断加剧，直接威胁到石羊河中游绿洲甚至整个河西走廊的生态安全。为此，政府将水资源管理作为生态管理政策的核心。其中，由于农业灌溉消耗大量水资源（图 10.3），而地下水的提取量又占到绿洲总消耗水量的 85%以上（Xiao et al.，2007），因此，将灌溉用水管理作为重点。2007 年 12 月，国务院正式批准执行《石羊河流域重点治理规划》（以下简称规划）。围绕规划，民勤县制定了详细的水资源管理措施[②]，具体包括：①按照“总量控制、定额管理”原则，逐级分配初始水权，实行水票制供水与用水户刷卡取水；②提高地表水与地下水灌溉价格，征收地下水资源费，并实行超定额用水累进加价制度；③组建农民用水者协会，推动参与式灌溉管理；④培育与建立农区水权交易市场，促进水权合理、有偿流转，引导开展水权交易；⑤发展与推广高效节水农业技术，尤其要推动日光温室建设。

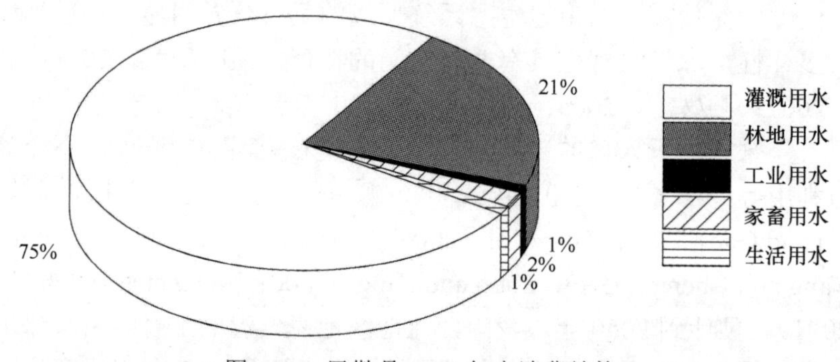

图 10.3　民勤县 2008 年水消费结构

10.2　数据收集与分析

研究将定量与定性方法相结合，数据收集工作从 2008 年 8 月起开始，至 2009

① 例如，在西北干旱区，除投资 47.49 亿元的《石羊河流域重点治理规划》外，在黑河流域，国务院于 2001 年 8 月也批复实施了《黑河流域近期治理规划》，批复初设概算总投资 15.38 亿元。同时，国务院于 2001 年批准实施了投资 107.39 亿元的《塔里木河流域近期综合治理规划》。在上述三大规划中，全部以流域水资源统一管理与科学调度作为治理的重点

② 文中所论及的水资源管理政策措施引自《石羊河流域水资源分配方案》《石羊河流域水权制度框架》《武威市人民政府关于水权制度改革的实施方案》《武威市水利工程供水价格改革方案》《武威市水利发展与改革“十一五”规划报告》《民勤县水资源配置方案》《民勤县水资源综合规划》及《民勤县水权交易办法（试行）》等政府文件及规划

年 6 月结束。主要分如下几个阶段开展。

1）2008 年 8-9 月，针对地方管理人员、民间环保组织、社区领导人等关键信息人进行调研，更加深入地了解研究区域的实际状况，并收集二手资料。主要利用半结构调查（semi-structured interview）方法。

2）2009 年 1 月，选取民勤县 3 个不同灌区乡镇开展问卷预调研，基于预调研进一步修订调研问卷。

3）2009 年 2-3 月，利用半结构调查，开展较大规模的问卷调研，收集个人及农户层面的数据。

4）2009 年 4-6 月，选择民勤湖区灌区的 Y 行政村，开展研究，收集定性数据，主要是采用焦点团体调查（focus group interview）及参与式观察（participant observation）的方法。

5）对 67 位基层政府管理人员进行问卷调研，调研他们对 IWRM 政策的认知与评价、在政策执行过程中所遇到的问题及现存问题。

10.2.1　抽样方法

首先，利用“分层①、两阶段、PPS②”的方法，依据 2006 年《民勤年鉴》中的人口数据，先从全县 245 个行政村中抽取 27 个样本村；采用系统抽样，在每个村抽取 15 个农户，这样就得到 405 个样本农户。

其次，在每户内，根据最近生日法，选取 18 岁以上（含 18 岁）的成年人口作为调研对象，进行一对一调研。调研结束后总共获得有效问卷 392 份，回复率达到 96.8%。样本的人口及社会特征见表 10.1。

表 10.1　样本特征

类别		数量（人）	所占比例（%）
性别	女	174	44.4
	男	218	55.6
年龄	18-30 岁	15	3.8
	31-40 岁	123	31.4
	41-50 岁	144	36.7
	51-60 岁	80	20.4
	>60 岁	30	7.7

① 抽样时根据灌区进行分层，除了昌宁、环河、坝区、泉山、湖区五个灌区外，研究中还加入了南湖

② PPS 是 proportional to population size sampling 的缩写，PPS 是一种常用的不等概率抽样方法，是以阶段性的不等概率换取最终的、总体的等概率。关于该方法的详细介绍可参见风笑天著《社会学研究方法》（第二版），中国人民大学出版社，p141-144

续表

类别		数量（人）	所占比例（%）
受教育程度	没上过学	43	11
	小学	112	28.6
	初中	178	45.4
	高中	59	15
健康状况	较好	268	68.4
	一般	86	21.9
	较差	38	9.7
外出务工	有	86	21.9
	没有	306	78.1

10.2.2 预处理与分析

利用五级利克特量表（five-point Likert scale），评估农民对目前水资源管理政策的认知水平及所持态度。为了确保各分量表内在一致性达到较高的可信度，研究应用克龙巴赫（Cronbach）α 系数作信度检验（α>0.7）。主要应用描述性统计、方差分析、相关分析及卡方检验等统计方法。数据统计与分析全在 SPSS16.0 中完成。统计显著性水平设定为 P<0.05。

10.3 水资源管理政策认知

干旱区农民对于水资源管理政策的认知程度将会直接影响他们在用水行为上的决策方案。我们主要针对 2008 年开始实施的灌溉水资源管理相关政策，利用五级利克特量表对农民的认知与态度进行了测量。当然，作为政策的直接执行者，基层政府管理人员对水资源管理政策的认知与态度也直接关系到政策本身的执行力度及其有效性，研究也利用五级利克特量表，对他们的认知与态度进行了测量。

10.3.1 农民对生态环境变化的认知

问卷调研结果显示，54.8%的农民认为他们所在地区的生态环境正在加剧恶化，而 27.3%的农民认为生态环境与 5 年前相比变化不大，还有 17.9%的农民认为生态环境较 5 年前有所好转。调研结果表明，“水资源短缺”“沙尘暴”和“地下水质恶化”是农民所感知到的最主要的生态环境问题。但是，单因素方差分析显示，农民对于生态环境变化状况认知的得分与他们对灌溉水资源管理政策的支持程度的得分之间并没有统计上的显著性差异（F=1.175；df=2，N=392；P=0.31）。

10.3.2　农民对灌溉水资源管理政策的态度

调研结果如表 10.2 所示，超过 70%的农民对于灌溉用水价格相关方面的改革持反对态度。其中，有 79.6%的农民不同意“提高地表水灌溉价格”，68.9%的农民不同意“征收地下水资源费用”，86%的农民不同意“提高地下水资源费用”，73.2%的农民不同意“实行‘阶梯水价’”。有 60%的农民同意“以人定地、以地定水”的灌溉用水总量控制措施。此外，农民也积极支持农业节水灌溉技术的推广与使用。95.6%的农民同意“灌渠节水改造”，如灌渠衬砌及管灌等，59.7%的农民同意“推广滴灌技术”，82.6%的农民同意“发展低耗水的经济作物”。但是，对于地方政府当前大力推动的日光温室产业，仅有 10.7%的农民表示支持。

表 10.2　农民对灌溉水资源管理政策的态度

调研项目[a]	均值	标准差	相关系数	删除该项的 α 值
农业灌溉实行总量控制原则	3.35	1.205	0.336	0.718
农作物实行灌溉用水定额管理原则	2.96	1.179	0.516	0.697
提高地表水灌溉价格	1.92	0.825	0.354	0.717
征收地下水资源费用	2.32	1.114	0.402	0.710
提高地下水资源费用	1.18	0.863	0.366	0.716
实行“阶梯水价”	2.12	1.094	0.412	0.710
水资源分配优先保证基本生态用水	2.49	1.164	0.251	0.727
农业用水向低耗水、高效益作物倾斜	3.81	0.980	0.230	0.728
发展低耗水的经济作物	4.01	0.834	0.295	0.722
发展日光温室产业	1.90	1.035	0.279	0.723
推广滴灌技术	3.55	1.143	0.245	0.727
对灌渠进行节水改造	4.38	0.660	0.039	0.738
在机井安装计量设施	2.71	1.252	0.528	0.694
采用“水票”作为水量配置的凭证	3.04	1.168	0.538	0.694
实施“水权交易”	2.77	1.232	0.113	0.743
建立农民用水者协会	3.78	0.799	0.248	0.726

注：每一个测量项目都是利用五级利克特量表进行测量的

[a] 测量等级：1-非常不同意，2-不同意，3-不好说，4-同意，5-非常同意

灌溉水资源分配的公平公正性是农民最关心的问题之一。问卷调研结果显示，45.7%的农民认为当前灌溉水资源分配不公平，37.2%的农民认为水资源分配是公平公正的，还有 17.1%的农民持中立态度。单因素方差分析结果显示，农民对水资源分配公平公正性认知程度的得分与他们对灌溉水资源管理政策的支持度的得分之间有显著性差异（F=4.837；df=2，N=392；P=0.008）。采用最小显著差异法（least significant difference）进行多重比较，其结果进一步显示，农民认为灌溉水资源分配较为公平，这些农民对政策的支持和认同程度显著高于认为水资源分配不公平的农民的支持和认知程度。

10.3.3 政府管理人员对灌溉水资源管理政策的态度

基于基层政府管理人员的调研结果显示，有 40.3%的人员同意“提高地表水灌溉价格”，有 73.2%的人员同意“征收地下水资源费用”，有 80.6%的人员同意“实行‘阶梯水价’”，其中在涉及灌溉水的价格的改革中，基层政府管理人员的态度与农民的态度形成鲜明对比。其中 89.5%的人员同意“以人定地、以地定水”的分配方式对灌溉用水总量进行控制，89.5%的人员同意进行“灌渠节水改造”，86.6%的人员认为应该“推广滴灌技术”，92.5%的人员认为“发展低耗水的经济作物”好（表 10.3）。由此可知，政府管理者与农民在节水技术推广及农业产业结构调整方面有着很强的一致性。形成鲜明差异的是，有高达 73.1%的政府管理人员鼓励发展日光温室产业，这与农民仅 10.7%的支持程度形成强烈对比。

表 10.3 政府管理人员对灌溉水资源管理政策的态度

调研项目[a]	均值	标准差	相关系数	删除该项的 α 值
农业灌溉实行总量控制原则	4.25	0.636	0.576	0.853
农作物实行灌溉用水定额管理原则	4.27	0.665	0.602	0.851
提高地表水灌溉价格	3.13	1.113	0.461	0.860
征收地下水资源费用	3.90	0.987	0.518	0.855
实行“阶梯水价”	4.12	0.913	0.497	0.855
水资源分配优先保证基本生态用水	4.13	0.968	0.434	0.859
农业用水向低耗水、高效益作物倾斜	4.64	0.595	0.441	0.858
发展低耗水的经济作物	4.52	0.636	0.403	0.860
发展日光温室产业	3.88	0.826	0.565	0.852
推广滴灌技术	4.25	0.725	0.464	0.857
对灌渠进行节水改造	4.39	0.717	0.402	0.860
在机井安装计量设施	4.27	0.790	0.668	0.847
采用“水票”作为水量配置的凭证	4.10	0.837	0.676	0.846
实施“水权交易”	3.70	1.059	0.499	0.856
建立农民用水者协会	4.22	0.755	0.518	0.854

注：每一个测量项目都是利用五级利克特量表进行测量的

[a] 测量等级：1-非常不同意，2-不同意，3-不好说，4-同意，5-非常同意

10.4 水资源管理政策执行中的困难

民勤绿洲水资源管理政策的直接执行者是政府管理人员，尤其是县（区）及乡（镇）政府的基层管理人员。在管理政策执行过程中，他们与农民之间有着最

为密切的互动。对 67 位基层政府管理人员进行调查，可以更为深入地理解水资源管理政策的实际执行情况，能从他们的工作实践及视角出发，认识在水资源管理政策执行过程中所存在的具体问题及制约因素，从而为探究相应的解决方案奠定基础。

10.4.1　政府管理人员对政策有效性的评价

研究以基层政府管理人员为对象，应用五级利克特量表，判断并评价当前正在实施的灌溉水资源管理政策的有效性，具体结果见表 10.4。

表 10.4　政府管理人员对灌溉水资源管理政策的有效性评价

调研项目[a]	均值	标准差	相关系数	删除该项的 α 值
农业灌溉实行总量控制原则	4.03	0.696	0.639	0.869
农作物实行灌溉用水定额管理原则	4.00	0.798	0.644	0.868
提高地表水灌溉价格	3.24	0.955	0.372	0.880
征收地下水资源费用	3.73	0.963	0.585	0.870
实行“阶梯水价”	3.85	0.892	0.506	0.874
水资源分配优先保证基本生态用水	3.88	0.962	0.599	0.869
农业用水向低耗水、高效益作物倾斜	4.24	0.854	0.504	0.874
发展低耗水的经济作物	4.18	0.777	0.556	0.872
发展日光温室产业	3.61	0.937	0.389	0.879
推广滴灌技术	3.91	0.933	0.598	0.869
对灌渠进行节水改造	4.18	0.920	0.471	0.875
在机井安装计量设施	3.99	0.896	0.558	0.871
采用“水票”作为水量配置的凭证	3.78	0.902	0.567	0.871
实施“水权交易”	3.49	0.927	0.563	0.871
建立农民用水者协会	3.84	0.979	0.553	0.871

注：每一个测量项目都是利用五级利克特量表进行测量的

[a] 测量等级：1-非常不同意，2-不同意，3-不好说，4-同意，5-非常同意

频数分析表明，26.9%的政府管理人员认为单方面提高灌溉地表水价格“效果不大”，有 31.3%选择“不好说”。14.9%认为征收地下水资源费用“效果不大”，17.9%选择“不好说”。对于目前民勤绿洲大力推广的日光温室的效果，有高达 34.3%的政府管理人员选择“不好说”，还有 10.5%认为“效果不大”。其次，分别有 35.8%、25.4%、25.4%及 20.9%的政府管理人员就实施水权交易、建立农民用水者协会、水票的使用及滴灌技术推广，选择了“不好说”。

10.4.2 政策执行过程中面临的困境

“互动理论模型”（也称为“互适模型”）（图 10.4）表明在政策执行中执行者与利益相关者之间存在交流过程。通过调查，政府管理者基于他们执行水资源管理政策的工作实践，认为在此过程中面临以下几个方面的主要问题。

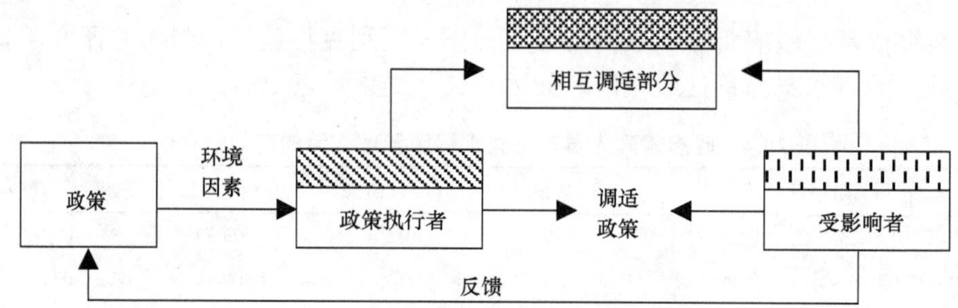

图 10.4 政策执行互动理论模型

阴影部分表示政策执行者、受影响者及相互调适过程中无法完成或无法完全解决的内容

第一，生态用水难以有效管理。根据调研结果，基层政府管理人员认为，虽然生态用水每年都会按计划精确下达至各个农户[①]，但是，这部分配水在实践中很难进行有效的管理，存在“农田灌溉挤占生态用水”的现象，农户会将其用于农田灌溉。基层政府管理人员认为，替代生计发展缓慢，如日光温室与舍饲圈养等生计模式对农民总收入的贡献率较低是造成这一问题的主要原因，传统大田耕作依旧是农民收入的主要来源，由于农田灌溉配水量的减少，农民为弥补水量的不足选择将生态用水用于灌溉。另外，高效节水农业技术支持存在很大的不足、基层农业技术人员缺乏、技术使用与后期管护成本较高、农民培训跟进不足、技术节水短期内难见成效都对生态用水的有效性有影响。

第二，资金投入缺乏，资金来源渠道单一。调查结果显示，在水资源管理政策执行中，资源投入主要依赖于政府，而政府之外的其他资源或资金投入与动员能力则非常有限。在日光温室建设、农田节水技术改造项目实施中，建设资金缺乏仍旧是一个非常突出的问题，同时农民自身经济基础也较为薄弱，无法提供足够的配套资金，这在一定程度上制约了农民对于发展高效节水农业的积极性。当然，政府资金投入更多地侧重硬件建设也是一个主要因素，如日光温室、搭建灌

① 根据民勤县政府水资源分配方案，用于生态保护的水资源包括“基本生态用水”与“退耕还林（还草）用水”，其中，基本生态用水主要用于农田防护林的维护。2008 年，基本生态用水量按照农村人口与人均配水面积标准，实行定额分配，配水定额为 160 m^3/亩。退耕还林（还草）配水定额为 300 m^3/亩。例如，研究样本农民杨某，家庭共有人口 5 人，2008 年农田灌溉配水面积共 15 亩，配水定额为 554 m^3/亩，农田灌溉分配水量共 8310 m^3；基本生态配水面积 2.25 亩，配水定额为 160 m^3/亩，分配水量 360 m^3；退耕还林（还草）配水面积 4.4 亩，配水定额为 300 m^3/亩，分配水量 1320 m^3

渠衬砌、机井智能化计量设备的安装等。

第三，跨部门、跨区域之间的协调、合作机制不完善。在民勤，由于国家机关职能的划分，水资源管理政策的执行涉及诸多部门，包括水务、农牧、国土、供电、林业等，在石羊河流域范围内，又涉及上、中、下游之间的相互协调。另外，民勤绿洲的土地产权等也具有多样化与复杂性等特征。2008 年，由于水权制度的改革，不同层次的用水矛盾与纠纷发生次数增加。因此，跨部门、跨区域的协调与合作程度直接影响到水资源管理政策的执行效果。基层政府管理人员也认为，目前不同部门之间的有效合作与衔接机制尚未充分建立，参与水资源管理政策执行的不同部门之间的协作存在不足，如水务部门与其他政府部门之间的协调、乡（镇）政府与行政村的配合等，很多因素都会导致整个水资源管理出现问题。

第四，农民参与程度较低。基层政府管理人员认为，农民对水价改革、日光温室建设等政策措施带有一定的抵触情绪，对水资源管理政策实施主动参与较为缺乏，很多管理政策执行困难，这也与此前针对农民的调研结果相一致。大多数管理人员认为其原因在于农民自身的“认识不足”“没有长远发展眼光”或“传统的农业生产模式在农民心中根深蒂固，小农意识强烈”等。当然，也有一些政府管理人员认为，增收与节水两者之间并没有得到有效协调，如日光温室投入虽然很高，但在短期内收益并不明显，这也是造成农民参与度低的直接原因。

第五，水资源管理的长效机制不明晰。针对农民的问卷调研结果显示，42.6%的农民选择“不好说”，有 12%的农民认为目前的水资源管理政策“不会持续下去”，有 45.4%的农民认为“会持续下去”。总体上讲，接近一半的农民对于水资源管理政策能否延续持观望态度，这与基层政府管理人员的调查结果相一致，农民的主体性并没有得到充分体现，这是很多治理措施很难真正深入的关键原因。水资源管理政策在《石羊河流域重点治理规划》的“约束性目标”要求下①，一些治理措施推进速度过快，忽略了后续持续发展机制的建立，或者当前还没有更系统的规划。基层政府管理人员认为，水资源管理已有成果巩固及政策可持续机制建立、区域生态补偿机制完善、压减耕地的后续治理、农民专业经济合作组织发展②是最需要予以关注与考虑的问题。

---

① 在《石羊河流域重点治理规划》中，包括两大“约束性目标”，即到 2010 年，蔡旗断面过水量达到 2.5 亿 m^3 以及民勤盆地地下水开采量削减到 0.89 亿 m^3

② 农民专业经济合作组织是指在农村分户经营之后，由农民自发地按照合作原则组织的，以家庭经营为基础的，与商品化、专业化生产相联系的，以为其成员提供产前、产中、产后服务为宗旨的新型合作服务组织。它通过提供信息服务、开展技术交流、联系产品销售等一系列服务，可以加强分散农户抵御市场风险的能力，实现“小生产”与“大市场”的连接。具体请参见庞晓鹏《中国农村民间合作服务组织研究》一书，中国农业科学技术出版社

10.5 本章小结

从调研结果可以看出，农民对环境问题，尤其是民勤绿洲的生态环境问题，还是有着较为深刻的理解与认识的。从农民视角认识和理解生态环境问题也是这一区域当前生态治理政策的一个核心问题。数据统计分析发现，农民对生态环境问题的认知程度与他们对水资源管理政策的支持程度之间没有统计意义上的相关性。因此，研究影响农民社会实践的具体规则与资源[①]（曾思育，2004），需要将社会结构因素纳入到个人行为的研究之中。

第一，水资源利用者的接受与支持程度决定了水资源管理的有效性（Zhu et al.，2004）。近几年，在西北干旱区，政府广泛采用市场手段来实现水资源的有效配置。但是，这种措施并没有对农民的灌溉行为产生有效的改进，特别是由于灌溉成本的逐年提高，农民对灌溉用水价格方面的变化开始表现得非常敏感。正如调研所示，农民大都对水资源价格方面的改革持强烈的反对态度。因此，水资源管理中市场或经济手段的应用，实际上是行政手段的一部分，是一种行政上的强制收费（夏光，2001）。

第二，在民勤绿洲，农民之间的“水权交易”同样没有在基层得以有效实施，而为数不多的水权交易案例也是出于社会目的，不是出于最开始计划的经济目的。主要原因总结如下：①对于使用地下水进行灌溉的农民，灌溉用水分配数量的大幅减少，在现有水平下，使他们没有多余的水资源；而对于那些将土地出租的农民，在土地使用权转让过程中，也需要同时将水权与土地一并转让给承租人。②对于使用一部分地表水进行灌溉的农民，农户之间基于市场原则与经济目的而进行的灌溉水使用权交易行为，在以自然村为单元的农民集体灌溉管理之下，没有相应的实施空间与机会。

第三，通过对农民与政府管理人员对水资源管理政策态度的比较研究可以看出，政府管理人员与农民之间在农业节水技术推广和农业产业结构调整方面有着较强的共识。但是，政府管理人员与农民对水资源价格改革的态度和对发展日光温室产业的态度明显不同。例如，在日光温室产业发展政策上。由于日光温室的发展是基于“自上而下”的规划，是一种力求清晰化、简单化与标准化的决策逻辑与过程[②]，并且当地方政府以一种“任务式”的形式下达与推动时，农民自主选

---

① 根据环境社会学理论，基于对传统“态度-行为模型”的反思，理性选择理论派与结构化理论派都强调将社会结构作用加入到个人行为的研究中。关于更详细的论述，请参见曾思育编著的《环境管理与环境社会科学研究方法》，p132-139

②在 James C. Scott 著，王晓毅所译的《国家的视角：那些试图改善人类状况的项目是如何失败的》（*Seeing Like a State*：*How Certain Schemes to Improve the Human Condition Have Failed*）一书中，作者认为在多样性、复杂性的社会条件下，忽略地方性知识，追求清晰化、标准化与简单化的设计与规划，有时会导致灾难性的结果。此外，也可参见王晓毅与渠敬东所编的《斯科特与中国乡村：研究与对话》一书，民族出版社，2009 年

择的空间被严重挤压，在这种情况下，处于相对弱势地位的农民通常采取一种“审慎而又具有合法性的抵制方式”，从而获得基本的生存与发展空间（詹姆斯•斯科特，2011；折晓叶，2008）。民勤绿洲日光温室采纳率低，就是农民“非对抗性抵制行动”的典型反映。

第四，数据分析发现，农民对灌溉水资源配置的公平公正的感知度与他们对当前水资源管理政策的支持度之间显著相关。调研结果也显示，将近 50%的农民认为当前灌溉水资源分配不公平，成为水资源管理政策在基层支持程度较低的重要原因之一。民勤县农民对于水资源配置公平性感知较低的原因可归结如下：①民勤县内分布着很多大小不同的国营、机关、集体及个体农林场，这些农林场虽然是民勤县压减灌溉面积的重点区域①，但是很多农民认为，相比于农林场，在水资源使用管理中，政策对他们的要求更为严格；②民勤县与金昌市的县（区）相邻，一些农民认为这些地区对地下水资源的开采并未严格限制；③统一的配水定额忽略了同一灌区内部耕地位置与土壤性质等存在一定异质性，增加了农户的配水不公平感。

如上所述，基层政府管理人员在水资源管理政策执行过程中面临着诸多问题，有时他们与受政策影响的农民之间的互动，甚至是在一种非良性的状态下进行的。所以，了解政策执行者在实践中所遇到的问题，对于寻求改进当前水资源管理政策执行的可行路径具有重要作用。基于这点有以下几个问题需要进一步讨论。

第一，传统经济学理论认为，对于个体而言，寻求利益最大化的“理性经济人②假设”占据了首要地位（丘海雄和张应祥，1998），但是，詹姆斯•斯科特（2011）研究了东南亚农民的政治生活与生存状况后，发现“农民的经济行为是一种非理性的行为”，特别是“小规模土地时，农民的决策基础是生存伦理，而不是经济理性”，生产的目的主要是满足家庭的最低消费需要，并不是追求最大的经济利润。农民的非理性行为是基于农民的“生存伦理”，核心原则是“安全第一”及“以生存为中心”，也就是具有生存取向的农民宁愿选择回报较低但较稳定的策略，而不是那些收入回报较高但同时也有较高风险的方法（刘金源，2001；张兆曙，2004）。

依据上述理论，民勤绿洲农民所表现出的关于水资源管理政策执行的行为有

① 根据民勤县所制定的《2006-2010 年耕地压减规划》，计划从 2006 年开始，利用 5 年的时间，将全县耕地面积由 102.2 万亩压减至 62.53 万亩。其中，以国营、机关、集体、个体农林场、湖区移民迁出区、绿洲外围为重点，对县属机关乡镇农林场全部回收，对村级农林场通过结构调整，退出高耗水作物种植面积，发展草畜产业与日光温室，个体农林场按照批准开垦面积重新核算，多开垦的全部退出。此外，根据《民勤县 2008 年农林场配水计划表》，民勤县内农林场斗口、井口配水量为 5238 万 m^3。其中，农田灌溉 650 万 m^3，基本生态 1683 万 m^3，退耕还林（还草）3905 万 m^3

② “理性经济人”最早由英国著名经济学家亚当·斯密提出，认为人的行为动机源于经济诱因，人都要争取最大的经济利益，经济活动中的任何个体与组织，都力图以最小的经济代价去追求与获取自身最大的经济利益。其中对人的行为的假定包括：个体的行动决定是合乎理性的，个体可以获得足够充分的有关周围环境的信息，个体根据所获得的各方面的信息进行计算与分析，从而按照最有利于自身利益的目标选择决策方案，以获得最大利润或效用

较强的普适性。一些基于经济利益最大化原则设计的节水增收措施，如日光温室等并未被农民广泛采纳，农民更愿意选择一种相对“保守”的策略。所以，如果将这种行为简单归结为农民自身意识不足，很难提供合理并有效的解释。在民勤绿洲，土地同样是当前农民最可靠的基本生活保障（王克强，2005），在人均耕地面积不足 4 亩，并且在农村社会保障机制还不健全的情况下，土地对农民而言具有“多重效用”，农民的决策基础更多的是“生存伦理”，而不是“经济理性”。因此，单纯以经济利益最大化为导向实现整个农业生计系统的转型很难。

第二，从政府管理人员角度出发，在推动政策实行过程中，民勤绿洲的水资源管理政策带有很强的“项目化”特征[①]，规定在一定的时间内予以完成。所以，在整个政策执行过程中，更加依赖于外部资源集中的、大规模的投入，并且偏好于采取层级管理方式（图 10.5）。虽然政策绩效的评估更加强调一些短期可见的产出与成果，评估的方式带有很强的考核与监督性质。但是，在这种“项目化”的政策执行模式下，在整个政策周期内，会导致水资源管理后续机制的跟进不足，需要耗费更长时间才能建立完善的跨部门、跨区域合作机制。

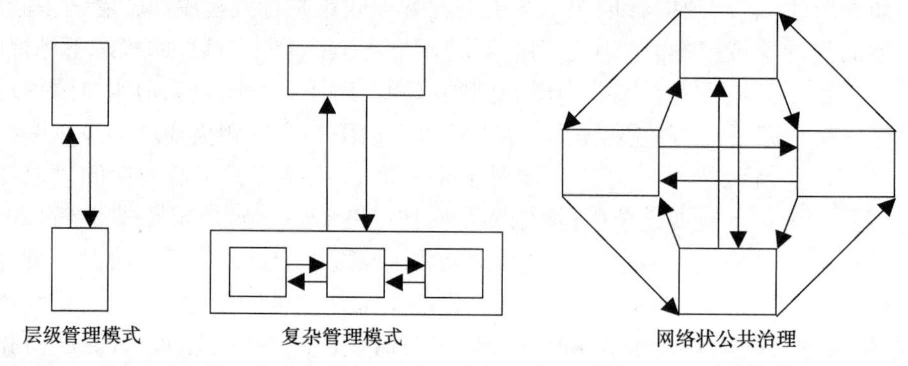

图 10.5　不同管理模式的比较[②]

第三，“精确化管理”，如水量配置精确到户、农田灌溉定额的确定、机井智能化计量设备的使用等在民勤绿洲水资源管理中存在缺陷。通过政府人员在基层的工作实践，面对复杂的农村实际，精确化的管理存在具体适用性较弱的问题。例如，对于生态用水的管理，虽然在农户的用水水权证书中对其进行了精确的分

① 在《石羊河流域重点治理规划》中，以 2003 年为现状水平年，2010 年与 2020 年为规划水平年，2010 水平年为规划重点。2010 水平年治理目标，也就是前述提到的“约束性目标”，即到 2010 年，蔡旗断面过水量达到 2.5 亿 m^3 以及民勤盆地地下水开采量削减到 0.89 亿 m^3。2020 水平年治理目标为：平水年份，使民勤蔡旗断面下泄水量由 2010 年的 2.5 亿 m^3 增加到 2.9 亿 m^3 以上，民勤盆地地下水开采量减少到 0.86 亿 m^3。实现民勤盆地地下水位持续回升，北部湖区预计将出现总面积大约 70 km^2、地下水埋深小于 3 m 的浅埋区，形成一定范围的旱区湿地

② 该图引自朱德米. 2004. 网络状公共治理：合作与共治. 华中师范大学学报（人文社会科学版），(2)：5-13

割，但是，在实际灌溉过程中，农民将其与农田灌溉用水混合使用。另外，由于基层政府管理人员没有足够的制度空间和时间加以调整，他们只能按照既有的规划加以执行，在此过程中，他们与农民之间存在很大的张力，这种张力和非良性的互动也直接影响水资源管理政策本身实施的有效性。

参考文献

陈振明. 1998. 政策科学[M]. 北京: 中国人民大学出版社.

风笑天. 2008. 社会学研究方法[M]. 2 版. 北京: 中国人民大学出版社.

国家发展和改革委员会, 水利部, 住房和城乡建设部. 2006. 节水型社会建设“十一五”规划[R].

雷加强, 穆桂金, 王立新. 2005. 西部干旱区重大生态环境问题研究进展[J]. 中国科学基金, 19(5): 268-276.

刘金源. 2001. 农民的生存伦理分析[J]. 中国农村观察, 6: 50-53.

马媛, 师庆东, 潘晓玲. 2004. 西部干旱区生态景观格局动态分析[J]. 干旱区地理, 27(4): 516-519.

潘晓玲, 王学才, 雷加强. 2001. 关于中国西部干旱区生态环境演变与调控研究的思考[J]. 地球科学进展, 16(1): 24-27.

《气候变化国家评估报告》编写委员会. 2007. 气候变化国家评估报告[M]. 北京: 科学出版社.

秦大河. 2002. 中国西部环境演变评估(第二卷)——中国西部环境变化的预测[M]. 北京: 科学出版社.

丘海雄, 张应祥. 1998. 理性选择理论述评[J]. 中山大学学报(社会科学版), 1: 117-124.

王克强. 2005. 土地对农民基本生活保障效用的实证研究——以江苏省为例[J]. 四川大学学报(哲学社会科学版), 3: 5-11.

夏光. 2001. 环境政策创新[M]. 北京: 中国环境科学出版社.

徐厚琴, 方一平. 2007. 西部干旱区省会城市生态经济位比较研究[J]. 干旱区地理, 30(3): 426-430.

曾思育. 2004. 环境管理与环境社会科学研究方法[M]. 北京: 清华大学出版社.

詹姆斯•斯科特. 2011. 弱者的武器[M]. 郑广怀, 张敏, 何江穗, 译. 南京: 译林出版社.

张兆曙. 2004. 生存伦理还是生存理性?——对一个农民行为论题的实地检验[J]. 东南学术, 5: 104-112.

赵松乔. 1985. 中国干旱地区自然地理[M]. 北京: 科学出版社.

折晓叶. 2008. 合作与非对抗性抵制: 弱者的“韧武器”[J]. 社会学研究, 3: 1-14.

Bao C, Fang C L. 2007. Water resources constraint force on urbanization in water deficient regions: a case study of the Hexi Corridor, arid area of NW China[J]. Ecological Economics, 62: 508-517.

Bates B C, Kundzewicz Z W, Wu S, et al. 2008. Climate change and water[C]// Technical Paper of the Intergovernmental Panel on Climate Change. Geneva: IPCC Secretariat.

Deng X P, Shan L, Zhang H P, et al. 2006. Improving agricultural water use efficiency in arid and semiarid areas of China[J]. Agricul Water Manage, 80(1/2/3): 23-40.

Dewulf A, Francois G, Pahl-Wostl C, et al. 2007. A framing approach to cross-disciplinary research collaboration: experiences from a large-scale research project on adaptive water management[J]. Ecol Soc, 12(2): 1-24.

Dube D, Swatuk L A. 2002. Stakeholder participation in the new water management approach: a case study of the Save catchment, Zimbabwe[J]. Phys Chem Earth, 27(1122): 867-874.

Fan S, Zhou L. 2001. Desertification control in China: possible solutions[J]. Ambio, 30(6): 384-385.

Feng Q, Cheng G D. 1998. Current situation, problems and rational utilization of water resources in arid north-western China[J]. Arid Environ, 40: 373-382.

Geist H J, Lambin E F. 2004. Dynamic causal patterns of desertification[J]. BioScience, 54(9): 817-829.

Gleick P H. 2003. Global freshwater resources: soft-path solutions for the 21st century[J]. Science, 302(5650): 1524-1528.

Global Water Partnership (GWP). 2009. Handbook for Integrated Water Resources Management in Basins[R].

Huitema D, Mostert E, Egas W, et al. 2009. Adaptive water governance: assessing the institutional prescriptions of adaptive (co-) management from a governance perspective and defining a research agenda[J]. Ecol Soc, 14(1): 1698-1707.

Jiang Y. 2009. China's water scarcity[J]. Environ Manage, 90: 3185-3196.

Millennium Ecosystem Assessment (MA). 2005. Ecosystems and human well-being: desertification synthesis[M]. Washington, DC: World Resources Institute.

Pahl-Wostl C, Sendzimir J, Jeffrey P, et al. 2007. Managing change toward adaptive water management through social learning[J]. Ecol Soc, 12(2): 375-386.

Reynolds J F, Smith D M S, Lambin EF, et al. 2007. Global desertification: building a science for dryland development[J]. Science, 316(5826): 847-851.

Shi Y, Zhang X. 1995. The influence of climate changes on the surface water resources in the arid areas of north-west China[J]. Science in China, (Series B)25: 968-977.

United Nations Convention to Combat Desertification (UNCCD). 1994. Elaboration of an international convention to combat desertification in those countries experiencing serious drought and/or desertification, particularly in Africa: resolution / adopted by the general assembly[J]. Research Report Dept, 40(10): 1827-1830.

Wang G X, Cheng G D. 1999. Water resource development and its influence on the environment in arid areas of China—the case of the Hei River basin[J]. Arid Environ, 43(2): 121-131.

Wang X, Chen F, Hasi E, et al. 2008. Desertification in China: an assessment[J]. Earth-Sci Reviews, 88(3/4): 188-206.

Xiao R B, Ouyang Z Y, Zheng H, et al. 2007. Spatial pattern of impervious surfaces and their impacts on land surface temperature in Beijing, China[J]. Journal of Environmental Sciences, 19(2): 250-256.

Yang X, Zhang K, Jia B, et al. 2005. Desertification assessment in China: an overview[J]. Arid Environ, 63(2): 517-531.

Zha Y, Gao J. 1997. Characteristics of desertification and its rehabilitation in China[J]. Arid Environ, 37: 419-432.

Zhou L, Yang G. 2006. Ecological economic problems and development patterns of the arid inland river basin in Northwest China[J]. Ambio, 35(6): 316-318.

Zhu J Q, Li Y T, Jiang M S, et al. 2004. Carbon isotope composition and its implications of Lower Cretaceous Aptian-Albian shallow water carbonates in the Cuoqin Basin, North Tibet[J]. Science in China, 47(3): 247-254.

第11章　民勤绿洲水资源管理政策的农户响应研究——社会适应与社区参与

11.1　适应性合作管理简述

可持续发展是一个开放的演变过程，在这个过程中，通过加深对可持续发展的进一步理解，不断改进社会生态系统管理（Holling，2001；Rammel et al.，2007）。面对社会生态系统所特有的复杂性、多变性及不确定性，我们需要寻找创新性的解决方案。近些年来，适应性合作管理（adaptive co-management）在自然资源、生态管理等诸多领域被广泛应用，其与传统管理方法的差异见表 11.1。Holling（2001）认为无论收集的数据如何密集和丰富，也无论我们对系统功能的了解如何深入，对于特定生态和社会系统，我们的已知总是少于我们的无知。因此，设计和评估政策的一个关键问题是如何处理不确定性、意外和无知[①]。

表 11.1　适应性合作管理策略

特征	管理策略	
	机械性的	适应性的
环境	确定的	不确定的
任务	常规的	创新性的
管理过程		
规划	综合的	渐进的
决策	集中的	分散的
权威机构	等级的	平等的
领导风格	命令式的	参与式的
交流	垂直的、正式的	互动的、正式及非正式
合作	受控的	便利的
监测	顺应计划	调整计划和策略
控制	事前控制	事后控制
结构	等级式的	有机的

资料来源：布鲁斯·米切尔. 2004. 资源与环境管理. 蔡运龙等译. 北京：商务印书馆：219

---

① 中文转引自布鲁斯·米切尔. 2004. 资源与环境管理. 蔡运龙等译. 北京：商务印书馆：210

Olsson 等（2004）将“适应性合作管理”定义为政策制定与生态概念以一种动态变化的、持续的、自组织的方式被不断检验与改进的过程。适应性合作管理是合作管理中存在相互联系的网络特征与适应性管理中的动态特征相结合，不同尺度之上的多方利益相关者的合作是管理措施有效实施的充分条件（Olsson et al.，2004；Armitage et al.，2009）。Armitage 等（2009）进一步阐述了“成功的”适应性合作管理应具备的条件（表 11.2）。

表 11.2　适应性合作管理应具备的条件

条件	解释
明确界定的资源系统	相对固定的资源系统带来较小的制度挑战，更有利于创造一个学习和能动的环境
小尺度的资源利用情景	小尺度的系统将减少相互竞争的利益、制度的复杂性以及组织层级
清晰且可识别的利益相关群体	建立不同利益相关者之间的相互联系及信任
相对清晰的资源产权	资源使用权应该给予相对清晰的界定，并与相应的责任联系起来
多种管理措施组合	在适应性合作管理过程中，参与者能够试验和应用多样的管理措施或工具，以获取期望成果
支持长期的制度建设过程	利益相关者能够接受过程的长期性，并认识到针对制度或管理策略的蓝图式方法是无效的
为不同尺度上的利益相关者提供培训、能力建设及资源	在地方层面，需要能够推动合作以及“赋权”的必要资源
关键领导者	关键人物能在维系合作、创造反思与学习的机会、冲突解决与协调等方面发挥重要作用
知识系统及来源的多元化	专家知识和地方知识在问题的识别、形成及分析中都能起到关键作用
支持合作管理的政策环境	对于合作过程及多方利益相关者参与的政策或法律支持有助于提高适应性合作管理成功的可能性

资料来源：Armitage D R，Plummer R，Berkes F，et al. 2009. Adaptive co-management for social-ecological complexity. Frontiers in Ecology and the Environment，7（2）：101

11.2　数据收集与分析

基于民勤绿洲水资源管理政策的农户响应研究，社会适应与社区参与的案例研究，与第 10 章的政策认知案例研究的数据收集和分析方法相同，详见 10.2 数据收集与分析。

11.3　农民的社会适应策略

从民勤绿洲生态恢复的角度出发，减少农业灌溉用水量是灌溉水资源管理政策的核心部分，提高水资源利用效率，限制地下水资源的过度开发，使地下水位停止下降。在《石羊河流域重点治理规划》中就明确提出 2010 水平年治理目标为：民勤盆地地下水开采量由现状的 5.17×10^8 m^3 减少到 0.89×10^8 m^3；2020 水平年治理目标为：民勤盆地地下水开采量进一步减少到 0.86×10^8 m^3。在这种政策导向下，农业灌溉的配水量会逐年递减，而农户的配水量直接影响到农民的生产与生活。基于此，研究调研了农民在灌溉水量减少的情况下，他们所采取的主要社会适应策略。

11.3.1　农民在农业生产中的适应策略

调研结果显示，在灌溉水量减少的情况下，农民最优先选择的适应策略是“提高低耗水型经济作物种植比例”，而“减少农作物灌溉次数”和“采用简易农田节水技术”也是农民采取的较为主要的措施。总体来看，对于农业灌溉水量配给的大幅减少，农民在短期内的适应性表现出明显不足，在农业生产活动中农民采取更多相对被动的策略和措施（表 11.3）。

表 11.3　农民采取的适应策略　（%）

措施	排序		
	第一位	第二位	第三位
提高低耗水型经济作物种植比例	35.4	19.1	8.7
减少农作物灌溉次数	34.9	34.0	18.1
采用简易农田节水技术	15.1	17.9	13.0
减少农作物播种总面积	12.5	13.5	8.9
增加外出打工时间	1.8	2.8	4.8
引进抗旱优良品种	0.3	0.5	3.3
发展家庭养殖产业	0	1.0	0.3

理论显示，农田节水技术的推广和使用对于农民在农业生产中提高适应性能力是关键。然而结果表明，2008 年，只有 15.8%的农民参加了生产技术相关的培训或学习活动，与之前相似，农民获取农业技术的主要途径仍为社区内部农民之间的交流。59.7%的农民表示他们经常与社区中的其他农民就节水技术等进行交流。2008 年农田节水技术使用情况见表 11.4。

11.3.2　农民社会心理适应状况检验

研究利用五级利克特量表，重点测量了在灌溉用水配给数量减少的情况下，农民的社会心理适应状况（表 11.5）。数据相关分析显示，农民的社会心理适应程度与他们对灌溉水资源管理政策的支持程度显著相关（R^2=0.453，N=392，P<0.01）。

表 11.4 农田节水技术采用率

	户数	所占百分比（%）
地膜覆盖	385	98.2
小畦灌溉	369	94.1
垄作沟灌	191	48.7
地膜再利用免耕	107	27.3
秸秆还田	16	4.1
温室滴灌	10	2.6
膜上速灌	9	2.3
膜下滴灌	6	1.5
抗旱保水剂	3	0.8

表 11.5 农民社会心理适应程度

调研项目[a]	均值	标准差	相关系数	删除该项的 α 值
水资源管理政策的变化是正常的	2.84	1.169	0.322	0.711
我比其他农民能更快速地适应这种变化	3.15	0.995	0.486	0.671
我能应对当前灌溉用水限制所带来的变化和影响	3.22	1.017	0.454	0.678
我对种植业之外的其他生产技能非常感兴趣	3.43	1.177	0.372	0.699
如果我不种地了，我可以比较容易地选择从事其他的产业活动	2.74	1.218	0.471	0.672
即使农业用水被限制了，我仍然有信心改善当前的生产和生活条件	3.61	1.031	0.432	0.683
我能够比较快地接受外界的各种新知识	3.53	1.001	0.476	0.673

注：每一个测量项目都是利用五级利克特量表进行测量的

[a] 测量等级：1-非常不同意，2-不同意，3-不好说，4-同意，5-非常同意

11.4 水资源管理中的农民参与概况

由于灌溉水资源管理政策的实施直接关系到农民的切身利益，大部分农民和社区在水资源管理过程中的参与情况直接影响政策在社区层面的执行。在地方政府的支持下，农民用水者协会作为推动农民参与灌溉用水管理的重要角色，在行政村层面得以迅速建立。所以，调研以农民用水者协会为重点，调查农民对农民用水者协会的认知情况、水资源管理过程中的社区合作、用水冲突和纠纷解决，以及妇女参与水资源管理情况等各个方面。

11.4.1 灌溉水资源管理政策实施过程

民勤县政府每年都会制定《水资源分配方案》，然后按照当年用水总量控制目

标，单独确定农田灌溉用水量、退耕还林（还草）用水量、基本生态用水量、生活及畜禽用水量及工业用水量，之后将水权进行逐级分配（图 11.1）。用水户在配水指标内，向所属水管单位购买水票，然后持地表水水票到供电所申请供电，最后提取地下水。总而言之，在水资源管理政策实施过程中，仍旧只是注重和强调政府管制措施。

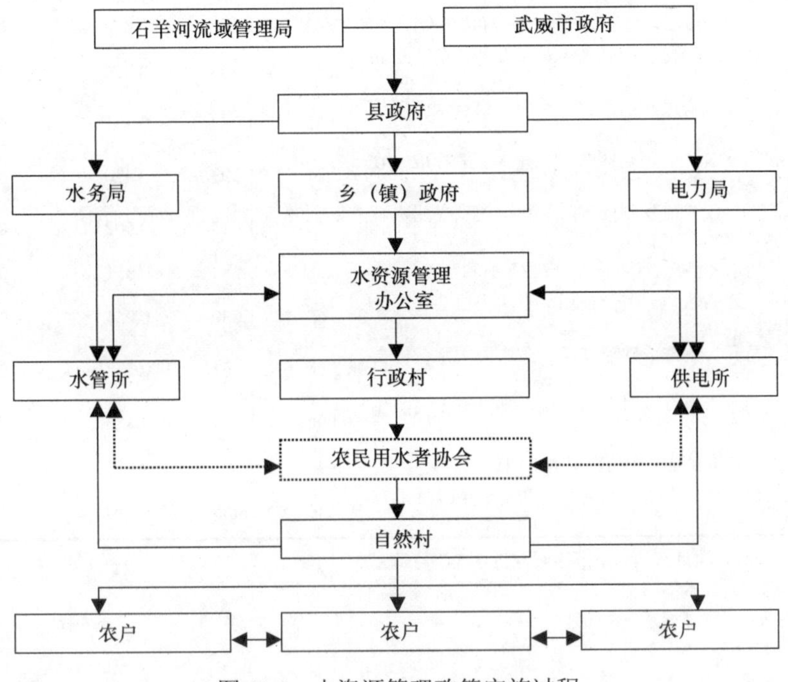

图 11.1　水资源管理政策实施过程

11.4.2　农民对农民用水者协会的认知

农民用水者协会是一种新的组织和管理形式，政府支持和鼓励在民勤县的每个行政村都建立一个，但是调研结果显示，44.9%的农民没有听说过本村的农民用水者协会。利用五级利克特量表，更为详细地测量了农民对于农民用水者协会的认知程度（表 11.6）。

由表 11.6 可得，53.1%的农民认为农民用水者协会是一个政府性质的组织，59%的农民不知道该协会的具体功能及其作用。关于农民用水者协会的具体运作，调研显示，62.5%的农民从未就灌溉用水方面的事情向该协会提出建议或征询意见。与此同时，32.9%的农民认为，即使他们向该协会表达一些建议或意见，也不会被协会的领导采纳。此外，还有 34.2%的农民认为该协会的决策过程缺乏公开性和透明性，如财务不及时公开等。相关分析显示，农民对于农民用水者协会的认知程度与他们对灌溉水资源管理政策的支持度之间显著相关（R=0.295，N=392，P =0.000）。

表 11.6 农民对于农民用水者协会的认知程度

调研项目	均值	标准差	相关系数	删除该项的 α 值
村上农民用水者协会的成立通过民主协商，并经过了大多数用水户的同意[a]	3.04	1.162	0.468	0.686
农民用水者协会的领导应该由上级政府部门直接任命产生[b]	3.43	1.188	0.078	0.739
我知道村上农民用水者协会的管理人员以及他们的职责和分工情况[a]	2.54	1.345	0.377	0.699
农民用水者协会是政府成立的组织，只向乡镇、水管所等政府部门负责[b]	2.73	1.084	0.191	0.722
我们村的农民用水者协会定期向农户公开水费的标准、收入和支出等财务情况[a]	3.25	1.293	0.430	0.691
当我们用水户的合法权益受到侵害时，村上的农民用水者协会能够予以有效保护[a]	3.54	1.043	0.502	0.684
我经常向农民用水者协会表达自己的一些看法和意见[a]	2.38	1.282	0.351	0.703
用水计划制定、水费收缴、资金使用等事情由协会的领导直接决定就可以[b]	3.69	1.080	0.056	0.738
我觉得自己的意见、看法或建议能够受到农民用水者协会的重视[a]	3.08	1.167	0.525	0.678
加不加入农民用水者协会，对我家来说，都没有太大的作用和意义[b]	3.05	1.134	0.356	0.702
村上的农民用水者协会是一个值得信赖的组织[a]	3.47	0.991	0.452	0.691
村上的农民用水者协会在水资源的分配和管理中发挥了有效作用[a]	3.46	1.065	0.511	0.682

注：每一个测量项目都是利用五级利克特量表进行测量的

[a] 测量等级：1-非常不同意，2-不同意，3-不好说，4-同意，5-非常同意

[b] 测量等级：1-强烈同意，2-同意，3-不好说，4-不同意，5-非常不同意

虽然农民用水者协会在当前灌溉水资源管理中发挥的作用十分有限，但调研显示，77.1%的农民仍旧支持建立农民用水者协会。有 56.1%认为，农民用水者协会的建立应该基于民主原则，69.1%的农民还认为协会应该涉及灌溉用水的所有事宜，包括年度用水计划的制定、水费的收缴等。由于目前农民用水者协会中的领导多数由村民委员会（简称村委会）领导兼任，在一定程度上会直接影响农民对该协会的信任程度。调研也显示，分别有 59.4%和 63.6%的农民表示他们信任农民用水者协会和村委会。利用肯德尔等级相关系数（Kendall’s tau rank correlation coefficient）进行的分析显示，农民对村委会的信任程度与对农民用水者协会的信任程度之间存在显著的正相关关系（R=0.374，N=392，P <0.01）。

11.4.3 用水冲突和纠纷解决机制

由于分配得到的农业灌溉用水总量在不断地减少，因此会加剧农民之间、农民与水管单位之间、农民与乡（镇）政府之间用水相关矛盾和纠纷的发生。调研

结果显示，2008 年 11.7%的农民曾经与他人或组织发生过用水方面的矛盾和纠纷。由于灌溉水量的不断减少，在短期内，农民在农业生产中的适应能力又明显不足，因此，“增加灌溉用水分配数量”成为农民最主要的诉求。2008 年，30.4%的农民曾经就这一问题向上级相关部门和领导进行过反映，表 11.7 是反映对象的统计比例。

表 11.7　农民诉求表达的主要途径

反映对象	人数	所占百分比（%）
自然社长	61	51.3
乡（镇）政府	46	38.7
村民委员会	42	35.3
灌区水管所	32	26.9
农民用水者协会	8	6.7
县、市政府部门	4	3.4

由表 11.7 可知，仅有 6.7%的农民选择向农民用水者协会反映诉求和问题。而这些反映问题的农民之中（N=119），62.2%的农民表示，他们的诉求得不到任何有效的回应；21%的农民表示，他们反映的问题只有一部分解决了；只有 16.8%的农民表示，他们所反映的问题得到了解决。由于自己的诉求无法得到完全解决，一些灌区开始出现不合法的地下水开采活动（当地称为“偷水”），政府管理者与农民之间的张力进一步增加。政府管理人员的问卷调研结果表明，在水资源管理政策执行过程中遇到的最主要的困难之一就是“农民抵触情绪大、认可和接受程度低”。

11.4.4　水资源管理过程中的社区合作

研究采取了参与观察的方法，选取了民勤湖区灌区的 Y 行政村作为观察点，选择河水灌溉季节实施参与观察①，以此来更深入地研究在灌溉水资源减少情况下社区自身的组织、合作及动员的机制。研究结果发现，灌溉的基本单元是自然社，特别是在河水灌溉季节，这个结果更加明显。在自然社这一层面上，农民组织效率提高，具有自发、快速和有效的特点。以 Y 行政村的 Q 自然社为例来说明，每年有两次利用河水灌溉的时期，一次称为“泡地”，即春耕播种之前，另一次称为“苗水”，即庄稼生育期灌溉。农民们都十分重视这每年两次的河水灌溉，这也是 Q 自然社的重大事件。

---

① 参与观察是一种研究策略，其目的是与一个特定人群及其行为建立一种密切与亲近的熟悉感，并深入到这个人群所自然生活的环境中，参与他们的生活。参与观察法的基本步骤包括：决定研究场域、取得同意进入研究场域、建立良好关系、实地观察工作、实地笔记和深度访谈记录。有关参与观察更为详细的介绍请参见胡幼慧主编的《质性研究：理论、方法及本土女性研究实例》，巨流图书公司，2005 年，p195-221

在河水灌溉过程中，相比利用地下水进行灌溉而言，单纯的以家庭为单位、通过家庭内部的分工协作根本无法完成。因此，要完成整个灌溉工作，需要以自然社为单位，依靠农民的集体合作来进行。基于“总量控制、定额管理”这样一种政策，每年分配给 Q 自然社的河水总量是确定的。例如，Q 自然社第一次河水灌溉时长只有 26 h，在这个确定的有限时间内，社区内所有农民的土地灌溉都得完成。因而，农民必须通过集体合作，多渠道、多户同时进行的方式来进行灌溉。概括来说，可以把这个灌溉过程划分为三个阶段，即信息传达、集体商讨及分工执行。

第一，信息传达。在村委会干部或所在区域水管所下达通知后，首先由社长将信息传达给每个农户。通知的内容主要包括水费的收取办法、分配到全社的总河水量、灌渠维护等，这些事项都是与农民利益密切相关的。

第二，集体商讨。全社的农民在水资源分配任务下达后，需要共同商议，以在组织和实施灌溉方面达成一致。农民商讨所采取的主要方式是社区会议。社区会议主要商讨三方面的问题：①灌溉整体计划的设计与实施，如确定弃灌田块、确定灌溉顺序、提高灌溉效率等；②灌溉费用收取的讨论，主要讨论和计算那些没有得到河水灌溉的农户的经济补偿问题[①]；③人员分工及安排的讨论，并制定农户之间的协调机制和灌溉期间的规则。会议的时间长短不定，有时为了达成意见，就某一个问题的讨论甚至会召开 7-8 次会议，因为河水灌溉问题直接关系到每个农民的利益。

第三，分工执行。经过社区讨论，农民的灌溉工作按照分工实施来进行。例如，在 Q 自然社，在河水到来之前的 2 h 左右，社长会到每家来通知大家出工。这个时候，全体的社员就会快速地行动起来。从此时起，出工的人员 26 h 在地里负责自己的任务，除吃饭时间外，其余时间均不得离开，而且吃饭时间是有限的，采用轮流制。当然，也有一系列相应的惩罚制度，如离开 1 h 罚款 5 元等。Q 自然社的灌溉分 3 个渠道进行，每个渠道选 10 个负责人，分为 2 组，每组 5 人，其中一组的工作是“巡查”，即检查渠道是否漏水，另一组的工作是负责“打口子”，即在每户进行灌溉的地头开挖水口。因为这两个小组具有不同的劳动强度，为均衡劳动力的分配，隔一段时间，两个小组就会互换工作。

11.4.5 妇女参与水资源管理情况

调查结果显示，民勤绿洲的“农业女性化”趋向同样明显，主要是因为更多

① 由于灌溉分配水量的不断减少，为确保多数土地能得到灌溉，社里也必须要决定放弃一部分土地的灌溉。但是由于河水水费的收缴是以社为单位的，水费的收缴在灌溉之前，只有每家均交上水费后，水管所才给配水，在实际灌溉过程中，每亩地的用水量存在很大差异，只能按照先后顺序保证排在前面的完成灌溉，由于水量本身的减少以及漏水损耗等，排在后面的耕地一般浇不上水。因此商议那些没有浇上水的农户的经济补偿问题也是社区会议的内容之一

的男性劳动力外出务工。所以，妇女在灌溉水资源管理中所起的作用应给予特别关注。就农村妇女参与灌溉管理的实际状况，调研结果显示，80.6%的农民认为，妇女应该充分参与灌溉用水管理且发挥更为积极的作用。单因素方差分析显示，女性和男性对灌溉水资源管理政策的支持程度之间存在显著差异（F=13.754；df=1，N=390，P=0.000）。也就是说，相比于男性，农村女性对水资源管理政策的支持度较低。同时调查发现，女性和男性在对农民用水者协会的认知程度方面没有显著差异（F=3.305；df=1；N=390；P=0.07）。

从社会性别的视角出发，利用参与观察研究女性在灌溉水资源管理过程中的参与状况。调查发现，在社区水资源管理最关键的两个场合，即“社区会议”和“出工”中，都表现出男性主导、女性被边缘化的现状。主要原因可能是：第一，女性很少参加社区会议，社长在召集会议的时候也会首先通知男性户主，由他们代表自家出席会议。只有当男性户主不能出席的时候，为了确保会议的有效性，女性才会参加会议。而在整个会议讨论过程中，女性即使在场，也很少发言，更不会表达她们自己的意见与建议。因此，在这种情景下，女性仍旧处于决策的边缘位置。第二，在集体出工灌溉过程中，男性出工要优先于女性。例如，在 Q 自然社，出工的规定是：家庭 5 口人以下的，出 1 人；5 口人以上的出 2 人。在具体实施的时候，出 1 人的家庭一般是男性，出 2 人的家庭一般是一男一女。此外，在灌溉计划设计、人员组织管理等关键过程与环节中，全都呈现出“男主女辅”的典型特征。

11.5 本章小结

当地政府为了推动参与式灌溉管理，鼓励民勤绿洲每个行政村成立农民用水者协会。但是，调查发现，农民用水者协会的成立在具体的水资源管理过程中并没有带来我们所期待的效率与公平。现在，有关这方面的文献，主要是根据不一样的标准和原则对农民用水者协会开展各种各样的评估（Wilder and Lankao，2006；Wang et al.，2010；Uysal and Atış，2010；Gunchinmaa and Yakubov，2010）。研究结果表明，影响农民用水者协会运行的因素很多，主要包括国家所扮演的角色定位（Wegerich，2008；Bassi et al.，2010）、领导者的领导水平（Kazbekov et al.，2009）、社区传统规则（Tanaka and Sato，2005）、农民的认识水平（Qiao et al.，2009）及来源于实践的社区非正式制度（Vandersypen et al.，2007；Sokile and van Koppen，2004）。

研究发现，农民用水者协会虽然在基层还未发挥功效，也未使水资源治理范式发生根本转变。但是，农民用水者协会的组建得到了大多数农民的认可和赞成。值得提出的一点是，他们更加深入地理解了协会在灌溉水资源管理中扮演的角色。除此之外，就自然社层面而言，农民在这个过程中表现出了很强的合作能力、集体行动能力及社区自组织能力，他们之间以及他们与自然社的领导者之间建立起了相当高的信任度。农民用水者协会在社区为何不能有效运行？现在问到这个问题时，我们理应以现有水资源管理制度为出发点来探索。经过全面而严谨的分析，具体原因有以下几点。

第一，站在行政村层面来说，农民用水者协会与村民委员会的组织架构相重叠，即有些人不仅是村民委员会领导和成员，同时也是农民用水者协会的领导和成员（Huang et al.，2010）。和我国相关文件对村民委员会的定义相比，在实践过程中，某些村民委员会一步一步地趋于行政化，这些村民委员会的主要工作是完成乡（镇）政府派给他们的任务。因此，很多农民没有兴趣真正参与其中，因为他们觉得目前成立的农民用水者协会是政府性质的组织。另外，协会本身运作和灌溉系统的运行依然高度地依赖政府，在这样的现状下，要想通过农民用水者协会的形式来管理农民灌溉水资源就变成了一个相当棘手的问题。

第二，灌溉水资源管理过程中的实际组织尺度与农民用水者协会的组织尺度之间有“错配”的发生（Cumming et al.，2006）。对地方政府而言，要想方便地控制和管理协会，以行政村为单元进行组建是比较可行的，但是，研究结果表明，虽然现有的组织尺度大多数都是行政村，但是农民用水者协会最合适的组织尺度应该是自然社，由此可以看出，农民用水者协会的组织形式需要向下延伸。就自然社这一尺度而言，社区自己的灌溉管理组织、农民已有的自组织与合作网络要想能够得到真正的成长与发展是很难的，此外，当前组织尺度的“错配”使得要实质性地推动社区参与灌溉水资源管理变得很困难，同时也导致大多数农民用水者协会“失效”。

第三，农村妇女在社区灌溉水资源管理等相关决策过程中被边缘化。由于男性劳动力外出务工，农业趋于女性化，妇女逐渐成为农业生产活动与推动社区发展的主体力量。所以，农村妇女在当前灌溉水资源管理政策下，实际上比男性肩负着更大的压力，相比男性，她们不太支持水资源管理政策。但是，就社区层面而言，她们没有实质性地参与到水资源管理的决策制定中，因为大多数妇女没有合适的途径获得能力建设。由于水资源短缺，妇女赋权的不足导致社区整体适应性能力和弹性缺乏（Norris et al.，2008；Alessa et al.，2008）。因此，由于妇女这一主体的参与，农民用水者协会运行的持续性降低了。

第四，农民用水者协会没有发挥自身功能的有效空间，也是由水资源管理政策执行过程中的“简单化”和“标准化”造成的。正如詹姆斯•斯科特（2011）所言，在复杂性的社会情境下，民勤绿洲和农民用水者协会的组建都采取“一刀切”的模式，延续了“自上而下”的政府动员方法。为了更加精确，水资源的管理政策也被细化了，由此制定了一系列的精确定量化的“约束性指标”。但是，农村社区本身是复杂的动态耦合系统，土地产权、农民生计模式及灌溉方式是多样的，所以水资源管理政策实施的统一化和简单化，不仅增加了农民对水资源分配不均的感知，而且在回应社区实际需求方面，它直接导致农民用水者协会丧失了它们的优势。

民勤绿洲农民在灌溉用水管理方面的适应策略很多。但总体来说，由于大多数农民实行的应对策略及措施是被动的，他们的适应性能力明显不足。决定适应性能力的因素非常多，这些因素是复杂多样的，并且这些因素不是彼此独立的，而是相互作用的。此外，在不同的情境中，需要考虑的因素及不同因素发挥的功能也是不一样的（Smit and Wandel，2006）。因此，基于相关调查，我们就如下问题进行进一步的讨论。

首先，50 多年来民勤绿洲农民适应策略的变化过程告诉我们，民勤绿洲变化的主要外部驱动因素是石羊河流域中、上游地区大量拦截地表水（杨永春等，2002），这也导致农民适应策略发生了变化。而在这个过程中，灌溉用水逐渐由地表水转换为地下水是最核心的策略变化，另外，开荒行为的加剧以及民勤绿洲内部人口的持续增长，使得传统农业规模不断扩张，进而使得一系列不良的生态、社会及经济发生变化。最近几年，随着国家对这方面投入的增加，政策干预成为推动农民适应策略变化的新的主导因素，民勤也成为西北干旱区政策最为密集的区域之一。然而，由于太多的约束性和惩治性管理，农民更多地趋向于采取消极和被动的措施，而不是我们所设想的，构建起他们主动的适应性能力。

其次，自然资源管理不断趋于复杂和不确定（Argent，2009），政策干预主要包括各种生态环境治理政策，如水资源管理政策，应该把水资源管理政策看作“尝试性探索”过程，而这个过程是由多方利益群体共同参与的（布鲁斯•米切尔，2004）。然而，研究显示，在民勤绿洲，各种政策的“直控型特征”较强（夏光，2001），反馈机制不足，不仅农民基于具体情况而采取的多样化适应策略没有得到有效的支持和认可，而且在促进社区及农民适应性能力构建的过程中，大家也没有高度重视地方知识体系的作用。

最后，基于当前的“自上而下”的政绩考核体系，基层政府管理人员的创新行为也不能得到很好的鼓励，特别是那些长期在社区层面开展水资源管理工作的乡（镇）人员。因此，一些涉及节水的农业技术推广活动并不能得到真正的实行，而这些推广活动主要是为了提高农民适应性能力，故这些工作的难以开展就成为限制农民适应性能力提升的重要因素。

参 考 文 献

布鲁斯•米切尔. 2004. 资源与环境管理[M]. 蔡运龙，李燕琴，后立胜，等译. 北京：商务印书馆.

夏光. 2001. 环境政策创新[M]. 北京：中国环境科学出版社.

杨永春，李吉均，陈发虎，等. 2002. 石羊河下游民勤绿洲变化的人文机制研究[J]. 地理研究，21(4): 449-458.

Argent R M. 2009. Components of adaptive management[M]//Allan C, Stankey G H. Adaptive

Environmental Management, A Practitioner's Guide. New York: Springer.
Alessa L, Kliskey A, Lammers R, et al. 2008. The arctic water resource vulnerability index: an integrated assessment tool for community resilience and vulnerability with respect to freshwater[J]. Environmental Management, 42(3): 523-541.
Armitage D R, Plummer R, Berkes F, et al. 2009. Adaptive co-management for social-ecological complexity[J]. Frontiers in Ecology and the Environment, 7(2): 95-102.
Bassi N, Rishi P, Choudhury N. 2010. Institutional organizers and collective action: the case of water users' associations in Gujarat, India[J]. Water International, 35(1): 18-33.
Cumming G S, Cumming D H M, Redman C L. 2006. Scale mismatches in social-ecological systems: causes, consequences, and solutions[J]. Ecol Soc, 11(1): 1599-1604.
Gunchinmaa T, Yakubov M. 2010. Institutions and transition: does a better institutional environment make water users associations more effective in Central Asia[J]? Water Policy, 12(2): 165-185.
Holling C S. 2001. Understanding the complexity of economic, ecological, and social systems[J]. Ecosystems, 4: 390-405.
Huang Q, Wang J, Easter K W, et al. 2010. Empirical assessment of water management institutions in northern China[J]. Agricul Water Manage, 98: 361-369.
Kazbekov J, Abdullaev I, Manthrithilake H, et al. 2009. Evaluating planning and delivery performance of Water User Associations (WUAs) in Osh Province, Kyrgyzstan[J]. Agricul Water Manage, 96(8): 1259-1267.
Norris F H, Stevens S P, Pfefferbaum B, et al. 2008. Community resilience as a metaphor, theory, set of capacities, and strategy for disaster readiness[J]. Am J Community Psychol, 41(1/2): 127-150.
Olsson P, Folke C, Berkes F. 2004. Adaptive comanagement for building resilience in social-ecological systems[J]. Environmental Management, 34(1): 75-90.
Qiao G, Zhao L, Klein K K. 2009. Water user associations in Inner Mongolia: factors that influence farmers to join agricultural water management[J]. Agricul Water Manage, 96: 822-830.
Rammel C, Stagl S, Wilfing H. 2007. Managing complex adaptive systems: a co-evolutionary perspective on natural resource management[J]. Ecological Economics, 63: 9-21.
Smit B, Wandel J. 2006. Adaptation, adaptive capacity and vulnerability[J]. Global Environmental Change, 16(3): 282-292.
Sokile C S, van Koppen B. 2004. Local water rights and local water user entities: the unsung heroines of water resource management in Tanzania[J]. Phys Chem Earth, 29(15-/16/17/18): 1349-1356.
Tanaka Y, Sato Y. 2005. Farmers managed irrigation districts in Japan: assessing how fairness may contribute to sustainability[J]. Agricul Water Manage, 77(13): 196-209.
Uysal Ö K, Atış E. 2010. Assessing the performance of participatory irrigation management over time: a case study from Turkey[J]. Agricul Water Manage, 97(7): 1017-1025.
Vandersypen K, Keïta A C T, Coulibaly Y M, et al. 2007. Formal and informal decision making on water management at the village level: a case study from the Office du Niger irrigation scheme (Mali)[J]. Water Resour Res, 43(6): 357-366.
Wang J X, Huang J K, Zhang L J, et al. 2010. Water governance and water use efficiency: the five principles of WUA management and performance in China[J]. J Am Water Res Assoc, 46(4): 665-685.
Wegerich K. 2008. Blueprints for water user associations' accountability versus local reality: evidence from South Kazakhstan[J]. Water Int, 33(1): 43-54.
Wilder M, Lankao P R. 2006. Paradoxes of decentralization: water reform and social implications in Mexico[J]. World Dev, 34(11): 1977-1995.

第12章　民勤绿洲农村家庭生计现状与制度障碍研究

12.1　简　　述

“生计”的概念属于民生的范畴，较多地应用于扶贫和发展研究中。在英国国际发展署（Department for International Development，DFID）的可持续生计框架中生计资本包括人力资本、物质资本、自然资本、金融资本、社会资本5个方面，在不同的条件下5个方面可以相互转化。对这5个资本的概念界定如下。

1）自然资本（natural capital）：自然资本是一种能够长期使用的自然资源，一些灾难性的自然灾害会损害对自然资本的利用，另外，季节也会影响自然资本的产出和价值。

2）物质资本（physical capital）：物质资本是指满足人们需求的对物质环境的改变，使其更具有生产性。其中，生产资料是一种使人们的生产活动更有效率的工具和设备。基础设施包括负担得起的交通工具；安全的住所和建筑物；足够的水的供应和卫生设备；清洁、便宜的能源；获得信息的渠道。基础设施基本上是公共的，生产资料基本属于私人。

3）金融资本（financial capital）：既可用于生产，又可用于消费。有两种主要的金融资本资源：一种是储蓄；另一种是定期资金的流入，包括工资收入、其他地方的汇款、养老金及其他从国家获得的资金帮助。

4）人力资本（human capital）：用于确保人们使用不同的生计策略来实现他们的生计目标。在一个家庭，劳动力的数量和质量是人力资本的一个因素，根据家庭的大小、技能水平、领导潜能、健康状况的不同而有变化。对于一个家庭的生计目标的实现，人力资本是最为重要的，没有人力资本的实现，其他几个资本也不能够发挥其应有的作用，因而一个家庭的生计目标也就不能实现了。

5）社会资本（social capital）：也就是社会资源，人们取得各种利益的途径及社会对其的支持等。社会资本与外界社会的连接是非常密切的，并且在下面几个方面中明显地表现出来：网络和连接性，不管是垂直的（主雇）还是水平的（私人之间利益的分享），这些都能增加人们之间信任和合作的能力，帮助他们提高进入更大机构工作的能力；团体成员需要接受共同同意的观点，普遍的规则、规范和制裁方式；人际关系中的信任、互惠和交流帮助促进合作，降低交易成本，建立一个非正式的安全网络基础。

生计策略是人们在对生计资本的运用之上所采用的不同的生计活动，生计策略是多种多样的，不同的生计资本会产生不同的生计策略，从而影响农村家庭的发展。在对生计策略进行选择时，人们有时从一个地域跨越到另一个地域，从一个部门转向另外一个部门，不仅仅使用一种生计资本，而是将多种生计资本相结合以弥补各个资本的缺点，从而实现他们的生计目标。

12.2 研 究 设 计

本研究主要采用定量研究的方法获取数据和分析数据。具体的研究设计如下。

第一步，在民勤绿洲边缘区进行实地考察，通过半结构式访谈和参与式乡村评估的方法，总结和归纳脆弱性背景、农村家庭生计资本、农村家庭生计策略和政策与制度背景等 4 个方面的基本问题。

第二步，参考 DFID 设计结构式的家庭问卷。家庭问卷包括家庭人口动态、家庭生计策略、社会态度与政策认知评价、生态环境变化 4 个模块。

第三步，根据绿洲边缘区的地理特征和人口数量确定样本分布和样本规模，按 PPS（概率与规模成比例）抽样的方法确定村级抽样方案。按样本规模的 5%-10% 进行试调查。

第四步，根据试调查的结果修改问卷，派访员按抽样方案进行正式调查。根据试调查的结果，我们将问卷由原来的 283 道题删减和修改到 195 道题。调查结果显示，湖区内部和坝区内部具有一定的同质性，因此，我们决定将问卷数量由原来的 50 份/村×8 个村=400 份，更改到 40 份/村×8 个村=320 份（问卷调查时间为 2010.12.28-2011.1.2）。

第五步，问卷录入与数据分析。经过数据清理，获得有效问卷 308 份。

第六步，第二次调查。本研究根据研究的需要，在 2012 年 12 月，又对民勤绿洲边缘区农村家庭进行重新抽样，确定了样本量为 450 户的样本量。2013 年 1 月进行了入户调查，获得有效问卷 425 份（虽然问卷完成是在 2012.12-2013.1 年，但我们是对农户 2012 年的家庭状况进行调查，因此在后文将此次调研统一称为 2012 年调研）。

第七步，论文与研究报告撰写。

12.3 数据收集方法

本研究的数据主要来自两次抽样调查，分别为 2010 年冬天和 2012 年的系列调查。

本研究采取 PPS 抽样法。

12.4　数据分析方法

本研究主要使用的是统计分析方法，用到的具体方法包括描述统计法、相关分析、多元回归分析、logistic 回归等。具体的模型和分析细节在各分章中陈述，此处不再赘述。

12.5　生 计 资 本

12.5.1　生计资本指标的建立

1）人力资本。人力资本是五项资本中最主要的资本，没有了人力资本，其他几个资本也就无从展开，劳动力的不同也决定着家庭对其他资本的使用，对人力资本产生影响的有知识、健康、技能、能力等几个方面，本研究主要从以下两个方面来对其进行测量，即家庭人口数和家庭成员的文化程度（表 12.1）。

2）自然资本。这是指能够使用的自然资源，人们可以从空气、水、土地、树木等中来获得维持生计的东西，本研究对自然资源的测量主要从下面 4 个方面展开：第一，家庭总耕地面积；第二，人均耕地面积；第三，耕地质量的好坏；第四，配水量是否够生活和生产所需。

3）物质资本。物质资本是指用于维持生计的生产资料和基础设施。问卷中的指标包括：第一，生产工具；第二，交通工具；第三，牲畜养殖大棚；第四，蔬菜大棚。

4）金融资本。金融资本是农户在生计活动中所使用和积累的资金，可以是自己的现金收入，也可以是从别的渠道获得的资金，本研究表征的金融资本指标包括：第一，获得贷款或被资助过；第二，获得政府补贴的金额；第三，是否有存款；第四，家畜存量。

5）社会资本。社会资本也就是一种社会资源，是指人们在日常交往过程中与邻里亲朋之间的关系以及从他们那里得到的帮助。在调查问卷中被用来表示社会资本的指标包括：第一，从政府处获得的支持；第二，是否参加农民用水者协会；第三，迁移途径。

表 12.1　农户生计资本测量指标

资产类型	测量指标
人力资本	家庭人口数、家庭成员的文化程度
自然资本	家庭总耕地面积、人均耕地面积、耕地质量的好坏、配水量是否够生活和生产所需
物质资本	生产工具、交通工具、牲畜养殖大棚、蔬菜大棚
金融资本	获得贷款或被资助过、获得政府补贴的金额、是否有存款、家畜存量
社会资本	从政府处获得的支持、参加农民用水者协会、迁移途径

12.5.2 生计资本的测量与描述

1. 人力资本

（1）家庭人口数

对 2010 年调查有效数据 308 户的分析（表 12.2）表明，在所调查农村家庭中人口最少的为 1 人，最多的为 9 人，平均人口数为 4.17；对 2012 年调查的 425 户有效数据分析，家庭人口数最少的为 1 人，最多的为 10 人，平均人口数为 4.38。

表 12.2 人力资本

年份	人力资本	最小值	最大值	平均值	标准差
2010（*N*=308）	家庭人口数（人）	1	9	4.17	1.383
	受访者文化程度（年）	0	11	5.68	2.59
	受访者年龄（岁）	18	80	49.41	10.84
2012（*N*=425）	家庭人口数（人）	1	10	4.38	1.382
	受访者文化程度（年）	0	14.25	8.05	2.85
	受访者年龄（岁）	19	84	48.98	11.18

（2）家庭成员的文化程度

在分析受访者的文化程度之前，先要对文化程度的各个选项进行赋值，这个赋值是根据各个文化程度受教育的年限来赋值的，未受过正式教育的赋值为 0 年，小学和私塾赋值为 6 年，初中赋值为 9 年，高中、职高、技校、中专都赋值为 12 年，大专赋值为 15 年，本科赋值为 16 年，研究生及以上赋值为 19 年。2010 年受访者平均受教育年限为 5.68 年，介于未受过正式教育和小学之间；2012 年农户的平均受教育年限为 8.05 年，处于小学和初中之间。两次调查的农户在家庭人口数方面基本上没有差距，基本上都是 4 人，而受访者平均受教育年限 2012 年的要高于 2010 年的（表 12.2）。

2. 自然资本

（1）家庭总耕地面积及人均耕地面积指标

2010 年调查的农户家庭总耕地面积最少的为 0 亩，最多的有 200 亩，平均耕地面积为 12.644 亩，人均耕地面积的均值为 4.67 亩，有效样本是 305 户；2012 年家庭总耕地面积最少的有 2 亩，最多的有 40 亩，平均耕地面积为 10.80 亩，人均耕地面积的均值为 2.58 亩，有效样本是 417 户。2010 年与 2012 年家庭总耕地

面积独立样本 t 检验，t=1.853，自由度 df=331.52，P=0.065>0.05，所以两年的家庭总耕地面积的均值相差不大。2010 年与 2012 年人均耕地面积独立样本 t 检验，t=2.491，自由度 df=305.41，P=0.013<0.05，所以两年的人均耕地面积有显著差异，但是在人均耕地面积上有很大的变化，由原来的人均 4.67 亩，缩减到现在的人均 2.58 亩（表 12.3）。

表 12.3　家庭总耕地面积及人均耕地面积　　（单位：亩）

年份	自然资本	最小值	最大值	平均值	标准差
2010（N=305）	家庭总耕地面积	0	200	12.644	16.99
	人均耕地面积	0	99	4.67	14.52
2012（N=417）	家庭总耕地面积	2	40	10.8	4.21
	人均耕地面积	0.5	7.5	2.58	1.07

（2）耕地质量的好坏

在 2010 年的调查中，关于耕地质量的测量，有效样本是 301 户，有 38.2%的农户选择耕地质量比较好，其次为选择耕地质量一般的农户占 31.2%，有 15.3%的农户选择土地质量比较差；2012 年调查样本 407 户，选择耕地质量比较好的农户最多，占 34.9%，其次为选择耕地质量一般的，占 27.5%，再次为选择耕地质量比较差的，占 25.1%。在两次调查中，认为耕地质量较好或一般的农户均占较大比例，对两年的耕地质量做卡方检验，结果为 2010 年与 2012 年受访者对耕地质量的评价具有显著差异，χ^2（4，708）=19.44，P<0.01（表 12.4）。

表 12.4　耕地质量

耕地质量	2010 年频数（所占百分比，%）	2012 年频数（所占百分比，%）
非常差	5（1.6）	19（4.7）
比较差	46（15.3）	102（25.1）
一般	94（31.2）	112（27.5）
比较好	115（38.2）	142（34.9）
非常好	41（13.6）	32（7.9）

（3）配水量能否满足生产和生活所需

2010 年有效样本 307 户，有 3.9%的农户选择两者都能满足实际所需，有 79.2%的农户选择生活水够用，生产水不够用；2012 年有效样本 423 户，选择两者都能满足实际所需的农户上升为 17.0%，选择生活用水足够，生产用水不够的农户比例下降为 70.0%（表 12.5）。

表 12.5　配水量是否够生产和生活所需

年份	配水量是否够生产和生活所需	N	百分比（%）
2010	两者都够实际所需	12	3.9
	生活用水足够，生产用水不够	243	79.2
	生活用水不够，生产用水足够	5	1.6
	两者都不够实际所需	47	11.5
2012	两者都够实际所需	72	17.0
	生活用水足够，生产用水不够	296	70.0
	生活用水不够，生产用水足够	11	2.6
	两者都不够实际所需	44	10.4

在配水量是否够生产和生活所需方面，2010 年和 2012 年对配水量是否够生产和生活所需的选择上有显著差异，χ^2（3，731）=31.19，P<0.01。

3. 物质资本

（1）生产工具和交通工具

2010 年调查的农户中有 95.8%的家庭在农业生产时使用的是农业机械，并且是多种机械相结合，在调查的 308 户有效样本中使用收割机的有 14%（表 12.6），18.8%的农户使用播种机，使用手扶拖拉机的占 22.4%，有 6.5%的农户使用农用卡车，还有使用三轮车和四轮车的。在 2012 年调查中有效样本 425 户，有 96.5%的农户使用的是农业机械，只有 3.5%的农户使用畜力，使用比较多的农业机械是四轮车、三轮车和手扶拖拉机，分别占到总数的 71.3%、33.3%和 21.6%，其次是播种机、收割机和农用卡车。

表 12.6　交通工具和生产工具拥有情况

交通工具	2010 年（%）	2012 年（%）	生产工具	2010 年（%）	2012 年（%）
自行车	84.7	78.6	手扶拖拉机	22.4	21.6
摩托车	84.4	78.6	四轮车	69.4	71.3
轿车	1.9	1.9	播种机	18.8	8.5
面包车	0.3	1.6	收割机	14	3.8
电动自行车		63.3	三轮车	63.6	33.3
货车		6.8	农用卡车	6.5	0.5
电动三轮车		62.4			

在交通工具方面，2010 年调查的有效样本 308 户中拥有自行车的占 84.7%，有摩托车的占 84.4%，有面包车的占 0.3%，有轿车的占 1.9%；2012 年，有效样本 414 户，有自行车的农户占 78.6%，有摩托车的占 78.6%，有电动三轮车的占

62.4%，有电动自行车的占 63.3%，有货车的占 6.8%，有面包车的占 1.6%，有轿车的占 1.9%（表 12.6）。

（2）牲畜养殖大棚和蔬菜大棚

2010 年调查的 308 户有效样本中，只有 12.3%的农户有蔬菜大棚，38%的农户有牲畜养殖大棚；而在 2012 年调查的 425 户有效样本中有 16.2%农户有蔬菜大棚，66.1%的农户有牲畜养殖大棚（表 12.7）。

表 12.7　拥有养殖大棚和蔬菜大棚的情况

年份	牲畜养殖大棚	N	百分比（%）	年份	蔬菜大棚	N	百分比（%）
2010	有	117	38	2010	有	38	12.3
	没有	191	62		没有	270	87.7
2012	有	281	66.1	2012	有	69	16.2
	没有	144	33.9		没有	356	83.8

综上所述，在使用农业机械方面，两次调查的数据基本上没有太大的变化；在交通工具这一项测量指标上，拥有面包车的比例后一次的要比前一次有上升；在牲畜养殖大棚和蔬菜大棚这一指标的测量上，2012 年的蔬菜大棚和牲畜养殖大棚拥有比例都比 2010 年的有所增加，尤其是牲畜养殖大棚的比例有大幅度的上升。

4. 金融资本

（1）获得贷款、政府补贴及金额

由表 12.8、表 12.9 可知，在 2010 年调查的 308 户中，金融资本部分的有效样本数为 269 户，其中有 73.3%的农户在政府那里贷款，并且有 87.8%的农户接受过政府补贴，这一年政府总补贴的平均金额为 941.83 元。在 2012 年调查的 425 户中，金融资本部分的有效样本数为 413 户，其中有 64.7%的农户从政府那里贷过款，并且有 97.2%的农户接受过政府补贴，这一年的总补贴平均金额是 1974.98 元。

表 12.8　政府补贴

年份	政府补贴（%）	金额（平均值）（元）	标准差（元）
2010	87.8	941.83	2629.64
2012	97.2	1974.98	2874.62

（2）是否有存款

在 2010 年调查的 308 户农户中有 16.3%家庭中有存款，83.3%家庭中没有存款。在 2012 年调查的 425 户有效样本中有 17.6%的家庭有存款，而 82.1%的家庭没有存款（表 12.9）。

表 12.9 是否有存款和贷款

年份	金融资本		百分比（%）
2010	是否有存款	有	16.3
		没有	83.3
	是否有贷款	有	73.3
		没有	26
2012	是否有存款	有	17.6
		没有	82.1
	是否有贷款	有	64.7
		没有	35.1

（3）家畜（禽）存量

家庭养殖的牲畜可以转化为金融资本，2010 年调查了 308 户有效样本，其中养羊的农户是最多的，其次是养鸡的农户，分别占到总数的 94.8%和 43.2%。除了养羊和养鸡，还有猪、驴、牛等牲畜，养殖农户分别占到总数的 18.8%、11.4%、5.5%。同 2010 年调查的一样，2012 年养羊的农户仍然是最多的，占 95.8%，其次是养鸡的，占 45.2%，再次是养猪的，占 15.5%，有 5.9%和 4.7%的农户也养一些驴和牛。2010 年和 2012 年两年牲畜养殖上没有显著差异，χ^2（4，1249）= 8.467，P=0.076>0.05。具体家畜（禽）存量调查结果如表 12.10 所示。

表 12.10 家畜（禽）存量

年份	是否养家畜（禽）	百分比（%）	最小值（只/头）	最大值（只/头）	均值（只/头）	标准差（只/头）
2010	有养羊	94.8	2	90	10.94	8.29
	有养牛	5.5	1	3	1.5	0.61
	有养猪	18.8	1	85	5.25	15.36
	有养驴	11.4	1	3	1.33	0.63
	有养鸡	43.2	2	2000	23.31	172.09
2012	有养羊	95.8	2	100	13.23	10.08
	有养牛	4.7	1	8	1.65	1.565
	有养猪	15.5	1	10	1.35	1.622
	有养驴	5.9	1	2	1.12	0.332
	有养鸡	45.2	1	60	10.22	7.416

综上所述，在获得贷款和政府补贴这一指标上，2012 年贷过款的农户比 2010 年减少了一些，但在获得政府补贴方面，2012 年要比 2010 年增加了许多，并且获得补贴的平均金额也提高了，2010 年与 2012 年政府补贴金额独立样本 t 检验，t= –4.822，自由度 df=603.28，P<0.01，可以看出两年的政府补贴均值存在显著

差异。

在牲畜存量方面，两年的数据基本没有太大的差别，都是养羊最多，其次是养鸡。

5. 社会资本

（1）从政府处获得的支持

2010 年有 98.8%的家庭参加了新型农村合作医疗保险，86%的家庭参加了农村养老保险，并且有 87.8%的农户接受过政府补贴；2012 年所调查的 425 户农户都参加了新型农村合作医疗保险，89.4%的家庭参加了农村养老保险，有 97.2%的农户接受过政府补贴，其中包括农业补贴、低保、生态补助、教育补助等（表 12.11）。

表 12.11　社会资本

年份	社会资本	百分比（%）
2010	参加新型农村合作医疗保险	98.8
	参加农村养老保险	86
2012	参加新型农村合作医疗保险	100
	参加农村养老保险	89.4

在从政府处获得的支持这一社会资本的测量指标上，在参加新型农村合作医疗保险和农村养老保险方面，后一次的调查要比前一次的调查覆盖面更广。

（2）是否参加农民用水者协会

2010 年调查的民勤绿洲边缘区有 88.3%的村里有农民用水者协会，用户加入该协会可以参与有关决策的制定与实施。

12.6　生 计 策 略

从可持续生计分析框架图（图 12.1）中可以看出，生计策略处于生计资本和生计结果之间，起纽带的作用，生计策略是人们在对生计资本的运用之上所采用的不同的生计活动，生计策略是多种多样的，在对生计策略进行选择时，人们有时会从一个地域跨越到另一个地域，从一个部门转向另外一个部门，不仅仅使用一种生计资本，而是将多种生计资本相结合以弥补各个资本的缺点，从而实现他们的生计目标，达到维持家庭生活的目的（表 12.12）。

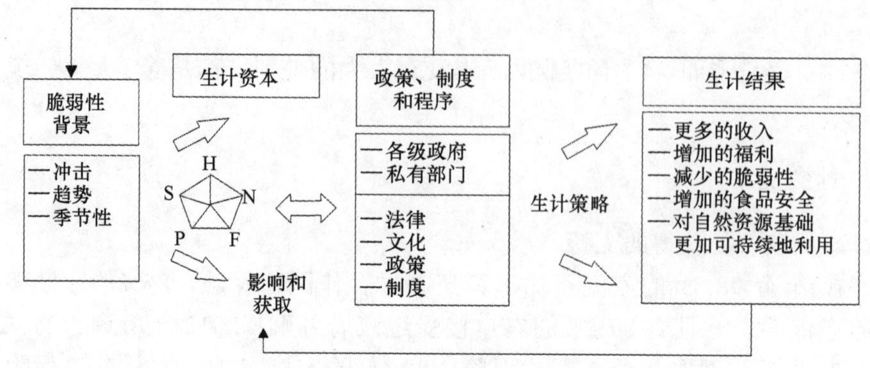

图 12.1　DFID 可持续生计分析框架图

H=人力资本，S=社会资本，N=自然资本，P=物质资本，F=金融资本

表 12.12　农户生计策略测量指标

策略类型	测量指标
农业策略	种植的农作物 农作物的使用方式 蔬菜大棚 牲畜养殖大棚
打工策略	是否有人外出打工 从事的行业
迁移策略	是否有迁移的意愿 迁移途径
消费策略	疾病支出 转移性支出 教育支出
生育策略	生育孩子的个数 性别偏好
投资策略	养殖业投入 种植业投入

12.6.1　农业策略

1. 种植的农作物

在两次调查中农户种植的农作物有粮食作物（玉米、小麦等）、纤维作物（棉花、麻类等）、油料作物（花生、芝麻、大豆、油菜、向日葵等）、糖料作物（甜菜、甘蔗等）、药用作物（甘草、茴香等）、畜草（苜蓿等）、林果类（枣、葡萄等）、瓜果类（黄河蜜等）、蔬菜类（辣椒、洋葱、番茄等）等。表 12.13 显示，在 2010

年调查的 308 户有效问卷中，农户种植纤维作物（主要是棉花）的比例是最高的，占到 22.5%；其次是粮食作物，包括玉米和小麦，达到 20.3%；再次是油料作物（向日葵），有 17.4%的农户种植了这种作物；茴香和蔬菜种植也是比较多的。2012 年调查的 425 户有效问卷中，玉米的种植是最多的，有 26.2%的农户种植；其次是纤维作物（如棉花、麻类等），占到总数的 22.9%；再次是种植油料作物（花生、芝麻、大豆、油菜、向日葵等）的农户，达到 14.9%；种植小麦和蔬菜的农户也相对比较多，分别为 8.3%和 7.8%，2010 年和 2012 年在种植农作物方面有显著差异，χ^2（2，1363）=28.20，$P<0.01$。

表 12.13　农业策略

年份	有蔬菜大棚的比例（%）	有牲畜养殖大棚的比例（%）	农作物使用方式	主要农作物	农作物百分比（%）
2010	12.3	38	除去自己使用，全部出售	纤维作物（棉花）	22.5
				粮食作物（玉米、小麦）	20.3
				油料作物（向日葵）	17.4
2012	16.2	66.1	除去自己使用，全部出售	粮食作物（玉米、小麦）	34.5
				纤维作物	22.9
				油料作物	14.9

2. 农作物的使用方式

2010 年和 2012 年两次调查的农户在使用农作物方面都是除去自己使用的那部分，其余的全部出售，农户出售的方式以私人上门来收购最多，其次是自己到市场上去出售。

3. 蔬菜大棚和牲畜养殖大棚

2010 年有蔬菜大棚的农户不到 15%，近 40%的农户有牲畜养殖大棚；而 2012 年，16.2%农户家有蔬菜大棚，66.1%的农户家里有牲畜养殖大棚。

两次调查农户种植的农作物种类是一样的，但是农作物种植的多少是不一样的，在 2010 年调查中，种植最多的是纤维作物，其次是粮食作物，最后才是油料作物，但是 2012 年种植最多的是粮食作物，其次是纤维作物，最后才是油料作物。在出售方式上两次调查的农户都是一样的，没有差别。2012 年的蔬菜大棚和牲畜养殖大棚都比 2010 年的有所增加，尤其是牲畜养殖大棚的比例有大幅度上升。

12.6.2　打工策略

这一部分的策略是从是否有人外出打工和出去从事的行业两个方面来测量的。

1. 是否有人外出打工

在 2010 年调查的农户中，有 38.6%的家庭有人会在农闲时候打零工，有 35.1%的家庭有人会长期外出打工；2012 年有 48.2%的家庭有成员会长期外出打工，外出的家庭人员中以中青年为主，占到 70%（表 12.14）。

表 12.14 打工策略

年份	有人长期外出打工（%）	主要从事行业
2010	35.1	建筑业和服务业
2012	48.2	建筑业和服务业

2. 从事的行业

表 12.14 显示，2010 年外出打零工的人从事的行业以农业最多，其次是建筑业；而长期外出打工的人是以服务业和建筑业居多；同 2010 年一样，2012 年长期外出打工的人从事的行业也是以服务业和建筑业居多。

这两次调查的数据中关于打工策略方面的测量指标，两者没有太大的区别，外出打工的比例差别不大，从事的行业主要是建筑业和服务业。

12.6.3 迁移策略

关于迁移策略主要是从是否有迁移意愿及迁移的途径这两个方面来测量的。

1. 是否有迁移的意愿

在 2010 年调查的 308 户有效数据中，有 26%的农户有迁移的意愿，74%的农户没有；而在 2012 年调查的 425 户有效数据中，有 18.1%的农户有迁移的意愿，81.6%的农户没有。具体迁移策略结果如表 12.15 所示。

表 12.15 迁移策略

年份	迁移意愿	百分比（%）
2010	有	26
	没有	74
2012	有	18.1
	没有	81.6

2. 迁移途径

2010 年调查中，有迁移意愿的受访者选择的前三位的外迁方式依次是：外出务工（22 位）、依靠政府组织移民项目（19 位）、投靠在外地的成年子女（16 位）。2012 年，在 77 位表示有迁移意愿的受访者中，选择的前三位的外迁方式依次是：政府组织移民（21 位）、随子女迁出（20 位）和外出务工（13 位）。

12.6.4　消费策略

1. 疾病支出

在 2010 年调查的农户中，疾病支出的最小值为 0 元，最大值为 80 000 元，平均值为 3333.58 元。2012 年调查的农户疾病支出最小值为 0 元，最大值为 100 000 元，平均值为 5061.86 元。2010 年与 2012 年疾病支出金额独立样本 t 检验，t=–2.793，自由度 df=603.28，P=0.005<0.05，可以看出两年的疾病支出存在显著差异。2012 年的疾病平均支出要大于 2010 年的平均支出（表 12.16）。

表 12.16　消费策略　（单位：元）

年份	消费策略	最小值	最大值	均值	标准差
2010	疾病支出	0	80 000	3 333.58	6 326.31
2012	疾病支出	0	100 000	5 061.86	10 313.53
	转移性支出	0	50 000	2 952.11	3 822.84
	教育支出	0	50 000	8 725.88	10 793.23

2. 转移性支出

在 2012 年调查的有效数据 425 户中，转移性支出的最小值是 0 元，最大值是 50 000 元，平均值是 2952.11 元（表 12.16）。

3. 教育支出

2012 年调查的 425 户有效数据中，教育支出的最小值是 0 元，最大值是 50 000 元，平均值为 8725.88 元（表 12.16）。

12.6.5　生育策略

1. 生育孩子的个数

2010 年调查的 308 户有效数据中，选择生育两个孩子的有 213 户，占总数的 69.2%，其次是生育一个孩子的家庭，有 53 户，占总数的 17.2%，再次是生育三个孩子的农户，有 26 户，占总数的 8.4%。

2. 性别偏好

2010 年调查的农户中，有 123 户选择有男有女最好，占总数的 39.9%，有 121 户选择无所谓，占总数的 39.3%，再次是选择第一胎最好是男孩的，有 48 户，占总数的 15.6%。

12.6.6 投资策略

在研究区，农村家庭最主要的投资领域是养殖业和种植业。

投资策略分析结果如表 12.17 所示，2010 年的养殖业总投入最小值是 0 元，最大值是 210 000 元，平均值为 1991.42 元；种植业总投入最小值是 0 元，最大值是 150 000 元，平均值为 10 657.75 元。2012 年养殖业总投入最小值是 0 元，最大值是 39 000 元，平均值为 2211.58 元；种植业总投入最小值是 0 元，最大值是 65 000 元，平均值为 9336.24 元。2010 年与 2012 年种植业总投入独立样本 t 检验，t=1.468，自由度 df=375.43，P=0.143>0.05，两年的种植业总投入没有显著差异。2010 年与 2012 年养殖业总投入独立样本 t 检验，t= –0.303，自由度 df=708，P=0.762>0.05，两年在养殖业上的总投入也没有显著差异。

表 12.17 投资策略 （单位：元）

年份	投资策略	N	最小值	最大值	平均值	标准差
2010	种植业总投入	303	0	150 000	10 657.75	14 801.45
	养殖业总投入	287	0	210 000	1 991.42	13 914.33
2012	种植业总投入	417	0	65 000	9 336.24	6 035.92
	养殖业总投入	423	0	39 000	2 211.58	4 449.63

在投资策略上，种植业投入，2010 年大于 2012 年，但养殖业投入，2012 年的投入要大于 2010 年的投入。

12.7 生计结果

生计结果是生计策略目标的实现或者结果。在本研究中，我们利用经济收入指标作为生计结果的测量工具。

通过对两次数据中收入主要来源的分析，得出两次调查的农户主要收入来源都是农业收入，但是两次调查的农户的总收入却有很大的差别（表 12.18）。2010 年与 2012 年家庭总收入独立样本 t 检验，t=9.247，自由度 df=433.99，P<0.01，因此两年的家庭总收入存在显著差异，2010 年调查的民勤绿洲边缘区

农户的家庭总收入大于 2012 年调查的农村家庭总收入，2010 年与 2012 年家庭人均收入独立样本 t 检验，t=9.810，自由度 df=426.88，P<0.01，因此两年人均收入存在显著差异。在政府补贴方面，虽然在 2010 年调查的农户中获得政府补贴的最大金额要大于 2012 年，但是平均每户获得的补贴金额却是 2012 年大于 2010 年。从总体上来看，2010 年农户的生计结果要比 2012 年的农户稍微好一些。

表 12.18　生计结果　　（单位：元）

年份	收入	N	最小值	最大值	平均值	标准差
2010	当年总收入	298	600	255 000	26 832.89	22 229.42
	人均收入	298	250	63 750	6 776.99	5 571.33
	政府总补贴	267	0	40 000	941.83	2 629.64
2012	当年总收入	409	0	80 000	13 614.49	12 553.37
	人均收入	409	0	20 000	3 280.33	3 059.92
	政府总补贴	413	60	21 500	1 974.98	2 874.62

12.8　民勤绿洲边缘区的环境问题及环境变化

12.8.1　当地主要的环境问题

有关民勤绿洲生态环境的总体情况已经在第 2 章中有所论述，这一章主要利用两次实地调查数据来分析民勤绿洲边缘区的主要环境问题。在 2010 年的问卷中，我们列举了 8 种在当地可能存在的环境问题，并请受访者对这些问题的严重程度做出主观评价。对环境问题状态的评价共有 6 个选项，分别是：很严重、比较严重、不太严重、不严重、没有该问题和不知道。在 2012 年的问卷中，我们把可能的环境问题调整为 10 个，把 2010 年问卷中的“水资源短缺”分解成地表水资源短缺和地下水资源短缺，删除了“白色污染”和“毁林开荒”，另外增加了空气污染、固体垃圾污染和地表水污染 3 个环境问题。

频数分析的结果如表 12.19 所示。2010 年，94.8%和 97.1%的受访者认为“沙尘暴”和“水资源短缺”的问题很严重或比较严重；84.4%的受访者认为“地下水水质矿化”的问题很严重或比较严重；74.7%的受访者认为“土地沙化”的问题很严重或比较严重；67.9%的受访者认为“土地盐碱化”的问题很严重或比较严重。很少有受访者认为存在“毁林开荒”的问题。

表 12.19　受访者对当地环境问题的评价

环境问题	2010 年（N=308）			2012 年（N=425）		
	很严重	比较严重	合计百分比（%）	很严重	比较严重	合计百分比（%）
沙尘暴	236	56	94.8	324	66	91.8
土地沙化	146	84	74.7	158	92	58.8
土地盐碱化	111	98	67.9	128	97	52.9
地下水水质矿化	153	107	84.4	122	102	52.7
水资源短缺	266	33	97.1			
地表水资源短缺				246	99	81.2
地下水资源短缺				244	111	83.5
白色污染	56	83	45.1			
植被破坏	48	52	32.5	47	32	18.6
毁林开荒	3	4	2.3			
空气污染				6	8	3.3
固体垃圾污染				30	42	16.9
地表水污染				18	36	12.7

2012 年，认为“沙尘暴”“地表水资源短缺”和“地下水资源短缺”的问题很严重或比较严重的受访者比例分别是 91.8%、81.2%和 83.5%，这比 2010 年均有所下降。认为“地下水水质矿化”的问题很严重或比较严重的受访者比例是 52.7%，比起 2010 年的 84.4%有较大幅度的下降。认为“土地沙化”和“土地盐碱化”的问题很严重或比较严重的受访者比例分别是 58.8%和 52.9%，比起 2010 年的数值均有较大幅度的下降。而在 2012 年的问卷中，我们假设的三废问题，即空气污染、固体垃圾污染和地表水污染，均不被认为是当地很严重或比较严重的环境问题。

12.8.2　民勤绿洲边缘区的环境变化

自《石羊河流域重点治理规划》实施以来，官方资料显示民勤绿洲的生态环境有了明显好转，我们的调查数据也支持了这个结论。我们在两次家庭调查的问卷中询问了受访者对本地主要环境问题在过去 5 年里发生变化的评价，可供选择的选项有 6 个，分别是：严重恶化、有所恶化、没有变化、有所改善、大大改善和不知道。在做频数分析时，将严重恶化和有所恶化合并为一个选项——“恶化”，把有所改善和大大改善合并为另一个选项——“改善”，相关频数和百分比如表 12.20 所示。

表 12.20　受访者对过去 5 年来环境问题变化趋势的评价

环境问题	2010 年（N=308）			2012 年（N=425）		
	恶化	没有变化	改善	恶化	没有变化	改善
沙尘暴	198（64.3）	37（12.0）	71（23.1）	167（39.3）	68（16.0）	189（44.5）
土地沙化	171（55.5）	64（20.8）	61（19.8）	130（30.6）	183（43.1）	101（23.8）
土地盐碱化	167（54.2）	80（26.0）	55（17.9）	111（26.1）	202（47.5）	107（25.2）
地下水水质矿化	221（71.8）	51（16.6）	24（7.8）	106（24.9）	217（51.1）	70（16.5）
水资源短缺	255（82.8）	23（7.5）	23（7.5）			
地表水资源短缺				207（48.7）	114（26.8）	101（23.8）
地下水资源短缺				239（56.2）	94（22.1）	83（19.5）
白色污染	84（27.3）	90（29.2）	130（42.2）			
植被破坏	67（21.8）	153（49.7）	80（26.0）	78（18.4）	274（64.5）	67（15.8）
毁林开荒	11（3.6）	183（59.4）	108（35.1）			
空气污染				21（4.9）	381（89.6）	17（4.0）
固体垃圾污染				67（15.8）	307（72.2）	34（8.0）
地表水污染				40（9.4）	345（81.2）	26（6.1）

注：括号中的数字为百分比（%）

资料来源：笔者调查

在 2010 年的调查中，64.3%的受访者认为沙尘暴问题在过去 5 年的变化趋势是恶化，而在 2012 年的调查中，这一比例下降到 39.3%。2010 年，82.8%的受访者认为水资源短缺问题在过去 5 年的变化趋势是恶化，而在 2012 年，认为地表水资源短缺和地下水资源短缺在过去 5 年里呈恶化趋势的比例分别是 48.7%和 56.2%，这些数据比起 2010 年的数据均有较大幅度的下降。2010 年，71.8%的受访者认为地下水水质矿化的问题在过去 5 年的变化趋势是恶化，而在 2012 年，这一比例只有 24.9%。2010 年，认为土地沙化和土地盐碱化问题在过去 5 年呈恶化趋势的比例均超过 50%，分别是 55.5%和 54.2%，而在 2012 年，这二者的比例均大幅度下降，分别为 30.6%和 26.1%。

同时，通过比较，2012 年受访者认为各个主要的环境问题在过去 5 年里呈改善趋势的比例大多比 2010 年有所上升。这些数据生动地反映了民勤绿洲的生态环境在《石羊河流域重点治理规划》实施以来发生了明显的好转。

12.9　制度障碍研究

12.9.1　政策实施对农户生计的影响

为了保护当地的水资源，防止沙漠的推进，当地政府制定了政策指导民勤绿洲的沙漠治理。首先，政府对当地农户的生计活动采取了限制用水的措施。根据调查，80%的农户认为政府目前配给的生产用水不足。在关井压田后，面对缺水缺地的困境，超过半数的农户自愿选择了削减耕地面积。除此之外，70%的农户减少了农作物的灌溉次数，选择靠天吃饭。其次，政府鼓励农户采用转换农作物种植类别的方法节水。据调查，74%的农户已经在政府政策的要求下种植低耗水型农作物，如玉米。但这将导致农作物种植的单一化问题和农户对口粮安全的担忧。为了解决这些问题，一方面，政府实施了一些经济政策，如引导农户发展大棚种植业和家庭养殖业、林果业，但效果不甚理想；另一方面，政府拨款给予经济补偿，但仍难以弥补农户关井压田之后农业收入的减少。在这种情况下，外出打工的农户依然占少数，大多数农户任凭环境变化，被动接受政策影响，逐渐走向贫困。由于政策实施的重点在于改善当地的资源环境状况，对农户的生计采取的辅助政策不足以帮助他们维持以往的生计，当地的农户逐渐成为了“困难户”。具体环境和经济政策实施的响应效果对比见表 12.21 和表 12.22。

表 12.21　2010 年和 2012 年环境政策对家庭收入的影响

反应变量		设计变量		
		2010 年（A）	2012 年（B）	比较
收入增加	户数	5	74	A<B
	百分比	0.70%	10.10%	
收入减少	户数	277	133	A>B
	百分比	37.80%	18.20%	
收入没有变化	户数	25	218	A<B
	百分比	3.40%	29.80%	
		χ^2=251.647***		

*** P <0.001

表 12.22　2010 年和 2012 年经济政策对家庭收入的影响

反应变量		设计变量		
		2010 年（A）	2012 年（B）	比较
收入增加	户数	21	135	A<B
	百分比	2.90%	18.50%	
收入减少	户数	9	28	A<B
	百分比	1.20%	3.80%	
收入没有变化	户数	275	261	A>B
	百分比	37.70%	35.80%	
		χ^2=76.779***		

*** P <0.001

如表 12.21 和表 12.22 所示，2010 年环境政策对农户的经济收入有较大的影响，导致近 90%的农户经济收入减少。到了 2012 年，农户渐渐适应了政策实施后的生活方式，并且有一部分人从环境政策中受益，收入开始增加。但是必须注意的是，农户经济收入增加并不是说明他们的收入比 2010 年高，而是在 2010-2012 年，随着环境政策的稳定实施，收入开始逐渐回升。对于经济方面的政策，可以看出，成效正在逐步显现，认为收入增加的农户增加了 25%。这说明，从当地发展的长远角度来说，环境政策与经济政策是有作用的。只是在短期内，对于大多数农户还是一个生计活动的瓶颈期。

12.9.2　当地农户耕地状况对年现金收入的影响

以上分析了政策实施对农户生计行为的影响。对于以耕作为最主要生计活动的农户来说，还有一个最主要的影响因素——土地。我们分别对 2010 年和 2012 年的耕地状况与农户的年现金收入进行了多元回归分析，以观察对比土地情况的变化对农户收入的影响状况。

1. 2010 年农户耕地状况-年现金收入模型

我们选取的自变量指标为每个农户 2010 年的耕地面积、耕地的劳动力总数、人均耕地面积、农资总投入、开荒面积（表 12.23）和 2010 年的耕地质量（图 12.2）。其中耕地质量的测量指标的性质为定序，我们依照虚拟变量的处理方式对其进行了处理。在问卷调查中，耕地质量的好坏依照农户的经验认知进行划分：“1”为非常差，“2”为比较差，“3”为一般，“4”为比较好，“5”为非常好，“6”为不清楚（图 12.2）。在处理过程中，回答“不清楚”的按照缺失处理，回答“一般”的作为虚拟变量的参照组，在回归分析的过程中，由于回答“非常差”的农户所占比例极小，被系统自动删去。统计结果如表 12.23 和图 12.2 所示。

表 12.23　2010 年自变量描述统计

	平均数	标准差	户数
耕地面积（亩）	12.646	16.969 2	306
耕地的劳动力总数（人）	6.427	14.330 5	306
人均耕地面积（亩）	4.661	14.503 5	305
农资总投入（元）	13 044.04	58 192.437	302
开荒面积（亩）	42.572	106.445	47

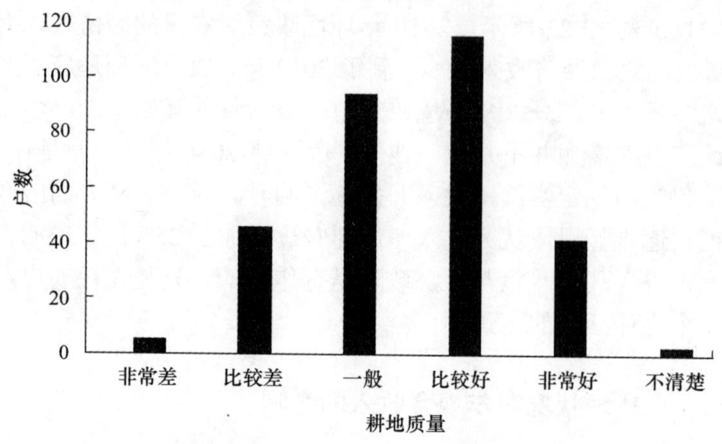

图 12.2　2010 年耕地质量情况条形图

通过 R^2 数值，我们看到该模型的解释力为 75%，说明解释力度很强（表 12.24）。通过回归系数，可以得到以下结果：在控制其他变量的情况下，耕地面积每增加 1 亩，农户的年现金收入将会减少约 1508 元；在控制其他变量的情况下，参与耕地的人数每增加 1 人，农户的年现金收入将会增加约 1037 元；同样，在控制其他变量的情况下，人均耕地面积每增加 1 亩，农户的年现金收入将会增加约 381 元。为什么会出现这样的情况？按照常理，耕地面积越大，农户可支配的土地就越多，耕作作物也越多，收入应该更高。为什么反而下降？这主要是由两个原因造成的。其一是水资源不足，虽然土地增加，但是由于缺乏足够量的水资源，农户需要更大的农资投入才能得到回报，如买高价水。其二是农户对土地资源的依赖过大，虽然拥有的土地相对较多，但是在水资源减少的情况下，越是依赖耕地，家庭收入越低，越有贫困化的倾向。在民勤地区近 70%的农户是依赖土地的，造成了当地的贫困化趋势。总体来看，要提高该地区的农户收入需要增加的是土地使用的密度，而不是通过增加耕地面积来提高收入。通过模型可看到，在控制其他变量的情况下，每增加 1 元的农资总投入，现金收入相应地增加约 1.6 元，这对于农民的耕作收入来说是很小的回报，但确实说明增加农资投入对增加家庭收入有显著的正效应。同时，劳动力相应增加，人均耕地面积增加则现金收入也会增加。根据我们了解，当地的土地政策是 30 年不变，很多农户家中添丁二十多年，依然分不到土地，因而农业收入很少。但是，有的家庭人口减少，但是依然有很多土地，在缺水的情况下会撂荒部分土地，因而造成农业收入下降的现实。由此可见，在《石羊河流域重点治理规划》当中提出的缩减土地面积、增加土地和水资源利用效率的方向总体是正确的。

表 12.24　2010 年耕地情况对农户年现金收入影响的多元回归分析摘要表

预测变量	B	标准误	Beta（β）	t 值
（常量）	20 736.088	4 168.732		4.974^{***}
2010 年耕地面积	−1 507.905	434.383	−2.844	-3.471^{***}
2010 年耕地人数	1 037.412	1 400.048	1.491	$0.741^{\text{n.s.}}$
2010 年人均耕地面积	380.826	1 175.253	0.558	$0.324^{\text{n.s.}}$
2010 年农资总投入	1.638	0.3	1.905	5.463^{***}
2010 年开荒面积	−12.824	15.961	−0.073	$-0.803^{\text{n.s.}}$
2010 年耕地质量 2	−9 190.951	5 108.451	−0.186	$-1.799^{\text{n.s.}}$
2010 年耕地质量 4	184.927	4 217.378	0.005	$0.044^{\text{n.s.}}$
2010 年耕地质量 5	−10 642.543	5 244.584	−0.192	-2.029^{*}
	R^2=0.750	调整 R^2=0.691	F=12.762***	

n.s. P >0.05，* P<0.05，*** P<0.001

2. 2012 年的农户耕地状况-年现金收入模型

为了便于与 2010 年的模型进行比较，我们选取的 2012 年自变量指标为每个农户的耕地面积、耕地的劳动力总数、人均耕地面积、农资总投入（表 12.5）和 2012 年的耕地质量（图 12.3）。由于不再有开荒的农户，我们不得不在缺少和 2010 年相对应的开荒面积的条件下进行分析。其中耕地质量的测量指标的性质为定序，我们依照虚拟变量的处理方式对其进行了处理（图 12.3）。在问卷调查中，耕地质量的好坏是依照农户的经验认知进行划分："1"为非常差，"2"为比较差，"3"为一般，"4"为比较好，"5"为非常好，"6"为不清楚。在处理过程中，回答"不清楚"的按照缺失处理，回答"一般"的作为虚拟变量的参照组。统计结果与 2010 年出现了巨大的差异，具体如表 12.25 和图 12.3 所示。

由表 12.26 可见，2012 年农户的现金收入用土地的影响进行解释已经很不适用了，模型的解释力只有 7.3%，是非常小的。而从各个系数来看，只有 2012 年的耕地质量与现金收入相关。但通过自变量的变化看到，耕地面积的确是下降了，耕地的劳动力减少了，人均耕地面积则下降了近一半。但是据了解，大部分的农户并没有从对土地的依赖逐步转向外出务工，由于资金的暂时短缺，很多农户的

表 12.25　2012 年自变量描述统计表

	平均数	标准差	户数
耕地面积（亩）	10.800 7	4.218 74	417
耕地的劳动力总数（人）	4.345 3	1.729 45	417
人均耕地面积（亩）	2.566 2	0.907 65	417
农资总投入（元）	9 336.244	6 035.922 29	417

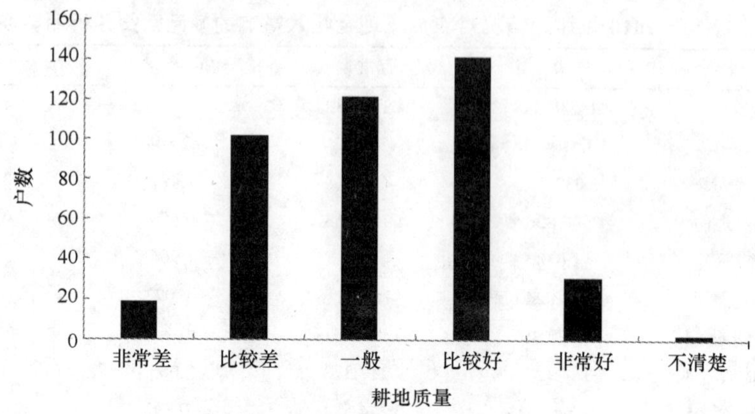

图 12.3　2012 年耕地质量情况条形图

表 12.26　2012 年耕地情况对农户年现金收入影响的多元回归分析摘要表

预测变量	B	标准误	Beta（β）	t 值
（常量）	9740.093	3002.024		3.245^{***}
2012 年耕地面积	124.005	255.782	0.041	$0.485^{n.s.}$
2012 年耕地人数	–144.983	475.04	–0.02	$-0.305^{n.s.}$
2012 年人均耕地面积	713.948	1120.546	0.051	$0.637^{n.s.}$
2012 年农资总投入	0.113	0.108	0.054	$1.046^{n.s.}$
2012 年耕地质量 1	–7743.61	3052.954	–0.128	-2.536^{*}
2012 年耕地质量 2	–4959.51	1672.654	–0.168	-2.965^{*}
2012 年耕地质量 4	1583.243	1540.865	0.059	$1.028^{n.s.}$
2012 年耕地质量 5	3717.697	2464.619	0.078	$1.508^{n.s.}$
R^2=0.073　调整 R^2=0.054　F=3.975^{***}				

n.s. $P > 0.05$，$*P < 0.05$，$***P < 0.001$

生计依靠暂时转向对政府补贴和救助的依赖。因此，发挥政策的最大效应，需要加强职业技术教育和务工信息的传递，使得农户渐渐适应向非农业生计活动的转换过程。

12.9.3　当地农耕文化对生态环境的影响

民勤的“精耕细作”导致了当地严峻的生态环境恶化，这主要是水资源的变化和传统的耕作行为的结果。地表水的锐减迫使绿洲人民寻求新的水源——地下水。大量开采地下水以维持农业灌溉显然不是长远的办法。在水资源变化的情况下，当地人民缺乏新的耕作方法来代替传统方法，缺乏环保意识，导致农户盲目开荒、过度抽取地下水，使生态环境不断恶化，沙漠化愈演愈烈。由于严峻的生态环境已经影响到周边地区，政府开始进行干预，制定了新的耕作制度，以改变传统耕作习惯，挽救民勤绿洲。

不可否认，当地水资源的减少和沙漠化的增加，一方面是环境自身的变化所致，但另一方面农户超强的经济活动却是民勤环境演变的主导因素。要控制人们的经济行为不仅需要现代科技的协助，还需要政府的帮助。这个过程包含了传统耕作文化和环境保护政策的冲突与协同过程，当地农户需要一定时间来适应新的生计方式。

耕作文化之所以成为文化的一部分，主要是基于文化本身的保存特性、自然的地理单元、当地人民的生产习惯和传统制度以及稳定的人群，这些共同形成了当地耕作文化的牢固结构。环境治理政策无疑会打破这种结构，并且逐步改变传统耕作方式，使其适应现代发展，并且有利于当地的生态环境保护。可以看到，首先，土地作为农耕活动的首要物质基础，耕地面积被限制，政府强制退耕还林，农户不能随意开垦荒地来谋求经济利益。其次，为恢复天然植被，在政府干预下，农牧民被禁牧甚至搬迁，放牧有时间限制，农户必须遵从制度安排，否则就被罚款。当然，最大的冲突在于制度要求下的迁移，这直接打碎了原本一体的区域团结，对当地传统耕作文化造成了巨大影响。此外，环境政策的长期性和风险性也加剧了与传统文化的冲突。传统耕作文化是建立在一定的生产力水平和一定的经济活动规模下的。在这种生产力水平和经济活动规模下人们的物质生产活动与自然生态环境之间维持着一种低水平、低层次的脆弱平衡。一旦平衡状态被打破，生态危机可能就会出现，这就需要环境保护政策的协助，但同时，环境治理政策在进行干预和革新的同时，也会遇到冲突与阻力。

12.10　本 章 小 结

通过对民勤绿洲边缘区农村家庭生计现状的描述，主要在 DFID 生计框架下从生计资本、生计策略和生计结果三个方面，对 2010 年和 2012 年两次农户调查数据进行分析。在农户的人力资本方面，调查的这一地区农户的文化水平相对比较低，受教育年限小于 8.05 年；在自然资本的耕地面积方面，虽然平均每个人都能分到一些土地，但是人均耕地面积由原来的人均 4.67 亩，缩减到现在的人均 2.58 亩。在配水量方面，70%以上的农户选择生活用水足够，而生产用水不够；在物质资本上，农村家庭都能拥有方便快捷的交通工具，并且还能使用多种交通工具，和交通工具一样，农户现在基本上能够实现农业生产机械化，并且还是多种机械相结合来促进农业生产。在两年的调查中，农户都有蔬菜大棚和牲畜养殖大棚，但是相较于 2010 年，2012 年的牲畜养殖大棚有所增加；在农户金融资本和社会资本中，虽然农户存款的比例很小，但是农户贷款和获得政府补贴的比例却是相对比较高的。

生计策略是沟通生计资本和生计结果之间的桥梁，为了达到生计结果的目标，采用了多种方式的生计策略，并且还能使多个生计策略相结合。

从前面的数据分析中可以看出，这一地区农户的主要收入是农业收入，对农业还是有较大的依赖性。

自《石羊河流域重点治理规划》实施以来，民勤绿洲的生态环境发生了明显好转，但水资源短缺、沙尘暴和地下水水质矿化问题仍然比较严重。

民勤绿洲区气候属温带干旱气候，降水稀少，地表水资源仅依靠武威盆地石羊河供给。由于民勤处于石羊河下游，水质和水量都远少于上、中游，因此灌溉水源由原先的地下水转向石羊河地表水，且不能保证农户的灌溉所需。据调查得知，现在石羊河的上、中游一部分水资源已经被调往民勤用于阻退沙漠。但是如果民勤农户不能转变生产方式，仍然依赖农业发展，不仅民勤农户很难脱离贫困，而且随着石羊河上、中游农户被强制节水、土地生产面积被削减，整个流域的农业经济也将受到严重影响。民勤农户的生产方式转变需要政府的大力支持与引导，政府可通过基础教育、技术骨干指导等普及具有针对性的农业节水技术和环保知识；落实对农户的经济补偿。政府还可以为农户提供可行的生计途径，如降低贷款门槛，发展家庭养殖业、手工业；组织劳务输出，为农户提供可靠的外出务工信息及途径等。认识到这一点，结合可持续生计框架，从环境、政策和文化的角度进一步研究对农户有效的生计路径，就有可能破除民勤农户的生计障碍，并进一步扩大环境社会学的理论和实证研究，同时，也能为其他国家解决水资源危机提供启示。

第 13 章　石羊河流域生态可持续发展途径研究

13.1　简　　述

脆弱性是阻碍可持续性的重要因素。有关脆弱性的最早研究可与 20 世纪五六十年代的灾害研究相联系，其主要考察人类面对各种危害的潜在风险程度。近年来，随着全球变化研究领域中对人类活动研究的加强，脆弱性的研究范围不断扩展到自然、人文、社会、经济等众多领域。鉴于宽领域、多学科研究的广泛性，对脆弱性概念的界定一直存在着不同的理解和应用。众多关于脆弱性概念的定义中，比较认同 Adger 和 Kelly（1999）的提法：脆弱性是个人、群体和社会的一种状态，是对外界压力的调整和适应能力。

在经济学中，常常会根据收入或消费水平并使用贫困指标来度量那些不幸家庭或个人的福利状况（郭劲光，2011）。而这种基于贫困指标的测度只能评判家庭生计的现状，却忽视了在可能的外力干扰下，要想可持续发展，务必先要认清导致农户生计脆弱并不可持续的影响因子，然后对症下药，施以正向的政策引导。刘燕华和李秀彬（2007）在梳理脆弱性文献时，按照自然系统和人文系统脆弱性进行了类属划分，本章将采用这种分类方法来探究民勤绿洲边缘区农村家庭生计脆弱的原因。

13.1.1　基于自然系统视角的生计脆弱性成因

1. 特定的风险性生存环境

目前，民勤绿洲面积约 1100 km^2，约占民勤县土地面积的 7.1%，有天然荒漠草地 3199.8 km^2，同时巴丹吉林沙漠和腾格里沙漠从东、西、北三面包围着民勤绿洲，已经有 2000 多年的历史，该区域气候干燥，大陆性荒漠气候特征十分明显，年均气温为 7.8℃，年均日照时数 3021 h，年均降水量为 112 mm，年均蒸发量高达 2582 mm（李渊等，2019）。按自然水系，从 1958 年开始，民勤位于石羊河流域下游，红崖山和跃进渠的建成把民勤变成了一个人工绿洲。全县划分为三大灌区，即红崖山灌区、昌宁灌区和环河灌区，是一个典型的绿洲灌溉农业区（胡小军，2011）。

2. 水资源的短缺与水质恶化

由于自然和人为两种因素的影响，民勤绿洲生态环境退化严重（常兆丰等，

2005)。其中，地表水资源的逐年减少是民勤绿洲生态状况不断恶化的主导因素（宋冬梅等，2004）。

自 20 世纪 50 年代以来，随着经济的发展、人们收入的提高以及对土地资源的过度开发，对水资源的需求与日俱增，尤其是石羊河中游（主要是凉州区）对水资源的过度使用，使得进入下游（民勤盆地）的地表水量大大减少，已远远不能满足当地工农业生产的发展需求，为了维持生产的正常发展，不得不过量掘井取水，使超采地下水的状况愈演愈烈。

水资源总体存量不足，加之对地下水的大量超采，直接导致地下水水位持续下降和水质恶化、矿化度不断提高（沈天成和李萍，2008)。特别是下游民勤地区，其北部湖区生态已十分脆弱，绿洲面临消亡威胁，严重危及居民的生存。

13.1.2 基于人文系统视角的生计脆弱性成因

从人文系统的角度讲，农户生计脆弱性是对家庭生计状况的综合考量，反映了社会、经济、政治及个人行为等多种因素集合而成的一系列潜在危害对农民家庭的扰动影响。

1. 制度政策因素

制度设计的缺陷和政策推行的不力都不同程度地加重了绿洲边缘区农户的生计脆弱性。其中，制度因素主要涉及户籍制度、土地制度、教育制度、就业制度等；在政策领域，过去的涉农政策大都以经济绩效的高增长为政策设计基点，而不是立足于农户的生计风险和脆弱性，这种传统农业政策的推行丝毫没有减轻脆弱性。

政策设计者不从农户自身实际出发，不能切身感受农民所想所需，这是导致政策预设和实际结果大相径庭的原因所在。例如，石羊河流域综合治理政策实施以来，当地政府种植单一的相对节水的玉米，在同一块土地上连年种植同一种作物，这有违科学种田的精神和轮作休耕的传统经验，不利于土地的休养生息和土壤营养的自然调配。

2. 社会经济发展趋势影响

宏观的社会经济发展趋势必然会影响到生态脆弱区农户的生计资本和生计策略，问题在于这种影响的结果是正向积极、有助于增进人类福利的，还是相反的。

长期以来，我国社会经济取得巨大发展的同时，生态环境却在不断退化，尤其是在西部内陆河流域区，生态环境对经济社会发展的承载已严重弱化。究其原因，历史上，伴随西方工业文明发展和成长起来的“人类中心主义”理念作为一种根深蒂固的人类与自然的关系模式，曾在很长一段时间内对我国社会经济发展起主导作用。这种发展理念与资本追求无限增值的传统生产模式及现代人追求舒适和便捷的消费模式，在内在要求上是密不可分的。它的实质是：一切以人为中心，或一切以人为尺度，为人的利益服务，一切从人的利益出发。这种“帝国式”自然观，其“反自然”性质的作用导致了严重的不良后果，从根本上损害了人类的目标，使人类陷入深深的困境之中。用人类中心主义的思想可以说明迄今为止所取得的一切成就，也可以说明人类目前所面临的困难（余谋昌，1994）。另外，在非均衡发展战略上，西部地区为东部地区在自然资源供给方面做出了无私贡献，但自身的基础设施建设和社会保障却远远落后于东部地区社会经济的发展，资源型行业没有规模经济，生态环境日益脆弱。

3. 农户自身资产、权利和能力的缺乏

从微观层面上讲，农户自身拥有资产存量的不足、人力资本的薄弱、应享权利的无保障、生存能力的缺乏都可能造成贫困地区农户生计的脆弱。从现实情况来看，民勤绿洲边缘区农户的生计状况表现出明显的脆弱性，在面临自然社会资本风险的冲击时，缺乏可以流动的金融资本，物质资本转换率较低，社会关系网络简单，人力资本初始存量较低，使他们在生计策略的选择过程中遇到了很多困难。

有研究认为，民勤绿洲边缘区农民的生存境遇（恶劣的生态环境和资源短缺）是基于空间分割的外部生存环境，而“原子化”的农民无力改变现状，在缺乏有效的内部资源的情况下，农民的制度化生存特征明显（郝世亮，2010）。

13.1.3　可持续生计的途径：定义、理论与经验

国际发展领域对于农户生计的思考，始于 Robert Chambers 在 20 世纪 80 年代中期的工作，自此之后，“生计”一词基于不同的语境或研究侧重点而被赋予不同的含义，尽管生计概念的内涵和外延尚未完全廓清，但综观中外学者对生计含义的界定，其内容涉及人类生产生活的各个方面，可以把生计描述为人们为生存而使用的资源与他们谋生活动的结合（Speranza et al.，2008）。

借鉴关于“生计”和“可持续生计”研究的理论成果，我们将可持续生计途径界定为：在人类赖以生存的生态系统承载力范围内，且在不破坏自然资源的前提下，人们为了能维持自身目前的能力和资产，并加强未来的能力和资产时，所采取的一系列能有效应对外界压力或冲击的包括能力、有形和无形资产及各种活动在内的对策措施集。可见，可持续生计途径就是一种阐述多种原因致贫并给予多种解决方案的集成分析框架，是设计以人为中心的缓解贫困方案的建设性工具（Roberts 和杨国安，2003）。

英国国际发展署(DFID)于1999年建立的可持续生计框架(sustainable livelihood approach，SLA)框架——DFID框架是最为经典的分析框架，较常被组织机构和专家学者采用。

(1) DFID的可持续生计框架

DFID模型将可持续生计界定为:生计是人们为了谋生所需要的能力、资产(包括物质和社会资源)以及所从事的活动的组合。

(2) 以CARE基本需要和权利为基础的生计框架

CARE(Cooperative for American Remittances to Europe)生计途径框架是一个国际非政府组织使用生计方法作为其主要规划的框架。其所使用的生计安全定义把生计分为三个基本要素：资产（储备、资源、所有权和可获得性途径)、能力和某种生活方式所需要的活动。

(3) Oxfam的可持续生计框架

牛津饥荒救济委员会（Oxford Committee for Famine Relief，Oxfam）使用的是一种半官方的生计途径分析框架，和DFID框架有很大的相同，它也借鉴Chambers和Conway的可持续生计定义，并强调持续性包含着不同的构成元素。Oxfam框架认为现存的生计分析框架尽管在项目和政策层次水平上有较高的价值，但在研究上仍然有些抽象（de Satgé et al.，2002)。

(4) UNDP的可持续生计框架

联合国开发计划署（United Nations Development Programme，UNDP）可持续生计途径框架认为生计是人们生存的手段、活动、权利和资产。要求重视人类的力量而非需求，同时强调建立微观、宏观之间联系的重要性。开发出了投入、产出、成果、影响、过程等指标。

自20世纪90年代中期以来，国际上一些发展研究机构、非政府组织、政策利益主体及专家学者将上述不同类型的可持续生计框架广泛应用于众多国际发展领域的研究和实践。其研究经历了从如何提高收入到如何提高生计可持续性的重心过渡（陆五一等，2011)。

13.1.4 农户生计活动状况的描述性统计分析

2013年1月实地调查共收集有效样本425户，该区域农民家庭生计的首选是经营种植业，调查数据显示，以农业收入作为家庭最主要收入来源的农户占调查样本家庭总数的87.5%，其次是打工收入，有33户，占总数的7.8%。调查区域内，农户主要种植的作物以玉米居多，有45.9%的家庭种植玉米，此外，还种植向日葵、棉花、黄河蜜瓜和畜草等。在限水、节水方面，政府极力引导、鼓励、支持农户调整农作物种植结构和转变土地经营方式，如强制性推广种植玉米等高产低耗水型作物，大力发展林果业，扶持农户经营果蔬大棚和发展养殖业，补贴建造养殖暖棚。在缩减耕地方面，在流域综合治理政策实施之前，4-5 口之家，户均耕地近 20 亩，人均 4 亩左右，流域治理政策实施以后，原有种植规模要求减半，农户耕地也相应大幅缩减，现人均耕地面积维持在 2.5 亩左右。

"限水减地"后，为了维持原来的生计水平和转移从土地上多出来的劳动力，绝大多数农户采取的生计拓展途径是发展牲畜养殖，此区域从事非农生产活动的农户共有 20 户，占总样本数的 4.7%。

通过对沙漠绿洲边缘区农户生计活动的分析，可以得出以下结论：尽管区域内农户生计的首选途径是农业经营，但在农业内部，随着种植业结构的调整和农业经营方式的转变，农民增收渠道同样趋于多样化，收入增长空间不再单纯局限于传统作物种植的扩张和产量的增加，农业内部经营方式的多样化，从另一角度印证了农民家庭生计途径多元化的社会事实。

为印证石羊河流域综合治理政策实施以来，沙漠绿洲边缘区农户生计途径多元的事实，下文将以家庭收入来源是否多样来做实证检验。该研究以农民家庭纯收入为主线，将家庭非农纯收入占家庭总纯收入的比重作为反映收入多样化的二元因变量，并作 logistic 回归分析。结果显示，"务工收入""家庭人均耕地面积""家庭生产开支""人均纯收入""种植业毛收入占家庭经营收入的比重"5 个自变量对区域内农民家庭收入多样化具有显著影响。

13.1.5　可持续生计框架下民勤绿洲边缘区农户生计途径的现状分析

实证研究的结论表明，民勤绿洲边缘区农村家庭的生计途径是趋于多元化的。运用 DFID 可持续生计框架的资产五边形理论（Scoones，1998），探讨农户如何优化组合使用自己的各类资产以确立可行的多样化生存措施具有现实指导意义。

在可持续生计框架下，根据绿洲边缘区农户对生计策略优选组合的资产倚重，可将生计途径划分为以下 4 种主要类型。

（1）土地种植型

土地种植型分为传统农作物种植型和精细农作物经营型，后者又可细分为大棚种植型和发展林果型两种。

1）传统农作物种植型。在地理区位上，民勤是位于内陆河流域尾闾的绿洲农业区，长期以来，传统的农作物种植是当地农户世代继袭的主要生存路径，得天独厚的自然资源禀赋为发展农作物种植提供了优越的条件。区域内粮食生产主要以优质小麦、玉米和啤酒大麦为主，民勤是甘肃省重要的商品粮基地，同时，当地也盛产各类闻名遐迩的农副产品，如龙眼大板黑瓜籽、小茴香、黄河蜜瓜、白兰瓜等。正是农户对宏观自然资产的依赖，才使得传统农作物种植经久不衰，也成为当地农户首选的生存途径。

2）精细农作物经营型。土地资源和水资源是民勤绿洲边缘区农村家庭最为重要的自然资本。水资源总体存量的不足，加之对地下水的大量超采，直接导致地下水水位持续下降和水质恶化、矿化度不断提高。下游民勤地区，其北部湖区生态已十分脆弱，绿洲面临消亡威胁，严重危及居民的生存。为了改善这种基于自然系统的脆弱性，2007 年，政府组织实施了《石羊河流域重点治理规划》。

《石羊河流域重点治理规划》的实施落实大幅削弱了农户对自然资产的倚重，在政府政策的引导和具体帮扶下，农户开始调整种植结构，改变原来过分依赖自然资产的生计策略转而探索新的自然资本、人力资本（主要指掌握技术）和社会资本（政府帮扶）并重的生存措施。所以，在缩减耕地和限水后，在政府极力引导、鼓励、支持下，农户自发调整农作物种植结构和转变土地经营方式，积极发展大棚种植业和经营林果业，取得了良好的生计效益，围绕土地的生计方式由原来传统种植模式下的粗放型向集约型转变。

（2）暖棚养殖型

《石羊河流域重点治理规划》实施后，政府在倡导发展大棚种植和经营林果业的同时，也大力倡导农户发展舍饲养殖，补贴建造养殖暖棚，配备专业人员给予技术指导。

（3）外出务工型

流域治理政策实施以后，原有种植规模要求减半，农户耕地也相应大幅缩减，为能维持原来的生计水平和转移从土地上多出来的劳动力，农户以外出务工作为拓展生计途径之一。

（4）经营生意型

有少部分农户长期以经营副业为家庭主要生计途径，这种生计策略类型主要倚重于金融资产。所从事职业较常见的有：经营小卖部、收购粮农产品、贩卖家禽、货郎担、跑运输等。

上述 4 种类型的生计途径是目前民勤绿洲边缘区农户普遍采取的生存措施，不难看出，每一个类型都是囿于可持续生计框架下农户对原有资产的重新组合，没有外部资本的输入很难实现长远的实质性突破。所以，跳出可持续生计框架向外寻求新的模式或彻底改善生计脆弱性的可持续生计途径是未来生计研究和实践迫切需要关注的重要议题。

13.2 民勤绿洲边缘区农村家庭可持续生计发展途径

下文将基于一种动态、系统的研究思路和方法，从整体、统筹、可持续发展的视角探索民勤绿洲边缘区农户未来可能的生计途径。

（1）优化生计途径组合，拓宽农户从业领域

当地农户主要是就近务工，在打工间隙可同时发展畜禽养殖和土地种植；大棚种植型农户通过跑运输等经营副业的方式来增强收入来源多样性。总之，尽可能地采用多元化的生计途径，避免单一策略造成收入不稳定。

（2）推行农地流转，发展片区化规模农业

随着城镇化进程的加快和农户生计的转型，大规模土地通过流转集中起来，既可以实现农作物片区化种植，又能扩大农业生产规模，最终增加农户的生计效益。

（3）加大教育性人力资本投资，提升农户劳动力价值

在我国西部农村，人力资本积累不足和教育发展滞后的典型征兆就是劳动力数量庞大但质量低下，农户自身文化程度偏低，缺乏职业技能，大多数外出务工农户都从事的是体力活计，体力消耗大且收入微薄，劳动力廉价特征明显。所以，文化程度低、职业技能缺乏已成为制约农村劳动力转移的主要原因之一。李克强总理指出，治贫先重教，发展教育是减贫脱贫的根本之举。因此只有加大教育性人力资本的投资，提升农户的劳动力价值，健全社会保障，完善对农民的普惠机制才能使生态脆弱区农民真正实现可持续生计。在具体操作层面上可从以下几方面着手：①加强并巩固义务教育成果的同时，大力推进职业教育发展；②向青壮年劳动力提供完善的就业指导和岗前培训；③完善社会保障机制。

加快城镇化建设步伐，有序组织生态移民，减缓自然系统的生计脆弱性。城镇化建设节约了农村的宅基地，同时部分农民进城打工，防止了生态系统的进一步恶化。

13.3　民勤绿洲水资源管理和产业结构转变应遵循的原则

民勤绿洲生态系统水资源管理和生态恢复是对人类认识自然和改造自然能力的一个极端考验，需要从理论上科学阐述人类改造极度脆弱生态系统的能力阈值。当前的理论研究应改变以前自然生态系统和社会生态系统分开研究的模式，以案例研究、示范推广和整体推进等步骤开展实施。在实践中具体解决时应坚持三个“效益”并举。

1）生态效益：防止和减少沙漠化，增加植被覆盖率和促进环境可持续发展。

2）经济效益：提高农业生态系统生产力和促进产业转型。

3）社会效益：全面落实“科学发展观”，构建和谐社会。

上述三个效益必须以产业转型为突破口，并与其他治理措施紧密结合，方能实现水资源管理和产业转型的互动优化。在今后的治理实践中应该遵循两个原则：“有所为”原则和“有所不为”原则。

1）“有所为”原则：在尊重生态系统自身演替规律的条件下最大限度地遏制

或者延缓该地区生态系统退化，包括发展节水系统、推进土壤改良工程、推进生态防护屏障建设、实施有限调水、开展生态移民、调整当地产业结构、转变经济发展模式等措施。

2）“有所不为”原则：减少或者停止违背生态系统演变规律和人类对生态系统干预能力最高阈值的各种恢复措施和治理工程。

13.4 石羊河流域经济结构调整与可持续发展

13.4.1 经济结构调整与可持续发展的内涵

经济结构调整是根据国民经济发展的需要，对国民经济中各个领域、各个部门、各个地区和各种经济成分之间的对比关系与结合状况进行调整，以改善各物质生产部门之间的有机联系和比例关系，与经济社会变化相适应的战略调整是提高经济增长质量和效益、实现全面协调可持续发展目标的重要环节。

世界环境与发展委员会提出的可持续发展定义为，可持续发展是这样一种发展，它既要满足当代人的需要，又要不损害后代人满足其自身需要的能力。可持续发展观含有深刻的含义，它是人们对传统的以自然为中心和以人类为中心的发展观念的摒弃，追求人与自然和谐相处的价值取向。以人和以自然为中心的发展观念把人和自然相对立，割裂了人与自然的联系，以其为代表的发展观念又把经济的增长视为经济发展理论和零增长理论，这些理论在实践中没有把人类带入坦途，相反对人类的发展造成了很多负面影响。可持续发展观涉及自然、经济、社会三方面，即涉及生态可持续发展、经济可持续发展和社会可持续发展的协调统一。可持续发展观以一种全新的视角审视人与自然的关系，强调社会公平正义和对人自身发展的终极关怀。

经济发展的实践告诉我们，实现可持续发展是经济发展的必然选择，在加快经济结构调整、解决经济效益问题的同时，更应该注重生态效益、社会效益的提高以促进经济的可持续发展，从而使经济保持持续、稳定、健康的发展。

13.4.2 石羊河流域经济结构调整与可持续发展的关系

目前，石羊河流域面临特殊的生态环境变化和市场经济变化的双重选择，必须进行经济结构调整。首先，经济结构调整是适应生态可持续发展的必然选择。目前，石羊河流域的经济活动已突破了生态承载力的边界，收缩经济活动的范围是经济社会发展的当务之急。通过经济结构调整，减弱经济发展对资源环境的依赖性和破坏性，使经济发展与环境相协调，促进经济社会可持续发展。其次，石羊河流域进行经济结构调整是适应市场经济环境变化的需要。石羊河流域经济在经历了 20 世纪 80 年代大发展之后，至 90 年代中期已呈现出停滞徘徊的局面。一方面，企业产品因经营上的粗放出现了产品过剩，市场竞争力下降；在买方市场中，市场竞争已由传统的价格竞争转向品牌、质量、服务等的竞争，而石羊河流域的产品仍总体上处于价格竞争阶段。另一方面，企业内部以及企业与企业之间的关联度、技术水平不高，经济发展方式落后，严重制约了经济效益的提高。为此，要摆脱企业发展的市场困境，亟需对经济结构进行调整。

经济结构调整与可持续发展相辅相成，二者相互制约，石羊河流域特殊的经济结构严重破坏了经济-社会-生态的平衡，制约了可持续发展。目前，石羊河流域水资源短缺、“三化”（植被退化、土壤盐渍化和水质恶化）问题越来越严重，可持续发展受到了严峻的挑战。调整经济结构，治理石羊河流域的生态危机势在必行。石羊河流域生态危机不是简单的人与资源环境相对立，而是涉及人口规模、经济形态、资源利用等多重矛盾，是多重不可持续性叠加的系统性结果。要实现经济发展和生态环境协调发展，石羊河流域必须调整经济结构，作为一个整体，统筹流域的资源利用和经济发展的关系，走可持续发展的道路。

因此石羊河流域要突破资源环境约束，实现人口、资源、环境可持续发展，必须将经济结构调整作为主线，通过调整三次产业之间的结构关系、协调上下游之间经济发展与生态环境恶化的矛盾、加快城镇化进程、优化城乡经济结构等战略性调整，才能改变经济发展层次低、与资源环境不相协调的局面，促进经济社会可持续发展。

13.5　石羊河流域经济结构调整的策略

石羊河流域人均水资源占有量少，生产、生活、生态用水极其匮乏，水资源承载力超过了阈值，要实现可持续发展必须以节水和提高水资源利用效率为主线，推动流域经济结构调整。

13.5.1　以节水为主线，调整产业结构

石羊河流域要协调三次产业比例关系，必须以节水为主线，优化产业结构。在《石羊河流域重点治理规划》的推动下，石羊河流域产业结构调整工作取得重要进展，但结构性矛盾仍然十分突出。当前石羊河流域要提升产业结构层次，优化三次产业比例，首先，要重视资源环境的禀赋性。石羊河流域经济发展在强调产业资本有机构成和技术含量的前提下，要重视流域水资源的稀缺性和生态环境的脆弱性，注重资源环境“游际公平”，采取改进区域内不同产业部门之间生产联

系和比例关系的方法来实现产业结构的高级化。其次，要重视产业结构性污染。流域生态环境容量小，要避免高污染、高耗能、低效益的产业，注重资源配置的效率。最后，要合理分配水资源，促进经济协调发展。石羊河流域一方面要继续压缩农业种植面积，减少单位用地配水额度，提高农业用水效率；另一方面在工业生产中提倡清洁生产、节约生产。石羊河流域要通过水资源的合理利用，促进流域产业结构有序调整。

13.5.2 加快城镇化步伐，优化城乡经济结构

加快城镇化步伐是石羊河流域打破城乡“二元”结构、实现水资源高效利用的有效途径。要实现可持续发展，关键是要实现流域水资源的合理利用。城镇化能提高人口集聚水平，有利于大规模采用高效节水技术，降低技术成本，提高水资源利用效率。同时，城镇化也能促进流域的社会经济发展，转变流域经济增长方式，调整流域经济结构，提升流域工业发展水平。

加强城镇化也是减轻土地承载力的重要举措。当前，流域生态承载过大，已远远超过了生态阈值。城镇化进程将通过农村人口向城市迁移，提高城市人口集聚度，减轻生态被破坏的威胁，有利于改善生存环境。同时，城镇化能减轻人口对农村土地的压力，可以有效节约农业生产耗水，增加生态用水，有利于生态景观的恢复。另外，城镇化进程的加快，也有利于农村土地规模利用，推进农业产业化发展，加快新农村建设步伐。

13.5.3 改变要素投入结构，使经济发展模式从粗放型转向集约型

在水资源相对匮乏的石羊河流域，改变要素的投入结构是提高经济增长质量及其可持续发展水平的重要切入点。石羊河流域经济增长不仅要强调经济“量”的增加，更要强调“质”的提高。发展路径不仅要由依靠增加资源投入和消耗的粗放型增长方式向提高资源利用效率的集约型增长方式转变，还要有结构、质量、效益、生态平衡等方面的转变。

13.5.4 创新经济体制，促进科学发展

经济体制创新是促进经济结构调整的重要途径。石羊河流域要突破发展中的瓶颈问题，必须纠正制度创新上的偏差，解决市场性目标与政策目标的冲突，推进组织创新和产权改革，完善所有制结构和市场结构，提高专业化生产水平，充分发挥石羊河流域的比较优势。要深入探索符合石羊河流域的体制改革，创新工作机制，科学设计，协调推进符合石羊河流域地方实际的农村综合改革和城市改

革。形成城乡、区域统筹协调发展的制度创新，夯实推动经济结构调整的均衡动力机制；推进市场制度创新，夯实推动经济结构调整的体制动力机制；形成加快推进新型工业化进程的新观念，夯实推动新型工业化进程的体制动力机制；完善促进现代服务业加快发展的制度框架，夯实推动新型工业化进程的产业基础；大力推进政府管理制度创新，转变政府职能，提升政府治理能力和效率，为推动新型工业化进程创造优质的发展环境。通过制度创新，引导石羊河流域科学发展，加快经济发展步伐，实现跨越式发展。

13.5.5　构建节水型的农业生产体系，推动农业结构调整

农业用水占石羊河流域用水量的绝大部分，压缩农业用水、提高用水效率、发展节水农业是农业可持续发展的关键。

（1）推广高效节水技术

在大面积推广常规节水技术的基础上，逐步推广高效节水技术，压低灌溉定额。石羊河流域要逐步全面推行管灌、喷灌、滴灌、渗灌等先进节水技术，减少水分蒸发和渗漏，提高水资源利用效率。当前，要进一步推行日光温室，利用节水技术降低农业用水量。严格执行关井压田政策，利用行政手段控制农业用水渠道，积极引导农民采用先进的节水灌溉方式。同时也要设计相应的用水政策，激励农民主动节水。

（2）调整农业生产结构

石羊河流域要优化农业生产结构，推行节水作物。流域应结合自身实际，逐步压缩粮食作物的种植面积，大力推行高效节水型经济作物。积极推广节水高效间作套种与轮作种植模式，利用种植结构调整节水。在调整结构过程中，要注重市场的导向作用，发展经济效益好、节水效率高的经济作物，利用流域的自然地理条件，大力发展无公害蔬菜、瓜果、花卉等特色农产品和高山细毛羊等特色畜产品。

13.5.6　着力发展新型制造业，全面提升工业产业层次

发展新型制造业，是石羊河流域产业结构优化升级的重点。要整合石羊河流域生产资源，强化产业关联度，推进企业技术升级，促进产业集群，全面提高工业产业层次。

（1）发展循环经济，提高节水效率

工业生产是石羊河流域资源消耗和环境污染的源头，发展循环经济是调整流域工业生产结构、实现流域可持续发展的重点。循环经济在实施中分点、线、面

三个层次。第一，对于微观层次的个体企业要加大节能减排力度，倡导低碳经济，推行清洁生产。严格控制高耗水、高污染企业的用水量，逐步关、停、并、转高耗水、高污染企业，鼓励发展低能耗、高效益的企业。鼓励企业研究及应用生产节水技术，鼓励引进节水技术和节水设备、污水处理设备，降低单位产值用水量。第二，建立循环经济工业园区，构建循环经济生产体系，促进资源的循环利用。充分利用园区的物质、能量、信息集成，使园区企业形成生态代谢和共生关系，建成环境友好、资源节约的工业生产体系。第三，在宏观层面上构建整个区域的大循环经济。调整和重构石羊河流域部分企业，形成区域内相互协调的产业结构。

（2）推行新技术，提升产业素质

石羊河流域在推行新技术时，要注意结合当地的实际，多采用成本低廉的实用技术，实现石羊河流域产品结构调整和产业结构优化升级。在具体实践中，要分层次、分阶段加以推进，首先，加快关联性强的产业和有共生关系的企业的技术升级步伐，提升流域产品的竞争力，带动关联产业和共生企业的发展。其次，要逐步推行企业信息化建设，用信息化带动流域现代化工业发展，带动传统产业优化升级。最后，建立和完善适应产业结构优化升级的技术创新体系，利用先进适用技术改造提升传统产业，加大淘汰落后生产能力产业的力度，提升产业的整体素质和经济增长的质量与效益。

（3）培育大型企业，促进产业集群

石羊河流域要结合自身优势，以大型企业产业结构优化升级为突破口，鼓励支持优势企业发展，通过并购、重组、联合等方式整合资源，做强做大大型企业。提高企业的综合竞争力和辐射带动能力，营造良好的发展环境，激活地方创新文化和企业家精神，促使区域内产业集群的形成。

13.5.7 发展现代化服务业，带动产业结构升级

促进石羊河流域服务业加快发展，是减少经济发展中资源消耗和环境污染、加快增长方式转变的迫切需要，也是有效增加就业、扩大消费需求对经济增长带动作用的重大举措。

（1）发展现代服务业

加快发展新型服务业是产业结构优化升级的有效途径。经济发展规律表明，随着经济的发展，第一、二产业剩余劳动力向第三产业转移，第三产业的产值和劳动力所占比重大幅度提高。石羊河流域要发展现代服务业，就要用先进技术促进传统服务业发展，用信息技术和先进管理理念推进连锁经营、物流配送、代理制、电子商务等组织形式和服务方式的发展，重点培育具有竞争力和发展前景的企业集团。

（2）加快发展生产型服务业，带动工业结构优化升级

培育一批行业内生产型服务业的知名品牌。首先，加大政府的扶持力度，从财政税收、培训等角度对生产型服务业进行支持，为生产型服务行业蓬勃发展创造适宜的环境。其次，鼓励行业技术创新和资本合作，支持优势企业做大做强，促进生产型服务业持续健康发展。最后，完善生产型服务业的服务标准与行业规范，创建宽松的投融资环境，优化服务业结构。

13.5.8　强化产业自主创新，构建产业升级支撑体系

从产业链来看，石羊河流域产业整体处于产业链末端，经济发展面临资源枯竭和产品淘汰的危险。在推进产业升级时，要更新思维，强化自主创新。

（1）创新产业发展思路

石羊河流域要创新发展思路，立足现实，超越现实。用普遍联系和发展的辩证思维，改变只根据自己有什么资源，就发展什么产业的思路。要自觉地站在全国乃至全球的角度来考虑如何发展，如何利用全国乃至全球资源发展。紧跟科技发展潮流和产业发展的先进领域，捕捉技术领先、产品领先、市场领先的高端强势产业，加强开发市场大、前景好、效益高的新兴产业。在发展环境上，政府应加强引导，及时捕捉特定产业或产品出现的机遇，促进新兴产业发展。

（2）强化技术创新

石羊河流域要强化自主创新，掌握核心技术，提升整体产业层次。通过科技创新，努力提高新产品产值率。在产品选择上，结合自身优势，不断拓展优势产业领域。

13.6　本 章 小 结

本章通过对民勤绿洲边缘区农村家庭生计环境的探讨和对调查区农户生计资料的实证分析，得出以下结论。

1）民勤绿洲边缘区农户生计环境脆弱且不可持续是多种因素综合作用的结果。生计脆弱的成因可按自然系统和人文系统的脆弱性进行类属划分，自然系统的脆弱性因素包括：特定的风险性生存环境、水资源的短缺与水质恶化；人文系统的脆弱性因素包括：制度政策、社会经济发展趋势的影响、农户自身的原因等。

2）基于对调查区随机样本户资料的量化模型分析，得出区域内农村家庭收入呈现多样化，很好地印证了民勤绿洲边缘区农户生计途径趋于多元化的假设。

3）在可持续生计框架下，根据绿洲边缘区农户对生计策略优选组合的资产倚重，将生计途径划分为土地种植（包括传统农作物种植型和精细农作物经营型）、

暖棚养殖、外出务工和经营生意4种主要类型。

4）民勤绿洲边缘区农户未来可能的生计途径在于：优化生计途径组合，拓宽农户从业领域，增加收入来源多样性；推行土地流转，发展片区化规模农业；加大教育性人力资本投资，提升农户劳动力价值；加快城镇化建设步伐，有序组织生态移民，减缓自然系统的生计脆弱性。

参考文献

常兆丰, 韩福贵, 仲生年, 等. 2005. 石羊河下游沙漠化的自然因素和人为因素及其位移[J]. 干旱区地理, 28(2): 150-155.

郭劲光. 2011. 脆弱性贫困——问题反思、测度与拓展[M]. 北京: 中国社会科学出版社: 50.

郝世亮. 2010. 生态环境脆弱地区农民生存行动研究——以甘肃省民勤县东湖镇为例[D]. 兰州: 西北师范大学硕士学位论文.

胡小军. 2011. 民勤绿洲水资源管理政策的农户响应研究——政策认知、社会适应和社区参与[D]. 兰州: 兰州大学博士学位论文.

李渊, 张芮, 石岩, 等. 2019. 干旱绿洲区水资源规划配置与生态环境修复——以石羊河流域民勤绿洲为例[J]. 水利规划与设计, 183(1): 9-11.

刘燕华, 李秀彬. 2007. 脆弱生态环境与可持续发展[M]. 北京: 商务印书馆: 22.

陆五一, 李祎雯, 倪佳伟. 2011. 关于可持续生计研究的文献综述[J]. 中国集体经济, (3): 83-84.

沈天成, 李萍. 2008. 石羊河流域水资源现状及存在问题与对策[J]. 甘肃科技, 24(5): 8-9.

宋冬梅, 肖笃宁, 张志城, 等. 2004. 石羊河下游民勤绿洲生态安全时空变化分析[J]. 中国沙漠, (3)24: 335-342.

余谋昌. 1994. 走出人类中心主义[J]. 自然辩证法研究, 10(7): 8-14.

Adger W N, Kelly P M. 1999. Social vulnerability to climate change and the architecture of entitlements[J]. Mitigation and Adaptation Strategies for Global Change, 4(3/4): 253-266.

de Satgé R, Holloway A, Mullins D, et al. 2002. Learning about Livelihoods: Insights from Southern Africa[M]. London: Oxfam.

Roberts M G, 杨国安. 2003. 可持续发展研究方法国际进展——脆弱性分析方法与可持续生计方法比较[J]. 地理科学进展, (1): 11-21.

Scoones I. 1998. Sustainable rural livelihoods: a framework for analysis[J]. IDS Working Paper, 72: 14-17.

Speranza C I, Kiteme B, Wiesmann U. 2008. Droughts and famines: the underlying factors and the causal links among agro-pastoral households in semi-arid Makueni district, Kenya[J]. Global Environmental Change, 18(1): 220-233.

第 14 章　结论与展望

在本课题的研究中我们投入了大量的人力和物力，付出了艰苦卓绝的努力。课题内容属于社会学、生态学及管理学等多学科交叉研究项目，采用了自然科学与社会科学中的经典研究方法，所有内容都是课题组成员自己的劳动成果。研究结果达到了预期目标，部分结果有拓展性进展。本书主要结论如下。

1）过去 50 年，全流域气温具有逐渐升高的趋势，突变发生率呈现加大趋势，其中冬季变暖最为显著。非参数统计检验结果表明，全流域只有乌鞘岭站点在 3 月的平均温度呈现不显著下降趋势，其非参数统计检验数值为–0.22，其余站点的平均温度均呈现出增加态势。变化幅度统计量检验结果表明，该地区冬季气温的增长速度要明显高于其他季节，特别是 2 月的武威站和古浪站，变化幅度统计量检验的结果将近 0.08，要明显高于其余各月份。突变检验结果表明，全流域的突变发生率相对较高，且达到显著性的突变主要集中在夏季和秋季。

2）过去 50 年，尽管全流域多年降水量总体呈现增加趋势，但由于气温升高，流域月平均相对湿度和月平均蒸发量呈现高度复杂的时空变异特征，展现出“干燥化”趋势。月平均相对湿度呈现减少趋势，个别站点非参数统计检验数值达到–3.00 左右。另外，流域上游站点的月平均蒸发量呈现略微的下降趋势，其余站点的蒸发量有不同程度的增加趋势，非参数统计检验数值在 1.00 以上。在变化速率方面，夏春两季末的蒸发量增长速率较快，特别是永昌站点，其 7-9 月的变化幅度统计量检验值在 1.00 以上，要明显高于其他站点。总体分析看，全流域呈现“干燥化”趋势。

3）受人类活动和气候变化双重影响，过去 20 年石羊河流域植被覆盖率逐年下降，但人工植被近十年来有增加趋势。1990-2000 年，植被覆盖率下降速度最高。2009 年，全流域植被覆盖率不足 40%，荒漠及沙漠面积占流域总面积的 50%以上，常年积雪面积占有率极低，占全流域总面积的不足 1%。另外，人工植被类型的面积呈现增加趋势，1990-2000 年略微减少，但随后大幅度增加，2006-2009 年达到流域总面积的 10%左右，其中沙地、盐地灌丛带面积与人工植被变化趋势类似，达到全流域总面积的 5%以上。采用植被转移矩阵分析发现，植被类型以荒漠植被类型为主。通过实地考察和校正分析发现，农业生产活动对针叶、阔叶林带和沙地、盐地灌丛带土地的开垦影响严重，表明人类活动对这两种类型植被的影响较大。

4）采用景观生态学的研究方法，结果发现流域景观呈现“荒漠化”和“破碎化”趋势，景观多样性指数逐年下降，“人工修复和干预”的色彩逐渐加重。斑块数目最高的类型为裸地和沙地、盐地灌丛带，其平均斑块数达到 4 万个以上；斑块密度最大的为裸地和沙地、盐地灌丛两种类型，其均值达到 0.9 以上。景观优势度最大和最小的类型分别是荒漠、沙漠地带和水体；在不同植被类型中，景观优势度最大值和最小值分别是人工植被带和山地稀疏植被带，其均值分别达到 0.07 和 0.03。从不同年代比较分析来看，景观破碎度指数先下降后上升，4 个时期的指数分别为 7.1、6.6、5.1 和 5.5。景观多样性指数逐年下降，4 个时期分别为 1.72、1.69、1.68 和 1.62，说明在该区域景观多样性在逐渐降低。

5）对生态承载力和生态足迹的测算和分析表明，全流域生态承载力呈现逐年下降趋势，而生态足迹则逐渐增加，表明人类活动和社会经济影响加剧。在上述不同年份中，人均生态承载力逐年降低，从 2000 年的 0.914 gha/人下降到 2010 年的 0.899 gha/人，说明该地区的生态系统质量有恶化趋势，生态系统能够提供的可利用资源逐渐减少。另外，从人均生态足迹分析来看，人均生态足迹值逐年升高，三个年份的值分别达到 0.7604 gha/人、0.7663 gha/人和 0.7892 gha/人。结果表明，流域社会经济发展对自然资源的依赖程度逐年增加，所产生的生产及生活废弃物所需要的生产性土地资源逐步加大。

6）对《石羊河流域重点治理规划》实施过程中压减农田配水面积进行实测和分析，为本项目的有效性评估提供了最基础的生物物理数据。通过 RTK-GPS 测量技术和资源二号卫星遥感数据获得流域 2006-2009 年压减耕地灌溉面积空间分布图，完成了压减灌溉农田的空间位置分布及面积等属性的全野外调查和测量，室内数据融合、处理和纠正，再经过野外现场复核后再次对数据进行纠正，完成全部测量和分析工作。测量工作涉及凉州区和民勤县共 46 个乡镇及单位的 350 个村、1000 多个组，共涉及地块 1825 个。全流域（包括凉州区和民勤县）2006-2008 三年计划任务压减面积共 32.626 万亩，上报压减面积共 33.1788 万亩，实际测量面积 50.2148 万亩，通过技术处理最后得到实际压减面积 25.5604 万亩、复种面积 1.6980 万亩（复种面积包含复种经济类作物、退耕还林、退耕还草、温室大棚、试验田及温室大棚等）、荒地面积 23.0693 万亩。2009 年计划任务压减面积共 14.1577 万亩，实际测量面积 13.2830 万亩，通过技术处理最终认定实际压减面积 12.7933 万亩、复种面积 0.4954 万亩。总体上，在政府的强制性推动下，农户对压减耕地灌溉面积的完成率达到 75%以上。关井压田政策的实施虽然有效地节约了水资源，在一定程度上改善了下游的水资源短缺问题，对生态环境的恢复和保持都有积极的作用，但是此政策的实施对当地耕地土壤质量的良好保持和改善起到了负面作用，土壤质量开始退化，沙漠化迹象出现，很可能会出现新的沙尘源。

7）压减耕地灌溉面积对农户生计方式影响显著，农户的支持度不高。研究表明，灌溉农业是民勤绿洲农户最主要的收入来源，2008 年，种植业收入占到户均纯收入的 59%，但随后逐年下降，养殖业和进城务工收入比例逐年增加，设施农业收入比例增加幅度较大。农民对于生态环境变化状况的认知程度与其对当前正在实施的水资源管理政策的支持程度之间没有统计上的显著相关性。

8）案例研究之一：民勤绿洲水资源管理政策的农户响应研究。以农民对水资源管理政策的响应情况为目标，研究选取石羊河流域下游的民勤绿洲为案例，应用问卷调查和质性研究相结合的方法，重点从政策认知、社会适应及社区参与三个层面出发，开展了较为长期而深入的实证研究。研究表明，水资源管理政策的实施对那些以灌溉农业为主要生计来源的农户产生了深刻影响。但是，在政策实际执行过程中，却缺乏来自社区农户的实质性支持和参与，水资源管理政策的有效性和持续性不足。

9）案例研究之二：以灌溉用水“总量控制、定额管理”为核心的水权制度改革，正在推动民勤绿洲生计系统的转换。土地是民勤绿洲农民最可靠的基本生活保障，在当前农村社会保障机制仍不健全的情况下，土地对农民具有多重效用。农民的决策更多的是基于“生存伦理”，而不是单纯的经济理性。因此，以经济利益最大化原则为导向设计的一些管理政策，在社区实践过程中会遇到较大的困难。

10）案例研究之三：在《石羊河流域重点治理规划》实施临近结束时，民勤绿洲户均灌溉费用占种植业总成本的 17.1%。由于灌溉成本的不断增加，超过 70%的样本农民对提高地表水灌溉价格、征收地下水资源费、实行超定额用水累进加价制度等涉及水价方面的改革持强烈的反对态度，导致在水资源管理政策实施过程中，市场或经济手段的应用困难重重，仍旧需要依靠政府的行政力量才能推行，给社区稳定带来了风险。此外，民勤绿洲 45.7%的样本农民认为当前的灌溉用水分配不公平，并且农民对水资源分配公平性感知程度与其对水资源管理政策的支持度之间存在统计上的显著相关性。

11）案例研究之四：面对农田灌溉配水量的减少，民勤绿洲农民采取的适应策略主要包括提高低耗水经济作物种植比例、减少作物灌溉次数及采用简易农田节水灌溉技术。总体而言，农民应对变化的适应性能力显著不足，农民的社会心理适应程度偏低，并且他们的社会心理适应度与其对水资源管理政策的支持度之间存在显著的正相关关系。而对于政府着力推行，但农民接受程度较低的管理政策，农民往往采取非对抗性的抵制行动策略。

12）案例研究之五：为推动参与式水资源分配与管理，民勤绿洲大力推动农民用水者协会的设立。但研究发现，该协会在社区水资源管理中发挥的作用有限，其原因主要包括：在行政村层面，农民用水者协会与村委会的组织架构相重叠，协会的运作仍高度依赖于政府的行政权力和资源；农民用水者协会的组织尺度与社区灌溉水资源管理的实际运行过程之间存在一定的错位；虽然农业女性化趋向明显，但妇女在社区水资源管理决策过程中被边缘化；水资源的“标准化”与“精确化”管理使农民用水者协会没有发挥功能的有效空间和机会。

13）采用 DEA 方法对石羊河流域水资源管理有效性进行了量化评价。用 DEA 方法评价石羊河流域水资源管理有效性，构建流域管理效率的评价体系。研究表明，单位农田灌溉用地下水量、第二产业污水排放占总污水排放比重及居民生活耗水量偏高，是石羊河流域水资源管理相对有效性缺乏的主要原因；针对存在的问题，从调整供水结构、改善供水条件、提高居民节水意识及增强政策能动性等方面提出针对性对策。

14）基于 DEA 多子系统模型对石羊河流域水资源管理的有效性进行了评价。运用主成分分析法对石羊河流域水资源利用的投入和产出指标进行了筛选和“降维”处理，确定人均水资源总量、人均供水总量、城市化率和污水排放量为投入指标，单方水产出、耗水总量和年均降水量为产出指标；运用数据包络分析法中的 C^2R、BCC、SBM 和超效率 SBM 4 个模型对石羊河流域水资源管理效率进行测算，结果得出 2003-2008 年石羊河流域的水资源管理政策效果初显，但仍存在水资源耗量超载、流域内用水结构不合理、水资源利用效率低等问题。

15）案例研究之六：基于英国国际发展署（Department for International Development，DFID）提出的可持续生计分析框架，利用社会问卷调查方法研究了民勤绿洲农户生计在《石羊河流域重点治理规划》实施之后的现状、障碍和可持续途径。结果发现，关闭机井和压减耕地面积的政策（简称“关井压田”）使得民勤绿洲农村家庭的可耕种土地和可利用水资源等自然资本减少，从而使农村家庭最主要的收入，即农业收入减少，从而使总收入降低。农户在一定时期内所拥有的生计资本既不能和农户经验选择的生计策略也不能和当地政策引导的生计策略进行有效衔接，农户的生计资本与生计策略之间出现断裂时的情况即为生计障碍。

16）案例研究之六（续）：造成当地农户生计障碍的主要原因包括：自然资本先天不足；农户的生计策略单一化，生计资本未被最优使用；农户本身拥有的生计资本与政策鼓励的生计策略不对等；环境政策短期内直接降低了当地农户的收入，而经济补偿性政策实施的延时性效应加重了当地部分农户的生计障碍等。民勤绿洲农户未来可能的生计途径在于：优化生计途径组合，拓宽农户从业领域，增强收入来源多样性；推行农地流转，发展片区化规模农业；加大教育性人力资本投资，提升农户劳动力价值；加快城镇化建设步伐，有序组织生态移民，减缓自然系统的生计脆弱性。

17）农业转型旨在节水，但农户的采纳程度较低，主要原因在于技术支持和市场支持严重不足。政府积极推行的旨在提高农村家庭收入的蔬菜大棚和动物暖棚的政策并未得到农村家庭的广泛响应，也没有使采纳的农村家庭迅速致富，主要原因在于缺乏相应的技术指导。

18）移民措施取得的进展非常有限，需加强能力建设和社会支持体系建设。

虽然政府利用生态移民补贴政策鼓励永久移民，但民勤绿洲农村居民的移民意愿不高，原因在于当地居民能力不足，担心移出后无法生存。政府应该在提供资金资助的同时，提供相应的劳动力就业培训，从而使迁移家庭能够在迁移地顺利地安家落户。

19）在上述工作基础上，我们初步建立了以石羊河流域水资源管理为基础的社会生态耦合系统概念模型，并提出了战略性政策建议。过去 20 年，国家和当地政府出台了《石羊河流域重点治理规划》和其他一系列水资源管理措施、条例和经济政策，逐步建立了以“节水”为核心的水资源管理体制。但是，整体而言，当前现有水资源管理政策失灵现象较为严重，对农户生计的改善作用严重不足，工程措施取得的效果有限，这与缺乏宏观的战略决策和科学导向直接相关。20 年前就提出了“节水、治沙、移民”的六字方针，但近十年来的努力其实主要放在“节水”上，“治沙”和“移民”的努力不断弱化。

综上所述，石羊河流域水资源管理涉及社会、经济和生态等各个层面，但核心问题是要改善农户生计。西部绿洲生态文明建设需做好“水文章”，但“水文章”是一项系统工程，涉及的问题千头万绪，但归根结底还是人的因素。改善居民生计是西部绿洲生态文明建设的重要前提。石羊河流域水资源管理涉及人类活动和气候变化及地表过程等多个层面，各层面之间存在着复杂的多层次耦合关系，互作机理非常复杂。从根本上讲，西部绿洲生态文明建设需在遵循生态系统内在规律的基础上，通过规范人类活动，达到社会经济发展与资源利用及系统保育的良性互动，最终实现人与自然长期协调发展，其中提高农户生计水平是关键方面。将来的努力仍要回到“节水、治沙、移民”六字方针上来，改善农户生计，提高农户对政策和环境的认知水平，将之与工程措施和制度优化有机结合，西部绿洲生态文明建设才能有正确的战略导向。

结　语

本书的研究工作是从2007年3月开始的，历时10多年。兰州大学农业生态与系统进化课题组成员围绕研究目标和研究内容开展了大量的实地考察和社会调研，做出了艰苦卓绝的努力，包括历史文献资料收集与整理、跨学科数据分析与集成、入户调研、野外勘测、田间取样、GIS影像分析、专家咨询和同行交流等，形成了一套交叉学科的研究方法和技术体系，培养了一支长期合作、协作创新的研究队伍。

自项目实施以来，课题组在社会学、生态学及管理学等学科交叉研究方面积累了创新的研究方法和理论体系。主要研究内容包括如下几个方面：①石羊河流域过去50年的国家调控政策、法规和社会支撑体系的调查，收集和整理了水资源管理的社会经济数据。②全面考察了石羊河流域环境政策及相关制度的变迁（流域和县域尺度），特别是流域的水资源分配政策及管理制度。③划分了研究区内的生态系统类型和退化的特征，建立了植被、土壤和大气系统中与水环境相关的历史资料数据库，计算出了景观各种指数，总结了历年水资源利用的强度和方式变化。④课题组共20人开展了社会调查，包括农户生计、农户对政策的响应、节水温室大棚效果、节水技术采纳、资源环境变化等方面的入户调研，获得了丰富的社会经济和自然环境演变数据。⑤课题组组织了25人完成大规模田野调查和遥感监测分析，包括压减耕地灌溉面积、关闭机井定位、农户生计、温室大棚建设和农田土壤质量变化等方面。野外累计工作时间达到1500天，取得了第一手数据，给当地政府提交压减灌溉耕地实地测量和遥感监测技术报告（含政策建议）2份。⑥完成了流域农业及景观生态学空间数据（植被盖度、土地利用类型、沙化程度和遥感三维数据）分析，归纳了生态承载力时空变化规律。⑦完成了该绿洲生态系统的水资源利用和生态系统稳定性的反馈与负反馈动态变化的“博弈”分析，包括水资源利用强度和方式与流域生态承载力及经济计量指标动态分析等。⑧采用DEA方法对石羊河流域水资源管理的有效性进行量化评价，利用因子分析方法在降维方面的特性，构建流域管理效率的评价体系，提出其与民众的环境参与意识之间的耦合关系模式。

本书的主要研究工作获得了国家社会科学基金、国家“万人计划”科技创新领军人才专项经费、“海外名师项目”和长江学者特聘教授专项经费，以及国家科技支撑计划项目等资助。

编著者

2019年2月8日于兰州大学

图　　版

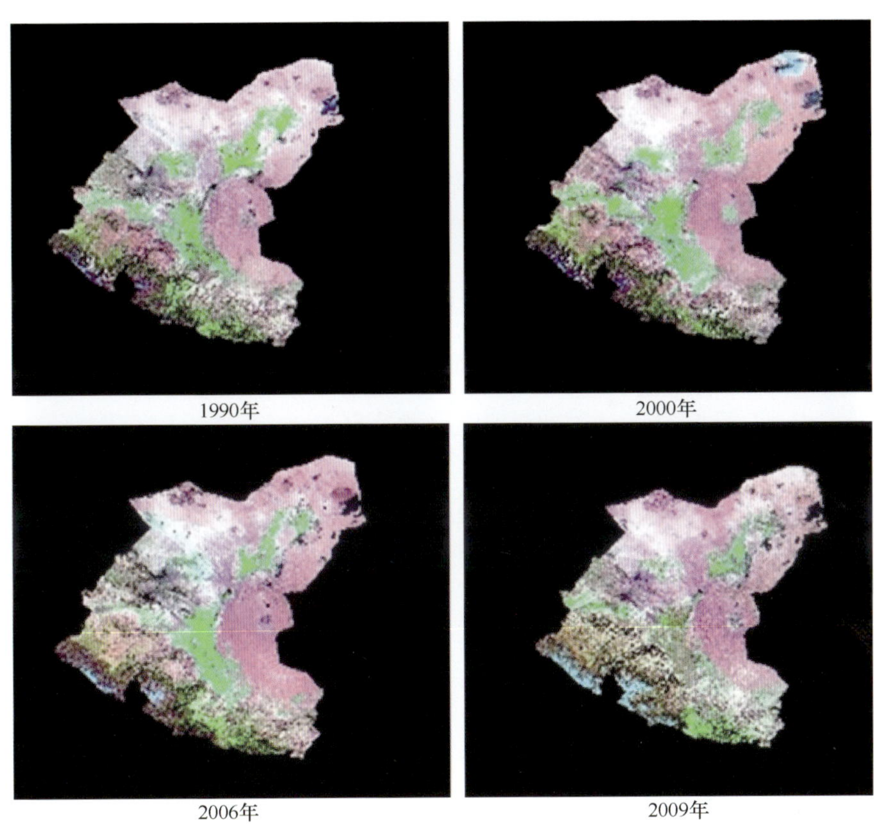

图 3.1　石羊河流域遥感影像图

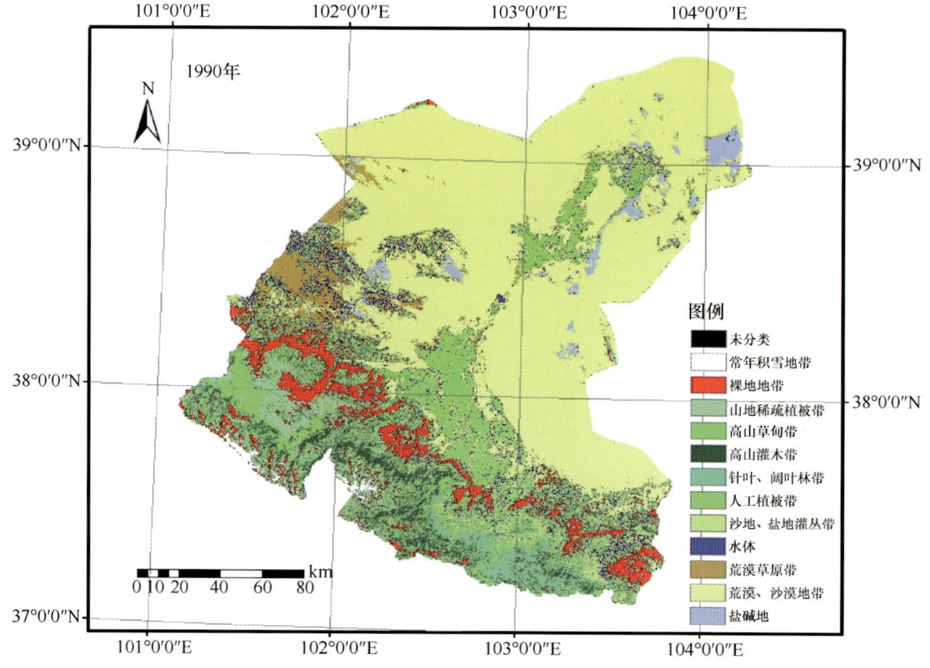

图 3.6　石羊河流域 1990 年植被类型、土地使用类型图

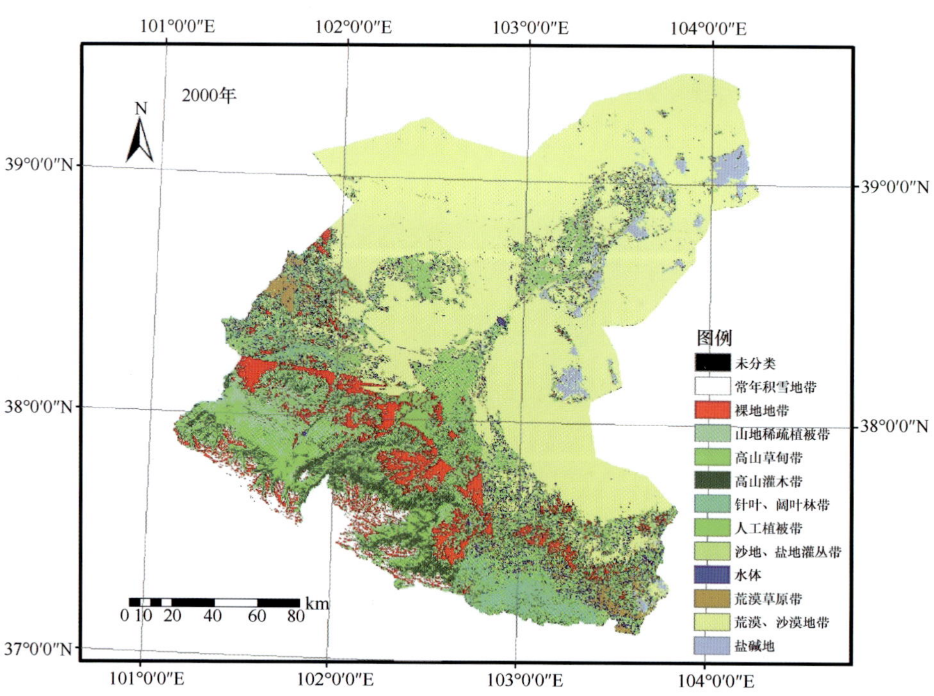

图 3.7　石羊河流域 2000 年植被类型、土地使用类型图

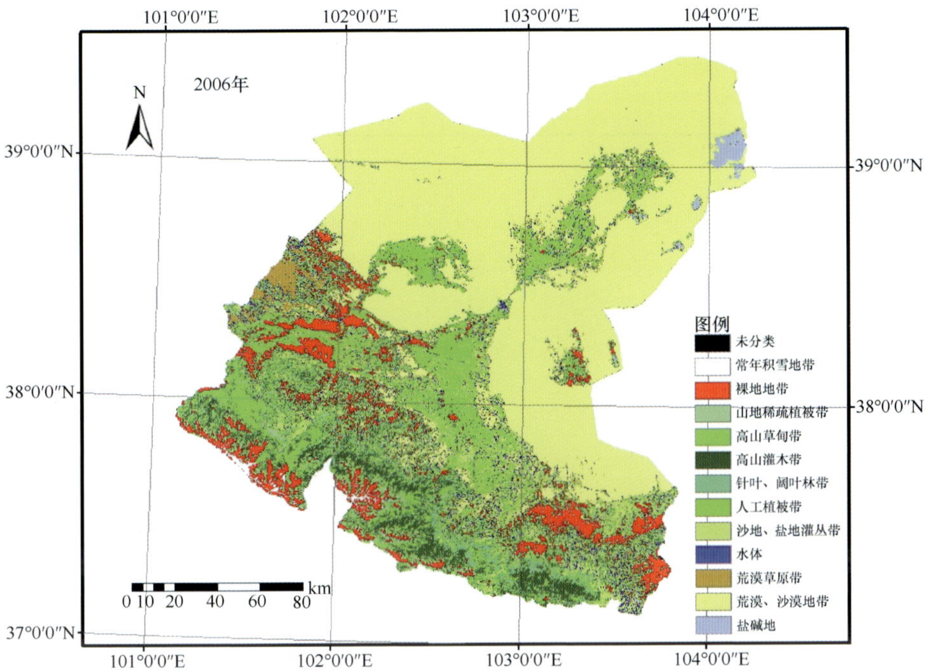

图 3.8　石羊河流域 2006 年植被类型、土地使用类型图

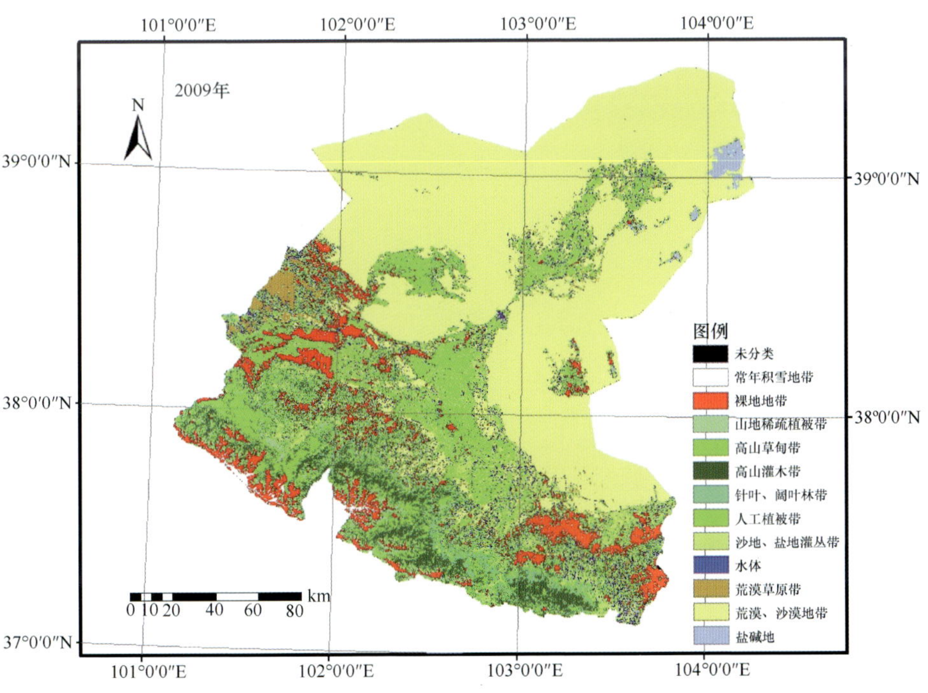

图 3.9　石羊河流域 2009 年植被类型、土地使用类型图

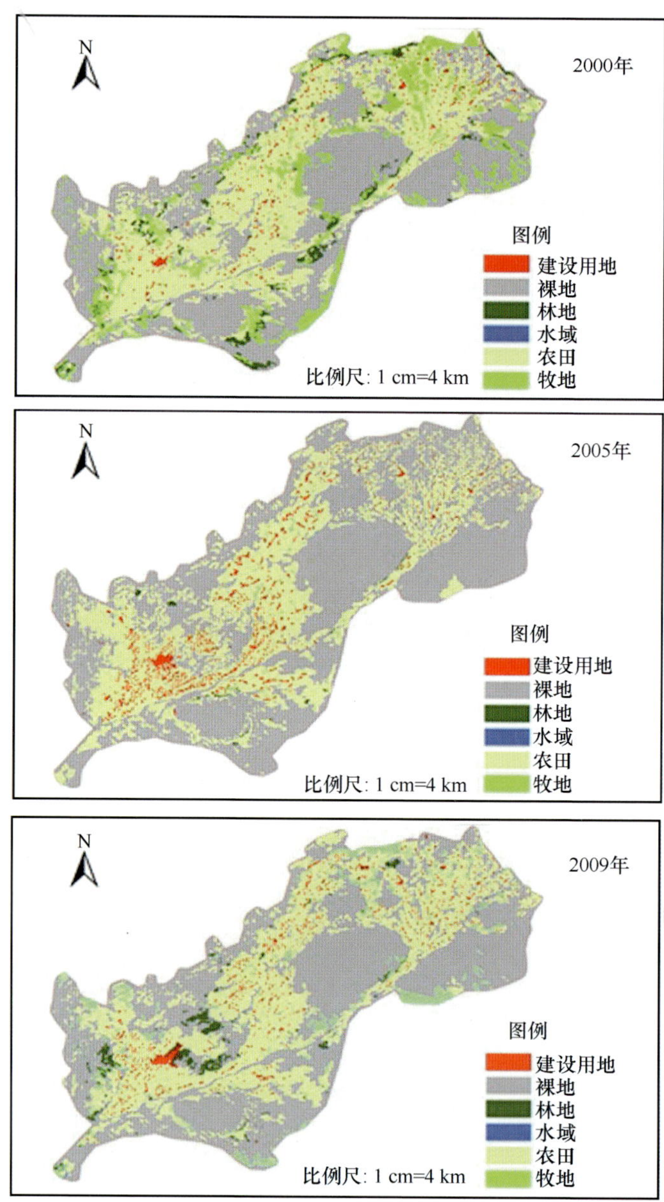

图 3.11　2000 年、2005 年、2009 年民勤地区土地利用景观格局

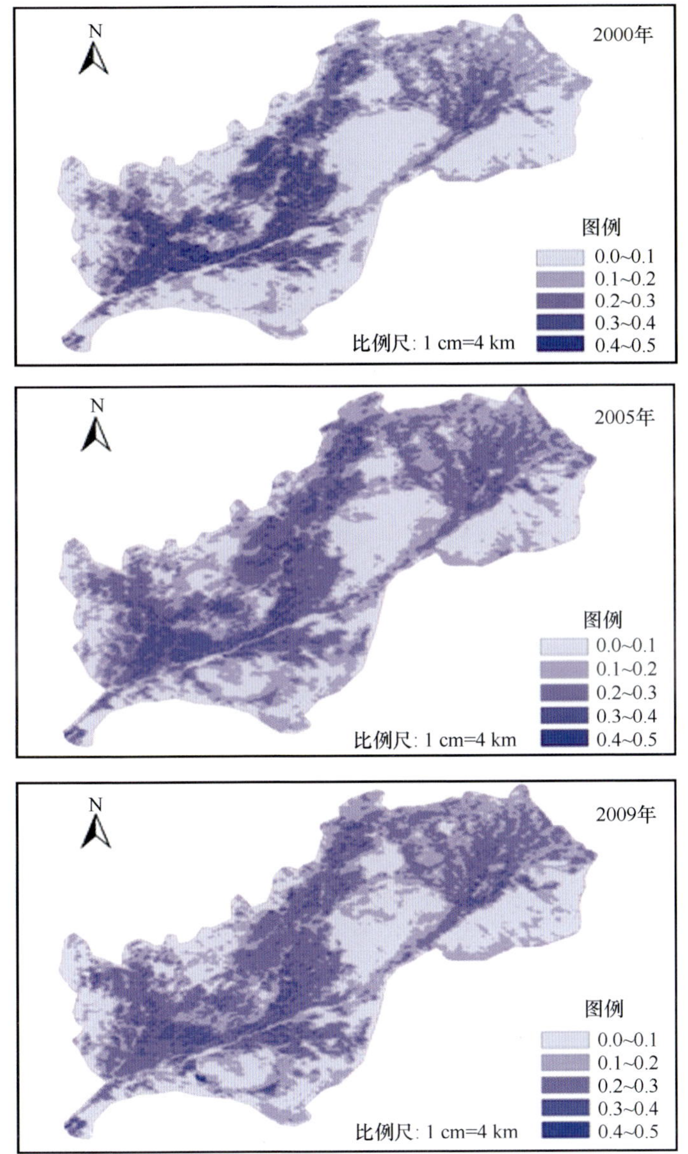

图 3.12　2000 年、2005 年、2009 年民勤地区 NDVI 空间分布图

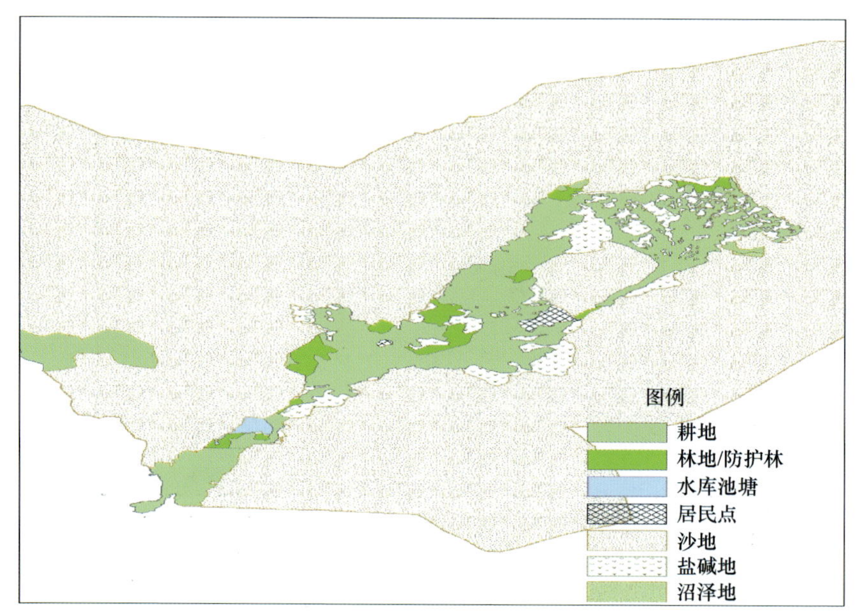

图 5.4　1994 年民勤土地利用

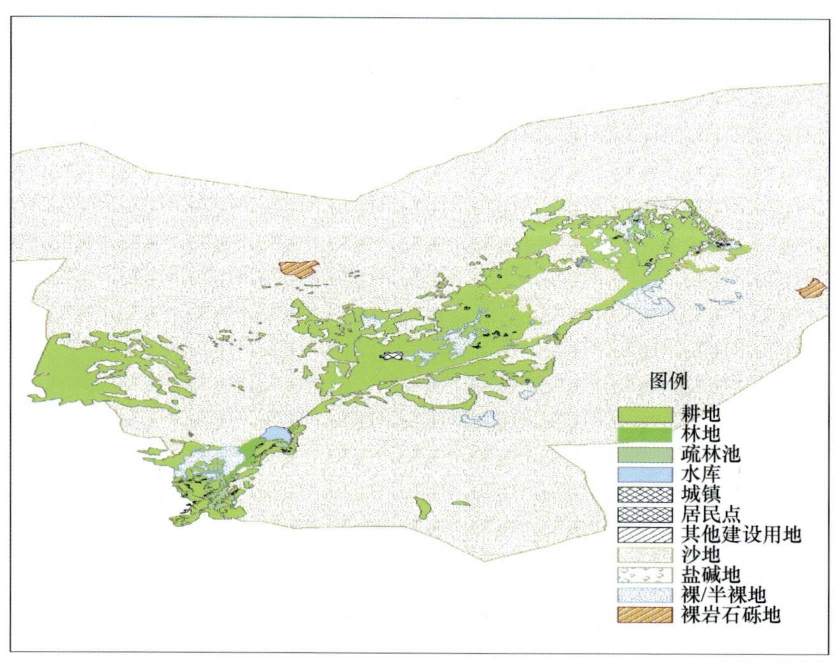

图 5.5　2005 年民勤土地利用

图 5.6　农田与非农田图示

主要依据反射率的不同区分农田和非农田，农田具有低反射率，裸地的反射率较高

图 5.7　地物信息分辨图

红线和绿线之间的部分有些地物和绿线内的农田反射率接近，不易区分，但是根据其周围地物的信息可以区分

图 5.8　信息综合区分图示

综合地物的反射率信息和地物的纹理特征分析，提取属于农田的部分

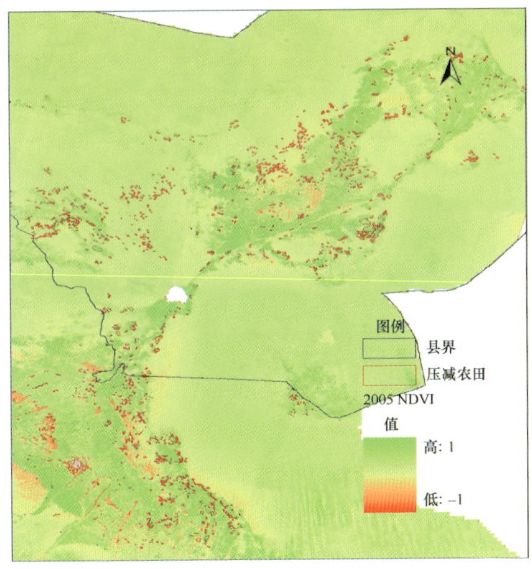

图 5.9　压减农田与 2005 年民勤地区 NDVI 结果

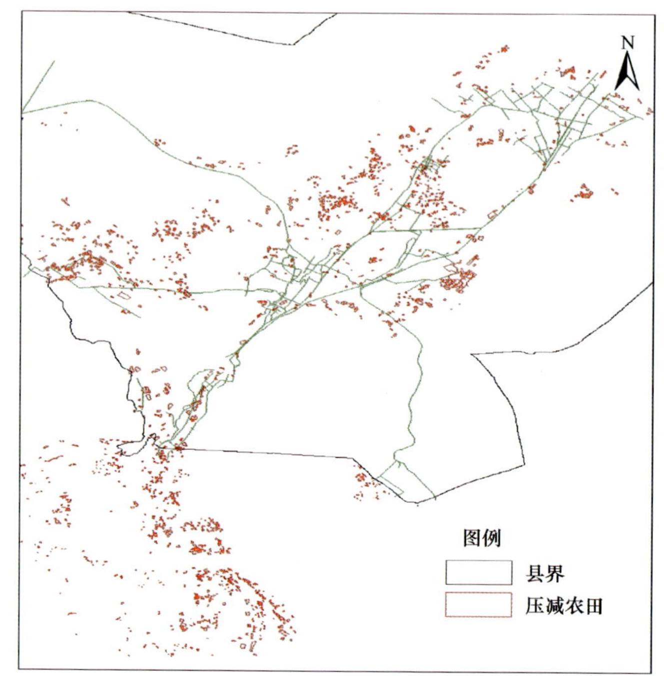

图 5.10　压减农田与民勤水渠分布

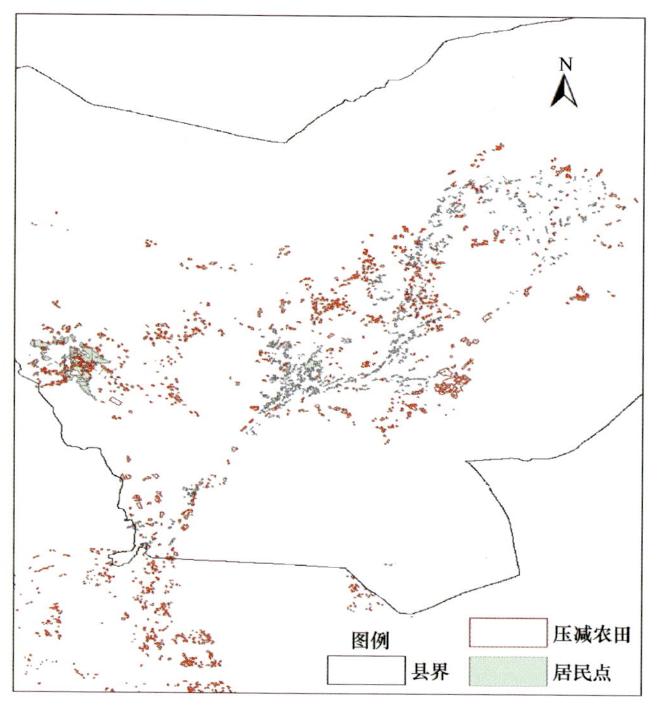

图 5.11　压减农田与居民点分布

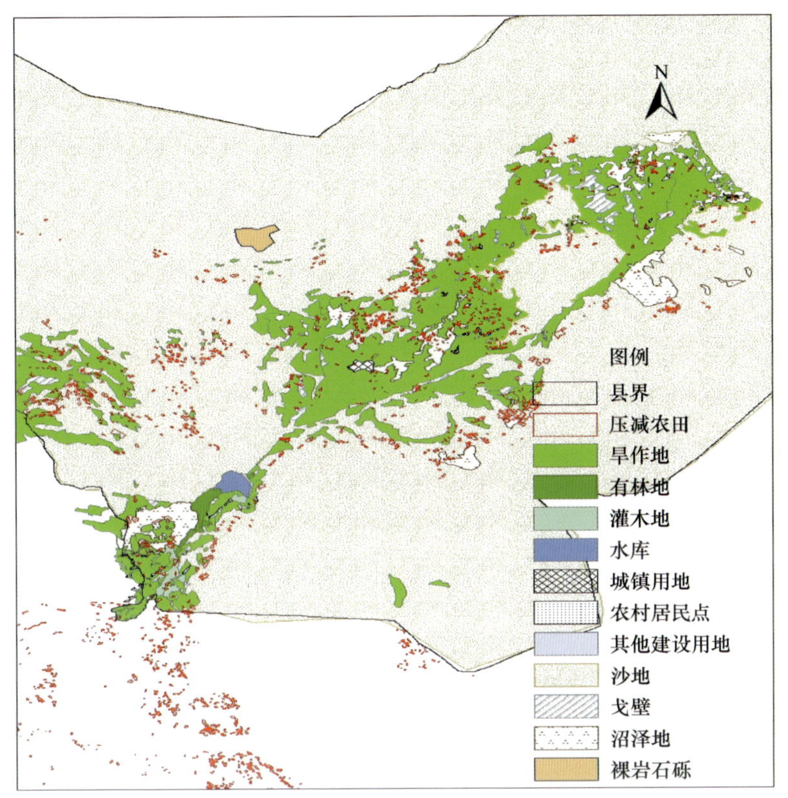

图 5.12　压减农田与土地利用

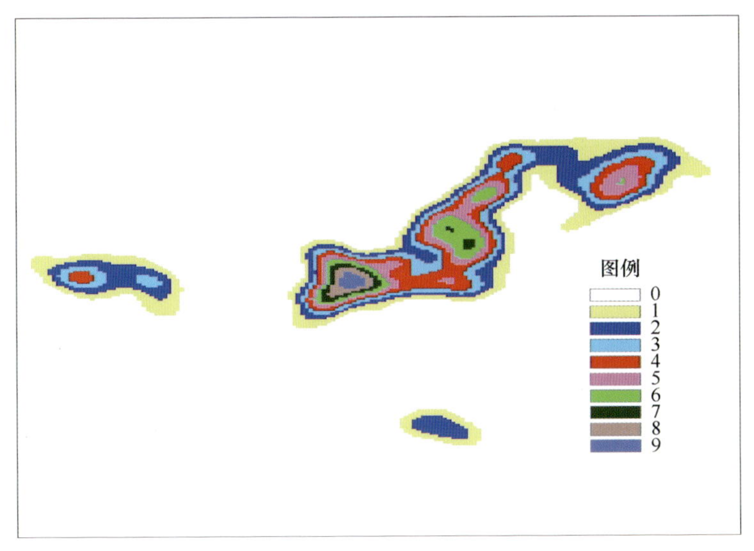

图 6.3　民勤绿洲机井密度

图例中各数据是重分类的结果，无单位，属于标准化数据

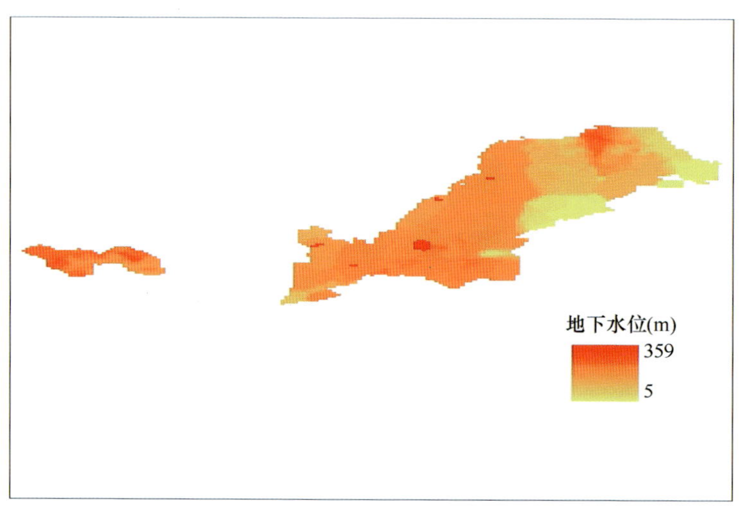

图 6.4　民勤绿洲地下水位

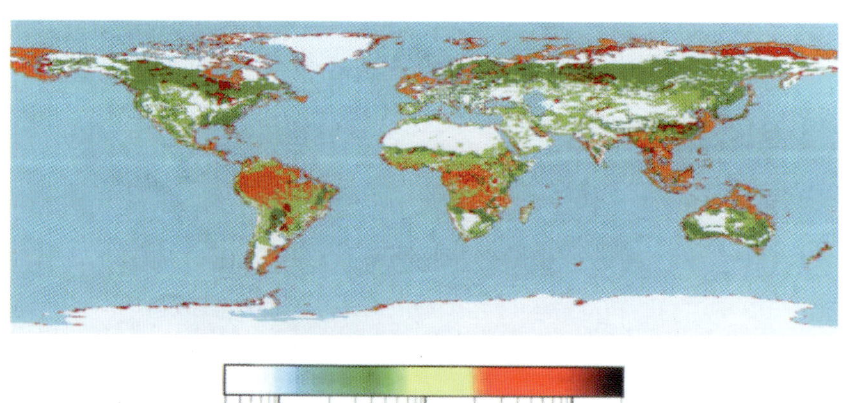

图 6.5　全球生态系统服务价值（Costanza，1997）